施工现场特种作业人员
安全技术一本通

建筑电工

高爱军　主编

中国电力出版社
CHINA ELECTRIC POWER PRESS

内 容 提 要

本书以国家有关建筑电工安全作业的规程规范为基础，以保证建筑电工作业时的人身和设备安全为主线，分为10个项目，分别介绍了电工基础、电气线路、电气照明、低压电器、变压器、三相异步电动机、临时用电安全管理、电气基本安全知识、保护接地与接零、电气安全装置等内容，是建筑电工作业人员安全技术考核培训教材。

本书从建筑电工基础知识入手，着重于实际操作中的安全技术，强调实践技能。全书图文并茂，直观明了，通俗易懂，不仅可以作为电工作业人员安全技术考核用书，还可以作为电工作业人员上岗后不断巩固、提高技术水平的工具书。

图书在版编目（CIP）数据

建筑电工/高爱军主编. —北京：中国电力出版社，2015.4
（施工现场特种作业人员安全技术一本通）
ISBN 978-7-5123-6953-5

Ⅰ.①建… Ⅱ.①高… Ⅲ.①建筑工程－电工－安全技术 Ⅳ.①TU85

中国版本图书馆CIP数据核字（2014）第300006号

中国电力出版社出版发行
北京市东城区北京站西街19号 100005 http：//www.cepp.sgcc.com.cn
责任编辑：梁 瑶 联系电话：010-63412605
责任印制：蔺义舟 责任校对：太兴华
北京博图彩色印刷有限公司印刷・各地新华书店经售
2015年4月第1版・第1次印刷
700mm×1000mm 1/16・13.5印张・251千字
定价：32.00元

前　言

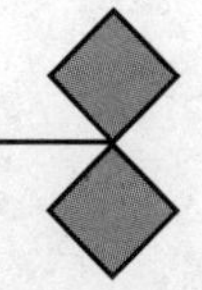

由于建筑施工特种作业人员在房屋建筑和市政基础设施工程施工活动中，会从事可能对本人、他人及周围设备设施安全造成危害的作业，因此，建筑施工特种作业人员应当严格按照技术标准、规范和规程作业。

为了切实加强对建筑施工特种作业人员管理，提高特种作业人员安全意识和基本技能，预防和减少事故发生，国务院、住房和城乡建设部等相关部门就特种作业人员管理制定了一系列的法律法规和规定，也要求建筑施工特种作业人员应经建设行政主管部门考核合格，取得建筑施工特种作业人员操作资格证书后，方可上岗从事相应作业。

为此，我们根据《建筑施工特种作业人员管理规定》《建筑施工特种作业人员安全技术考核大纲（试行）》《建筑施工特种作业人员安全操作技能考核标准（试行）》等相关规定，编写了《施工现场特种作业人员安全技术一本通》系列丛书，该丛书详细介绍了特种作业人员必须掌握的安全技术知识和操作技能，内容力求浅显易懂，深入浅出，突出实用性、实践性和可操作性，以便于达到学以致用的目的。

《施工现场特种作业人员安全技术一本通》系列丛书包括4分册，分别为《建筑焊工》《建筑电工》《建筑架子工》《建筑起重安装拆卸工》。每一分册的编写是从基础理论知识入手，着重于特种作业人员实际操作中的安全技术，强调实践技能。

参加本书编写的人员有周胜、高爱军、郭爱云、魏文彪、张正南、武旭日、张学宏、李仲杰、李芳芳、叶梁梁、刘海明、彭美丽、刘小勇、侯洪霞、祖兆旭、张玲、陈佳思、王婷等，对他们的辛勤付出一并表示感谢！

由于编写时间紧，书中难免有错误和不当之处，恳请读者批评指正。

编　者

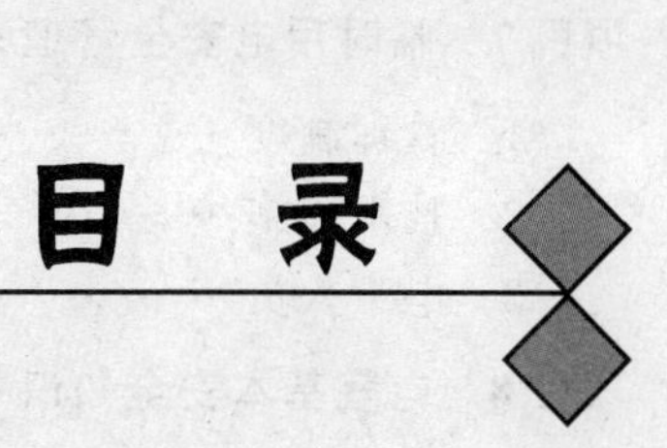

目 录

电工基础

1.1 电的基本概念

1.1.1 电的概念及类型

1. 电的概念

电是物质运动的一种形式，它是物质内所含的电子等载流子运动时的一种能量表现形式。从实质上讲，电是一种能量，也常称作电能。

电在人们的生产和生活中获得了极其广泛的应用。例如，通电后可以使电灯发光和电炉发热（电的热效应）；可以使电动机转动（电的动力效应）；可以进行电解（电的化学效应）；电磁铁会产生强的吸力（电的磁效应）等。可见电具有许多功能，它可以转化为其他多种形式的能量。正是由于电具有如此巨大的做功本领和能力，所以通常把电所产生的做功能力称为电力。

2. 电的类型

根据自由电子在传导物体内是否移动，其方向是否随时间而改变以及如何改变等特性，可将电大致划分为以下两种类型。

（1）静电。由于受摩擦力的作用，两种相关物体发生了自由电子的得失而产生的，由于它不能在带电物体内流动，故称为静电。

（2）动电。使电能够按照人们的意愿，在规定的通路内“流动”的一种电，称为动电。动电可分为以下两种。

1）直流电。电流方向不随时间改变的电称为直流电。直流电包括恒稳直流电和脉冲直流电。

2）交流电。电流的方向随时间发生周期性交替变化的称为交流电。交流电包括单相交流电和三相交流电。

1.1.2 电荷和电场

1. 电荷

电荷是带电的物质基本微粒。

近代科学的大量实验证明，任何物质都是由分子组成的，分子又由保持原物质属性的原子组成。原子是由原子核和电子组成的，原子核内还包含有质子与中子。由于中子不带电，但质子带正电，故原子核带正电，而电子则带负电。正常情况下，原子核所带的正电与电子所带的负电数量相等，所以平常原子（乃至物质）便不显带电状态。电子围绕着原子核按一定轨道运转，如同宇宙天体中的太阳系里各行星与太阳间的关系那样，处在外层轨道上的电子与原子核之间的联系比较薄弱，当电子在外界因素（如光、热、外力等）的影响下获得了一定能量后，就可能会脱离原子核对它的吸引与束缚而跑出轨道成为自由电子。失去电子或得到电子的微粒称为正电荷或负电荷，而带有电荷的物体则称为带电体。电荷的多少用电量表示。其单位为C（库或库仑）。库是很大的单位，常用的电量单位是μC（微库或微库仑），$1C=10^6\mu C$。

2. 电场

在电荷的周围客观存在着一个能显示出电性能（电作用）的空间范围，这个空间范围称为电场。电场中的电荷将受到电场力的作用。电场强度和电位是表征电场中各点性质的两个基本物理量。电场中某点的电场强度即单位正电荷在该点所受到的电场力。电场强度的单位是V/m（伏/米）。如用E表示电场强度，则

$$E=\frac{F}{Q} \tag{1-1}$$

式中 E——电场强度，V/m；

F——电场力，N；

Q——电量，C。

电场中某点的电位是指在电场中将单位正电荷从该点移至电位参考点时电场力所做的功。电场中某两点之间的电位差称为这两点之间的电压，用符号“U”或“u”表示。

在由两个电极构成的均匀电场中，电极间电场强度（E）与电极间电压（U）的关系为：

$$E=\frac{U}{d} \tag{1-2}$$

式中 d——电极间的距离，m。

显然，可以将电场强度理解为单位距离上的电压。电压越高，可能产生的电场强度也越高。

不论所使用的是何种绝缘材料，在其电场强度达到某一限度时，其绝缘性能都将遭到破坏。这一电场强度称作该绝缘材料的击穿电场强度，简称击穿强度。当空气中电场强度超过 25～30kV/cm 时，即可能发生击穿放电。

1.2　直流电路

1.2.1　电路的组成

简单地说，电路就是电流流通的路径。各种电气装置的工作都是通过电路来实现的，如手电筒电路、日常生活中的照明电路、电动机电路等。电路通常有两个作用，一是用来传递或转换电能，如发电厂的发电机将热能、水能等转换为电能，通过变压器、输电线等输送到建筑工地，在那里电能又被转换为机械能（如搅拌机）、光能（如夜间照明）等；二是用来实现信息的传递和处理，如电视机，它的接收天线把载有语言、音乐、图像信息的电磁波接收后转换为相应的电信号，然后通过电路将信号进行传递和处理，送到显像管和喇叭（负载），将原始信息显示出来。

任何一个电路，其基本的组成部分都包括以下 4 项。

1. 电源

电源是提供电能的设备。其功能是把非电能转变为电能，如电池把化学能转变为电能、发电机把机械能转变为电能等。

2. 负载

负载是电路中消耗电能的设备。其功能是把电能转变为其他形式的能量，如电炉把电能转变为热能、电动机把电能转变为机械能等。

3. 连接导线

连接导线是连接电源、负载和其他设备的导体。其功能是为电流提供通路并传输电能或传送电信号。

4. 控制器件

控制器件在电路中起接通、断开、保护、测量等作用。构成电路的目的是产生、传输、分配和使用电能。为便于分析电路，通常用符号表示组成电路的实际元件、器件及连接导线，即画出电路图。

1.2.2 电路的物理量

1. 电流

导体中的自由电子，在电场力的作用下做有规则的定向运动就形成了电流。电路中能量的传输和转换是靠电流来实现的。

（1）电流的大小。为比较准确地衡量某一时刻电流的大小或强弱，在此引入电流这个物理量，表示符号为“I”。其值是沿着某一方向通过导体某一截面的电荷量 Δq 与通过时间 Δt 的比值。即

$$I = \frac{\Delta q}{\Delta t} \tag{1-3}$$

为区别直流电流和变化的电流，直流电流用字母“I”表示，变化的电流用“i”表示。在国际单位制中，电流的基本单位是安培，简称“安”，用字母“A”表示。

电流的单位也可以用kA（千安）、mA（毫安）、μA（微安）表示。它们之间的换算关系是

$$1\text{kA} = 1000\text{A} \tag{1-4}$$

$$1\mu\text{A} = 10^{-3}\text{mA} = 10^{-6}\text{A} \tag{1-5}$$

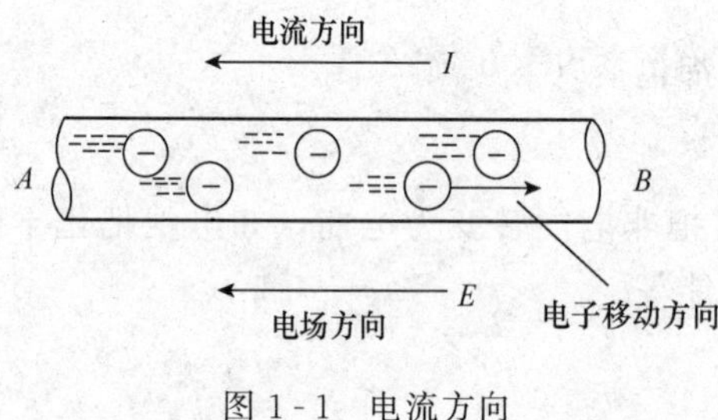

图1-1 电流方向

（2）电流的方向。电流就是在一定的外加条件下（如接上电源）导体中大量电荷有规则的定向运动，规定以正电荷移动方向作为电流的正方向。如图1-1所示在 AB 导线中，电子运动方向是由 A 向 B，电流的方向则是由 B 向 A。

（3）电流的种类。导体中的电流不仅可具有大小的变化，而且可具有方向的变化。大小和方向都不随时间而变化的电流称为恒定直流电流，如图1-2（a）所示。方向始终不变，大小随时间而变化的电流称为脉动直流电流，如图1-2（b）所示。大小和方向均随时间变化的电流称为交流电流。工业上普遍应用的交流电流是按正弦函数规律变化的，称为正弦交流电流，如图1-2（c）所示。非正弦交流电流，如图1-2（d）所示。

2. 电压与电位

（1）电压。电路中任意两点之间的电位差叫作电压。它实际上是电场力将单位正电荷从某一点移到另一点所做的功。电路中两点间的电压仅与该两点的位置有关，而与参考点的选择无关。其方向是由高电位点到低电位点，也就是

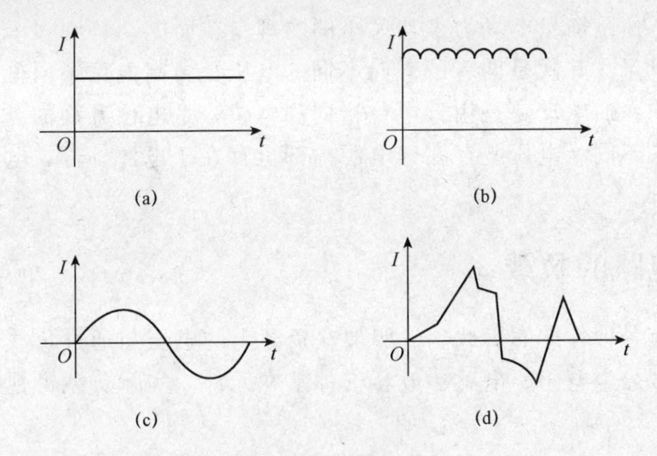

图 1-2　电流种类

（a）恒定直流电流；（b）脉动直流电流；（c）正弦交流电流；（d）非正弦交流电流

电位降低的方向。

电压用字母“U”表示，其基本单位是“伏特”，简称“伏”。电压的大小还可以用千伏（kV）、毫伏（mV）表示。它们之间的换算关系是

$$1\text{kV} = 1000\text{V} \tag{1-6}$$

$$1\text{mV} = 10^{3}\text{V} \tag{1-7}$$

我国执行的供电电压分为以下等级：0.22/0.4kV、3kV、6kV、10kV、20kV、35kV、66kV、110kV、220kV、330kV、500kV。

（2）电位。电位是从能量的角度来描述电场的另一个物理量，单位是“V”（伏）。某一点的电位在数值上等于单位正电荷在该点具有的电位能。实际上所说某一点的电位，是指该点相对于电位参考零点而言的电位差。通常，大多选择大地作为零电位点。

电位用字母“φ”表示，其单位是“V”（伏特）。

3. 电动势

外力将单位电荷从电源负极经电源内电路定向移动到电源正极所做的功，称为电动势。电动势也可以理解为使电荷在电路里做有规则移动的原动力。电动势用符号“E”表示，即

$$E = \frac{W}{Q} \tag{1-8}$$

式中　E——电源电动势，V；

W——外力所做的功，J；

Q——外力分离电荷电量，C。

电动势和电压的单位一样，也是 V（伏）。但二者是有区别的：首先是物理

意义不同。电压是衡量电场力做功大小的物理量，而电动势则表示非电场力做功本领的物理量。其次是两者的方向不同。电压是由高电位指向低电位，是电位降低的方向，而电动势是由低电位指向高电位，是电位升高的方向。最后是两者存在方式不同。电压既存在于电源内部也存在于电源外部，电动势仅存在于电源的内部。

1.2.3 电路的负载

电路中有各种各样的负载。按照加在负载上的电压与通过负载的电流的关系，可将负载分为电阻、电感、电容三种基本元件。实际负载可视为这三种元件的组合。

1. 电阻

电阻是电流流动过程中遇到的阻力。不同的材料对电流的阻碍作用大小不同，可以把截面 $1mm^2$、长度 1m 的某种导体的电阻值叫电阻率。材料的电阻率越小，对电流的阻碍作用就越小。导体的电阻除了跟导体的材料有关以外，还跟导体横截面的大小和长度有关，横截面积越大电阻越小，导体越长电阻越大，导体电阻的计算公式为

$$R = \rho \frac{L}{S} \tag{1-9}$$

式中 R——导体的电阻，Ω；

L——导体的长度，m；

S——导体的横截面面积，mm^2；

ρ——导体材料的电阻率。

电阻用符号“R”表示。在国际单位制中，电阻单位是 Ω（欧姆），常用的还有 kΩ（千欧）和 MΩ（兆欧）。它们的换算关系是

$$1M\Omega = 1000k\Omega \tag{1-10}$$

$$1k\Omega = 1000\Omega \tag{1-11}$$

一只额定电压 220V、功率 15W 的白炽灯泡的灯丝电阻约为 3330Ω；人体电阻约为 1000～3000Ω。长 30m、截面积为 $1.5mm^2$ 铜线的电阻约为 0.344Ω。一般情况下，线路导线的电阻比负载电阻小得多，在电路计算和分析时可以忽略不计；而当线路很长或负载电阻很小，特别是负载短路时，则必须考虑线路导线的电阻。

2. 电感

当变化的电流通过线圈时，线圈中会产生感应电动势来阻止电流的变化，这种性质称为线圈的电感。电感的常用单位是 H（亨）、mH（毫亨）和 μH（微

亨）。它们的换算关系是

$$1\text{H} = 1000\text{mH} \quad (1-12)$$

$$1\text{mH} = 1000\mu\text{H} \quad (1-13)$$

一般收音机用天线线圈的电感为数十至数百微亨；长 1km、截面为 16mm^2 的穿管铝线的电感约为 6.33mH。由于感应电动势阻止电流的变化，当交流电流流经线圈时还会遇到另一种阻力，这种阻力称为感抗。

3. 电容

被绝缘介质隔离的两个导体能容纳一定量的电荷，其在一定电压的作用下容纳电荷的能力被称为电容。电容的常用单位是 F（法）、μF（微法）和 pF（皮法）。它们的换算关系是

$$1\text{F} = 10^6\mu\text{F} \quad (1-14)$$

$$1\mu\text{F} = 10^6\text{pF} \quad (1-15)$$

电网线路的对地电容一般小于 0.1μF；人体的对地电容一般为数十或数百皮法。由于电容的作用，当交流电流流经电容器时也会遇到另一种阻力，这种阻力称为容抗。

1.2.4 电功、电功率和功率因数

1. 电功

电流做功的大小简称电功。电流做了多少功，就有多少电能转变为其他形式的能。电流所做的功与电压、电流和通电时间成正比。计算电功的公式是

$$W = UI \cdot t \quad (1-16)$$

式中 U——负载两端的电压，V；

I——通过负载的电流强度，A；

t——通电时间，s；

W——电流在一段电路所做的功，J。

2. 电功率

使用电路的目的就是进行能量之间的转换，因此，经常还会用到另一个重要的物理量——电功率，我们把单位时间内电流所做的功称为电功率，电功率的大小是一个与通电时间无关的量，用字母“P”表示，其表达式为

$$P = A/t = UI \cdot t/t = UI \quad (1-17)$$

式中 P——功率，瓦特（W）；

U——负载两端的电压；

I——通过负载的电流强度。

在国际单位制中，功率的单位是 W（瓦特），简称瓦。1 瓦的功率等于每秒

消耗（或产生）1焦耳的功。工程上，电功的单位不用焦耳，而经常用千瓦·小时表示，1千瓦·小时的电量为1度电。

3. 功率因数

电力系统的功率因数是指整个电力系统的有功功率和总的视在功率之比值；负载的功率因数是指负荷的有功功率和视在功率之比值。

$$\cos\varphi = \frac{P}{S} \tag{1-18}$$

式中 $\cos\varphi$——功率因数；

P——有功功率；

S——视在功率。

电力系统的功率因数过低，将使发电、变电设备的容量得不到充分利用，在线路上将引起较大的电压降和功率损失，从而造成电能的浪费。

1.2.5 欧姆定律

在电路中，电压可理解为产生电流的能力。欧姆定律就是用来说明电压、电流、电阻三者之间关系的定律。

1. 部分电路欧姆定律

部分电路欧姆定律是说明在某一段电路中，流过该段电路的电流与该电路两端的电压成正比，与这段电路的电阻成反比，如图1-3所示。

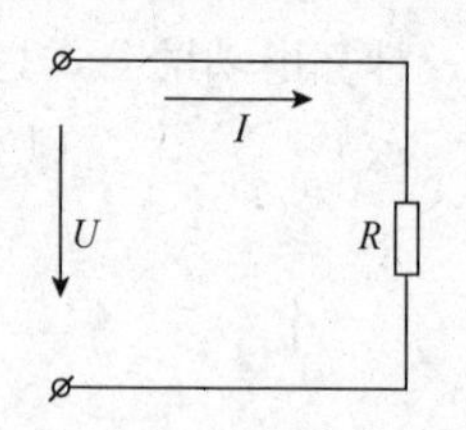

图1-3 部分电路欧姆定律

其数学表达式为

$$U = IR \text{ 或 } R = \frac{U}{I} \text{ 或 } I = \frac{U}{R} \tag{1-19}$$

式中 I——流过电路的电流，A；

U——电阻两端电压，V；

R——电路中的电阻，Ω。

从欧姆定律可知，在电路中如果电压保持不变，电阻越小则电流越大；而电阻越大则电流越小。当电阻接近于零时，电流很大，这种电路状态称为短路；当电阻趋近于无穷大时，电流几乎为零，这种电路状态称为开路。

2. 全电路欧姆定律

全电路欧姆定律是用来说明当温度不变时，一个含有电源的闭合回路中，电动势、电流、电阻之间关系的基本定律。它表明在一个闭合回路中，电流与电源电动势成正比，与电路的电源内阻和外电阻之和成反比，如图1-4所示。

其数学表达式可列为

$$I=\frac{E}{R+R_0} \text{ 或 } E=IR+IR_0=U+IR_0 \tag{1-20}$$

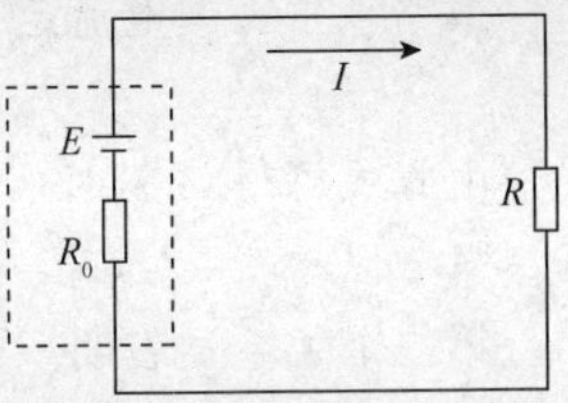

式中　I——回路中电流，A；

E——电源的电动势，V；

R_0——电源的内阻，Ω；

R——外电路的电阻，Ω。

图 1-4　全电路欧姆定律

由全电路欧姆定律可知，在闭合电路中，电流与电源电动势成正比，与电路中电源内阻和外电路的电阻之和成反比。

1.2.6　基尔霍夫定律

基尔霍夫定律是用来说明电路中各支路电流之间及每个回路电压之间基本关系的定律，应用它可以求解电路中的未知量，是分析、计算任意电路的重要理论基础之一，多应用于比较复杂的电路。基尔霍夫定律包括：基尔霍夫第一定律（基尔霍夫电流定律）和基尔霍夫第二定律（基尔霍夫电压定律）。

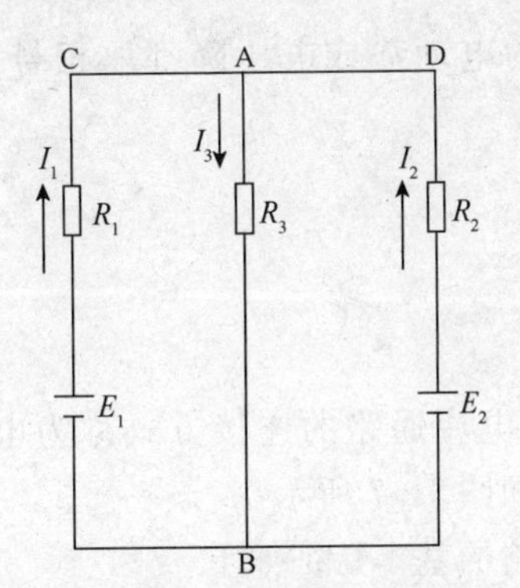

图 1-5　复杂直流电路

1. 名词解释

（1）支路。支路指电路中的每一个分支，而且分支中的电流处处相等。如图 1-5 所示，R_1和 E_1、R_2和 E_2、R_3分别构成一条独立的支路。

（2）节点。电路中三条及三条以上支路的连接点称为结点。如图 1-5 所示的电路中 A 点和 B 点都是结点。

（3）回路。电路中任意一个闭合路径称为回路。如图 1-5 所示的电路中 ABCA、ADBCA、ADBA 都是回路。

（4）网孔。不含多余支路的单孔回路，称为网孔。如图 1-5 所示的电路中 ABCA、ADBA 都是网孔。

2. 基尔霍夫第一定律

基尔霍夫第一定律是确定电路中任一节点所连接各支路电流之间关系的定律。该定律指出，对于电路中任一节点，流入节点的电流之和恒等于流出节点的电流之和。在图 1-6 所示的电路中，I_1、I_2是流入节点 A 的电流，I_3是流出节点 A 的电流。

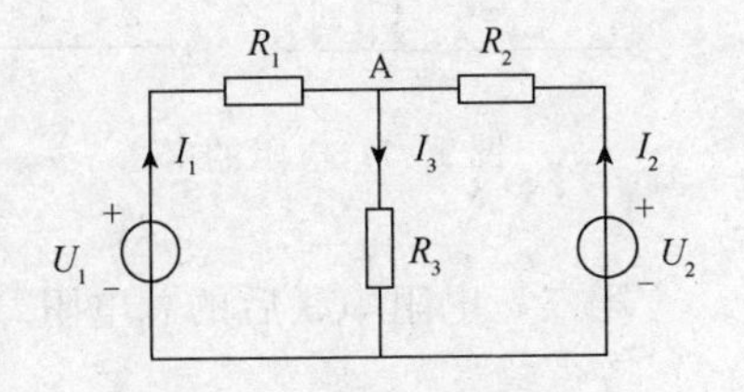

图 1-6　基尔霍夫电流定律

根据基尔霍夫电流定律，I_1、I_2、I_3之间保持以下关系

$$I_1 + I_2 = I_3 \tag{1-21}$$

由此式可得

$$I_1 + I_2 - I_3 = 0 \tag{1-22}$$

第二个关系式表明，流入和流出电路中任一节点的电流的代数和为零，即

$$\sum I = 0 \tag{1-23}$$

这是基尔霍夫第一定律的一般表达式。式中，$\sum$ 表示取代数和，说明各电流有正有负。若使流入节点的电流为正，则流出节点的电流为负；反之，若使流入节点的电流为负，则流出节点的电流为正。

3. 基尔霍夫第二定律

基尔霍夫第二定律是确定电路的任一回路中各部分电压之间关系的定律。该定律指出，对于电路的任一回路，沿回路绕行一周，回路中各电源电动势的代数和等于各电阻上电压降的代数和。即

$$\sum E = \sum U = \sum R \tag{1-24}$$

这里需要特别注意的是，凡与绕行方向一致的电动势或电压降都取正号；反之，则取负号。

1.2.7 电阻的连接

1. 电阻的串联

几个电阻依次相连，中间没有分支，只有一个电流通路的连接方式称为电阻的串联。如图 1-7 所示。

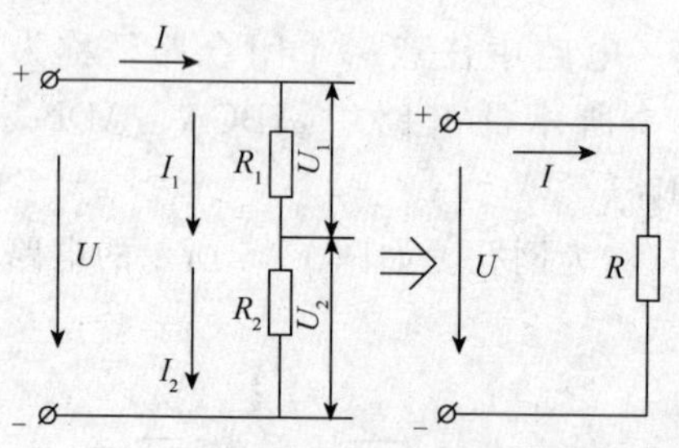

图 1-7　电阻的串联

串联电路的基本特征如下。

第一，串联电路中的电流处处相等。即

$$I_1 = I_2 = I \tag{1-25}$$

第二，串联电路两端的总电压等于各电阻上电压降之和。电流流过每个电阻时，在电阻上都要产生压降。即

$$U = U_1 + U_2 \tag{1-26}$$

第三，电阻串联后的总电阻（等效电阻）等于各个电阻阻值之和。即

$$R = R_1 + R_2 \tag{1-27}$$

第四，各电阻上的电压分配与其电阻值成正比。

在串联电路中，电阻值大的分配到的电压高，也就是电阻上的电压降大。

其表达式为

$$U_1 = IR_1 = \frac{R_1}{R_1 + R_2}U \tag{1-28}$$

反之，电阻值小的分配到的电压低，也就是电阻上的电压降小。其表达式为

$$U_2 = IR_2 = \frac{R_2}{R_1 + R_2}U \tag{1-29}$$

2. 电阻的并联

将两个或两个以上电阻相应的两端连接在一起，使每个电阻承受同一个电压。这样的连接方式称为电阻的并联，如图 1-8 所示。

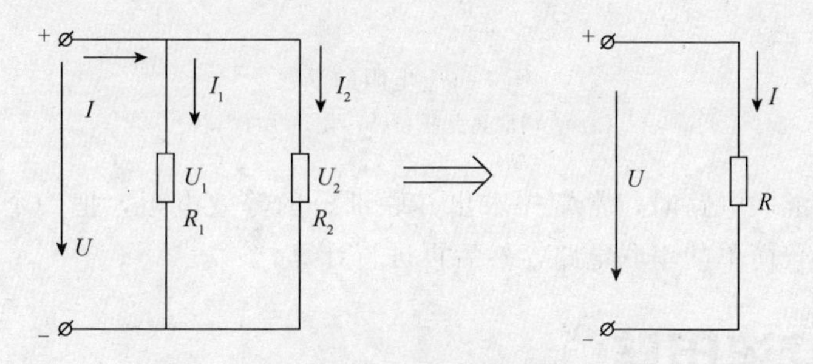

图 1-8　电阻的并联

并联电路的基本特征如下。

第一，电路中每个电阻两端电压都相等。即

$$U_1 = U_2 = U \tag{1-30}$$

第二，电路中，总电流等于流过各电阻电流之和。即

$$I = I_1 + I_2 \tag{1-31}$$

第三，电阻并联后的总电阻 R（等效电阻）的倒数等于各分电阻倒数之和。即

$$\frac{1}{R} = \frac{1}{R_1} + \frac{1}{R_2} \text{ 或 } R = \frac{R_1 R_2}{R_1 + R_2} \tag{1-32}$$

第四，两个电阻并联的电路中各电阻上的电流是由总电流按电阻值的大小成反比的关系分配的。

在并联电路中，电阻值大的分配到的电流小。其表达式为

$$I_1 = \frac{R_2}{R_1 + R_2}I \tag{1-33}$$

反之，电阻值小的分配到的电流大。其表达式为

$$I_2 = \frac{R_1}{R_1 + R_2}I \tag{1-34}$$

3. 电阻的混联

在一个电路中，既有电阻的串联，又有电阻的并联，这类电路称为混联电路。例如，图 1-9（a）中 R_1 与 R_2 串联，然后它们和 R_3 并联，图 1-9（b）中 R_3 和 R_4 并联后又与 R_1、R_2 串联，形成再串联，二者都是混联电路。

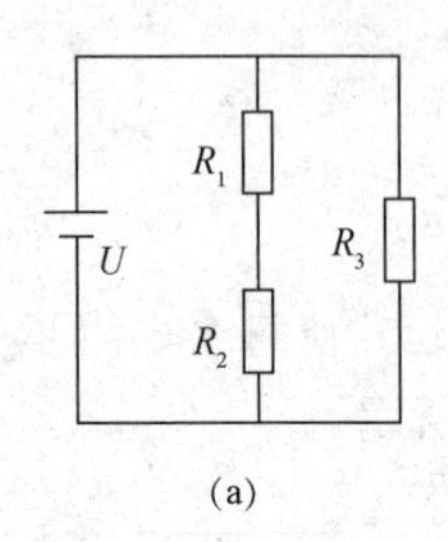

(a)

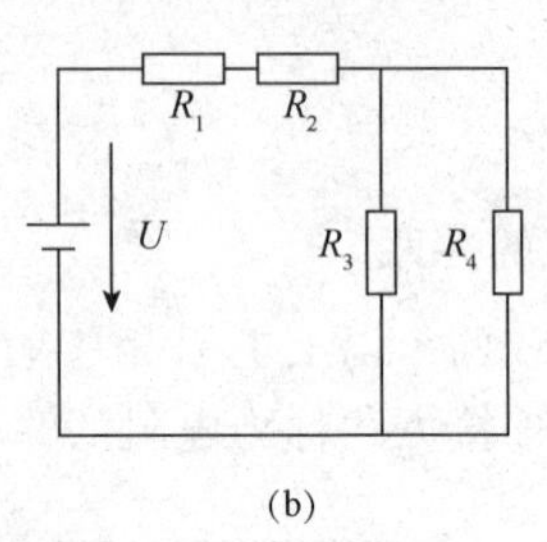

(b)

图 1-9　电阻的混联

（a）先串联再并联；（b）先并联再串联

在计算混联电路时，常常先求出并联部分的等效电阻，把一个混联电路简化成一个比较简单的串联电路，然后再进行计算。

1.3　交流电路

1.3.1　交流电路概述

大小和方向随时间作周期性变化的电动势、电压和电流分别称为交流电动势、交流电压和交流电流，统称为交流电。

随时间按正弦规律变化的交流电称为正弦交流电，在正弦交流电作用下的电路称为正弦交流电路。

交流电便于远距离输送，交流电机的构造比直流电机简单、从而成本低、工作可靠，正弦交流电便于计算，在正弦交流电作用下的电动机、变压器等电气设备具有较好的性能。所以，全世界普遍使用正弦交流电，工程上采用的直流电也多是从正弦交流电变换来的。

1. 正弦交流电的物理量

（1）周期、频率、角频率。

1）周期。交流电的“周期”就是交流电变化一个循环所需要的时间，通常用字母“T”表示。如图 1-10 中从 O 点到 b 点所需的时间是变化一个循环所用的时间，即一个周期。由周期 T 的含义可知，周期越长，交流电变化得越慢；反之，周期越短，交流电变化得越快。因此，交流电的周期是用来表示交流电变化快慢的一个物理量。

2）频率。衡量交流电变化快慢的另一个参数叫作“频率”。所谓频率就是每秒钟交流电变化的循环次数。因为一个循环就是一个周期，因此，频率就是每秒钟所包含的周期数，通常用字母“f”表示。频率单位是 Hz（赫兹），简称赫（周/秒）。由上述定义可知，频率与周期互为倒数，两者的关系为

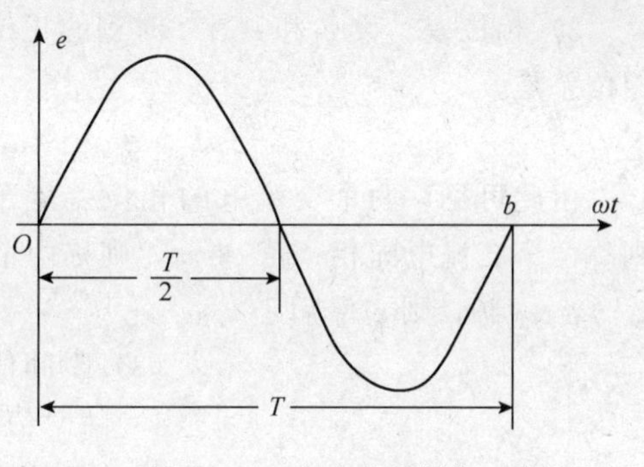

图 1-10　交流电的周期

$$f = \frac{1}{T}, T = \frac{1}{f} \tag{1-35}$$

3）角频率。交流电每秒时间内所变化的弧度数（指电角度）称为角频率，用字母“ω”表示，单位是 rad/s。

交流电在一个周期中变化的电角度为 2π 弧度。因此，角频率和频率及周期的关系为

$$\omega = 2\pi f = \frac{2\pi}{T} \tag{1-36}$$

在我国供电系统中交流电的频率 f＝50Hz、周期 T＝0.02s，角频率 ω＝$2\pi f$＝314rad/s。

（2）初相位、相位、相位差。

1）初相位。交流电动势在开始研究它的时刻（常确定为 t＝0）所具有的电角度，称为初相位（或初相角），用字母“φ”表示，如图 1-11 所示。

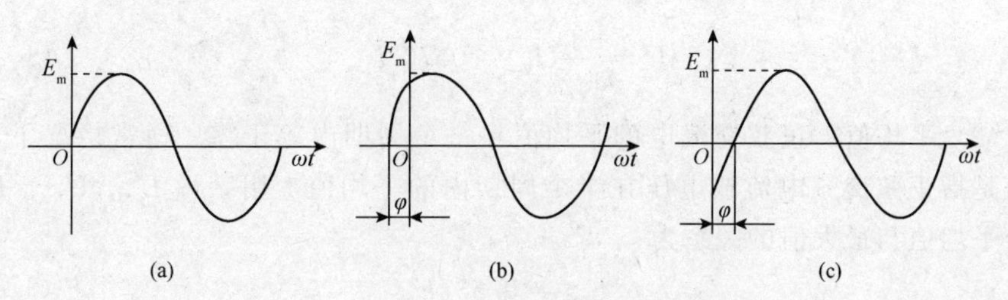

图 1-11　不同初相位的正弦电动势

（a）$\varphi=0$；（b）$\varphi=\frac{x}{3}$；（c）$\varphi=-\frac{x}{3}$

2）相位。交流电动势某一瞬间所对应的（从零上升开始计）已经变化过的电角度（$\omega t+\varphi$），称为该瞬间的相位（或相角）。它反映了该瞬间交流电动势的大小、方向、增大或是减小状态的物理量。

3）相位差。设 e_1 和 e_2 在 t 时刻的相位分别为 $\omega t+\varphi_1$ 和 $\omega t+\varphi_2$，则 e_1 和 e_2 的相位差是

$$\varphi=(\omega t+\varphi_1)-(\omega t+\varphi_2)=\varphi_1-\varphi_2 \tag{1-37}$$

由此可见，两个交流电的相位差等于它们的初相位之差。这里，若 $\varphi=0$，则称两个交流电同相；若 $\varphi=\pi$，则称两个交流电为反相。若 $\varphi>0$，则 e_1 超前于 e_2；若 $\varphi<0$，则 e_1 滞后于 e_2。

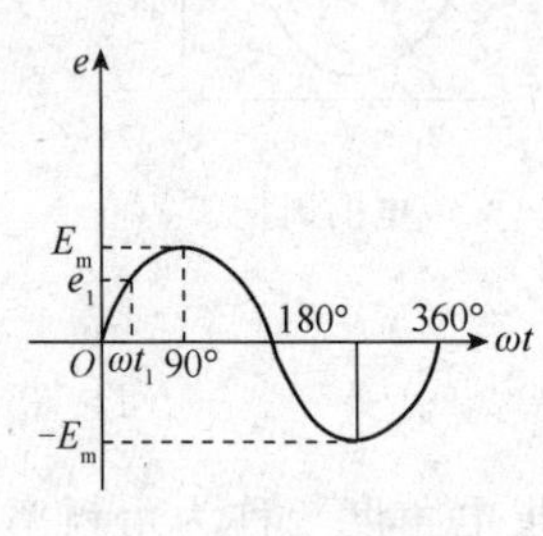

图 1-12　正弦交流电

（3）瞬间值、最大值。

1）瞬时值。正弦交流电在变化过程中，任一瞬时 t 所对应的交流量的数值，称为交流电的瞬时值。用小写字母“e”“i”等表示。如图 1-12 所示的 e_1。

瞬时值的函数表达式为

$$e=E_m\sin(\omega t+\varphi) \tag{1-38}$$

2）最大值。正弦交流电变化一个周期中出现的最大瞬时值，称为最大值（也称极大值、峰值），用字母 E_m、U_m、I_m 表示。如图 1-12 中的 E_m。

2. 正弦交流电的有效值和平均值

（1）有效值。当一个交流电流和一个直流电流分别通过阻值相同的电阻，经过相同的时间，产生同样的热量，则将这个直流电流值叫作这个交流电流的有效值，用大写字母“I”表示。相应的电动势、电压用大写字母“E”“U”表示。

有效值与最大值的关系为

$$U_m=\sqrt{2}U=1.414U \tag{1-39}$$

$$U=\frac{1}{\sqrt{2}}U_m=0.707U_m \tag{1-40}$$

（2）平均值。正弦交流电的平均值在一个周期内等于零。通常情况下，平均值是指正弦交流电流或电压在半个周期内的平均值。用字母 E_{av}、U_{av}、I_{av} 表示。平均值与最大值的关系为

$$E_{av}=0.637E_m \tag{1-41}$$

$$U_{av}=0.637U_m \tag{1-42}$$

$$I_{av}=0.637I_m \tag{1-43}$$

3. 正弦交流电的表示方法

（1）解析法。所谓解析法，就是用三角函数式来表达正弦交流电与实践变化关系的方法。交流电动势的三角函数表达式为

$$e=E_m\sin(\omega t+\varphi_c) \tag{1-44}$$

电压的三角函数表达式为

$$u = U_{m}\sin(\omega t + \varphi_{u}) \tag{1-45}$$

电流的三角函数表达式为

$$i = I_{m}\sin(\omega t + \varphi_{i}) \tag{1-46}$$

以上三式用来表示电动势、电压、电流在 t 时刻的瞬时值。

(2) 旋转矢量法。解析法的优点是理论性强，图像法的优点是直观，但进行正弦交流电的加减计算时二者都不方便。前者要进行复杂的三角函数运算；后者要采用逐点叠加的方法描绘图像，既麻烦又不精确。若用旋转矢量表示正弦交流电，则上述运算就会变得比较方便。另外，旋转矢量法在分析多个正弦交流电间的相位关系时也显示出了较大的优越性。

以表示 $u=U_{m}\sin(\omega t+\varphi)$ 为例，用旋转矢量表示正弦交流电的方法如图1-13所示。

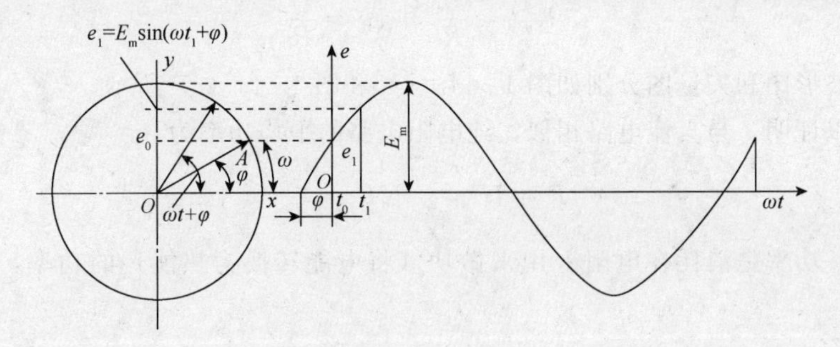

图1-13 正弦交流电的旋转矢量表示法

(3) 波形图法。利用平面直角坐标系中的横坐标表示电角度“ωt”、纵坐标表示正弦交流电的瞬时值，画出它的正弦曲线，这种方法称为波形图法，如图1-11所示。这种方法的优点是可以直观地表示正弦交流量的变化状态、相互关系，其缺点是不便于数学运算。

1.3.2 单相交流电路

1. 纯电阻电路

只含有电阻的交流电路，在实用中常常遇到，如白炽灯、电阻炉等。电路中电阻起着决定性的作用，电感电容的影响可忽略不计的电路可视为纯电阻电路，如图1-14所示。

对于图1-14(a)所示的纯电阻电路，如电压为

$$u = U_{m}\sin\omega t \tag{1-47}$$

则电流为

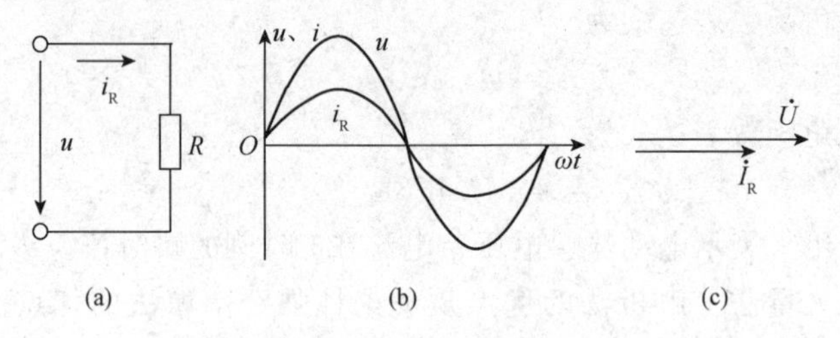

图 1-14　纯电阻电路
(a) 电路图；(b) 波形图；(c) 矢量图

$$i_R = \frac{U_m}{R}\sin\omega t$$

显然，电流与电压相位相同。其最大值和有效值都符合欧姆定律，即

$$I_{Rm} = \frac{U_m}{R} \text{ 和 } I_R = \frac{U}{R}$$

其波形图和矢量图分别如图 1-14（b）和图 1-14（c）所示。

可以证明，与直流电路相似，纯电阻电路的平均功率为

$$P = UI_R = I_R^2 R = \frac{U^2}{R} \tag{1-48}$$

这一功率是消耗在电阻上用来做功（将电能转换为热能）的功率，称为有功功率。

2. 纯电感电路

当通过线圈的磁通发生变化时，线圈中会产生感应电动势阻止电流的变化。这种性质可用电感来表示。

电感分为自感和互感两种。自感是线圈自身电流所产生磁链（磁链是线圈匝数与线圈磁通的乘积）与该电流的比值，符号是“L”，单位是 H（亨）。互感是另一线圈电流在某线圈所产生磁链与另一线圈电流的比值，符号是“M”，单位是 mH（毫亨）。

上文提到，由于有电感的作用，当交流电流流经线圈时会遇到阻力感抗。感抗是电抗的一种，其符号是“X”，单位是 Ω。自感的感抗表达式为 $X_L=\omega L$，互感的感抗表达式为 $X_M=\omega M$。对于高频成分，电感的感抗极大，相当于开路元件。

电路中电感起决定性作用，而电阻、电容的影响可以忽略不计的电路即为纯电感电路。空载变压器、电力线路中限制短路电流的电抗器等都可以视为纯电感负载。如图 1-15 所示。

对于图 1-15（a）所示的纯电感电路，如电压为 $u=U_m\sin\omega t$，则电流为

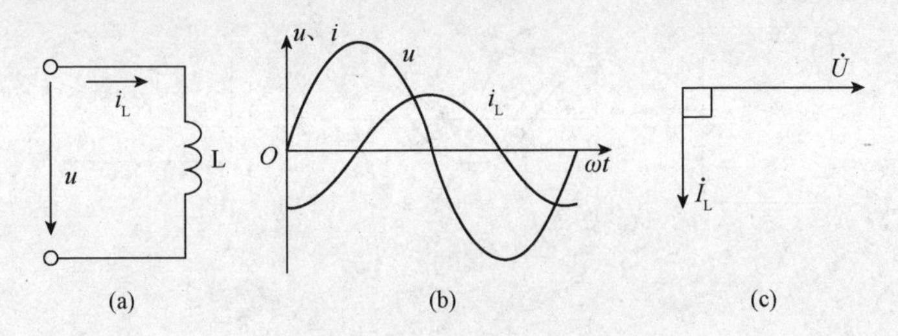

图 1-15 纯电感电路

（a）电路图；（b）波形图；（c）矢量图

$$i_L = \frac{U_m}{X_L}\sin\left(\omega t - \frac{\pi}{2}\right) \tag{1-49}$$

显然，电感上的电流滞后电压 π/2(900)；其最大值和有效值仍符合欧姆定律，即

$$I_{Lm} = \frac{U_m}{X_L} \text{ 和 } I_L = \frac{U}{X_L} \tag{1-50}$$

其波形图和矢量图分别如图 1-15（b）和图 1-15（c）所示。

由此可见，与纯电阻电路不同，纯电感电路的平均功率为零，其瞬时功率是交变的。即纯电感不消耗有功功率，而只起功率交换的作用。

但是，从严格意义上来说，纯电感电路是不存在的。

3. 纯电容电路

被绝缘材料隔离的两个导体在电压的作用下所能容纳电荷的能力称为电容。电容的大小可用其导体上电量与导体间电压的比值来衡量。电容的常用单位是 F（法）、μF（微法）和 pF（皮法）。它们的关系为

$$1F = 10^6 \mu F \tag{1-51}$$

$$1\mu F = 10^6 pF \tag{1-52}$$

上文提到，由于有电容的作用，当交流电流流经电容器时会遇到阻力容抗。容抗也是电抗的一种，其表达式为

$$X_C = \frac{1}{\omega C} \tag{1-53}$$

对于电路中的高频成分，电容的容抗极小，相当于短路元件。

由绝缘电阻很大、介质损耗很小的电容器组成的交流电路，可以近似认为是纯电容电路。电容器的应用很广，在电力系统中常用它来调整电压、改善功率因数。如图 1-16 所示。

对于图 1-16（a）所示的纯电容电路，如电压为 $M=U_m\sin\omega t$，则电流为

$$i_C = \frac{U_m}{X_C}\sin\left(\omega t + \frac{\pi}{2}\right) \tag{1-54}$$

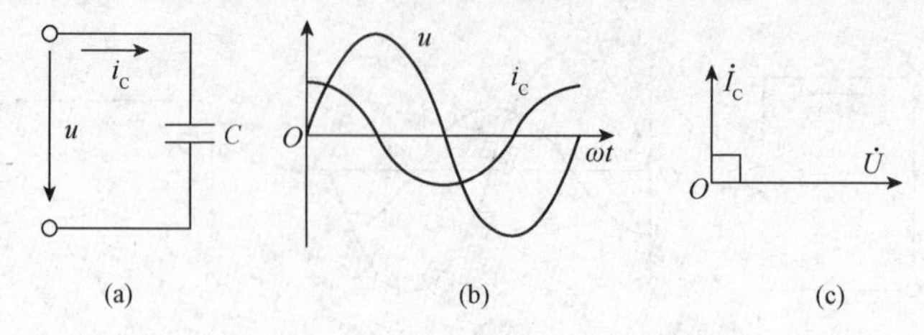

图 1-16 纯电容电路
(a) 电路图；(b) 波形图；(c) 矢量图

显然，电容上的电流领前电压 π/2 (90°)；其最大值和有效值也符合欧姆定律，即

$$I_{Cm}=\frac{U_m}{X_C} \text{ 和 } I_C=\frac{U}{X_C} \tag{1-55}$$

其波形图和矢量图分别如图 1-16 (b) 和图 1-16 (c) 所示。

可以证明，纯电容电路的平均功率也为零，其瞬时功率也是交变的。即纯电容也不消耗有功功率，也只起功率交换的作用。

虽然纯电容电路也是不存在的，但电容器等泄漏电流极小的元件，工程上通常将其当做纯电容对待。

4. 功率因数

在交流电路中，电压与电流之间的相位差 (φ) 的余弦称为功率因数。用符号 $\cos\varphi$ 表示。根据功率三角形可知功率因数在数值上等于有功功率 P 与视在功率 S 的比值，即

$$\cos\varphi=\frac{P}{S} \tag{1-56}$$

功率因数的大小与电路的负荷性质有关，电阻性负荷的功率因数等于 1，具有电感性负荷的功率因数小于 1。求功率因数大小的方法很多，常用的方法有两种：

(1) 直接计算法。公式为

$$\cos\varphi=\frac{P}{S} \text{ 或 } \cos\varphi=\frac{R}{Z} \tag{1-57}$$

(2) 若有功电量以 W_P 表示，无功电量以 W_Q 表示，则功率因数平均值为

$$\cos\varphi=\frac{W_P}{\sqrt{W_P^2+W_Q^2}} \tag{1-58}$$

变压器等电器设备都是根据其额定电压和额定电流设计的，它们都有固定的视在功率。功率因数越大，表示电源所发出的电能转换为有功电能越高；反之功率因数越低，电源所发出的电能被利用得越少。

1.3.3　三相交流电路

由于使用三相交流电可以节约导电材料和导磁材料，由于三相旋转设备有较好的运行性能，所以三相交流电得到了最为广泛的应用。三相交流电源是由三相交流发电机提供的。

1. 三相交流电路的特征

如图 1-17 所示，三相交流电一般是指 3 个频率相同、幅值相同、相位互差 1/3 周期的正弦交流电。由三相交流电构成的电路就是三相交流电路。

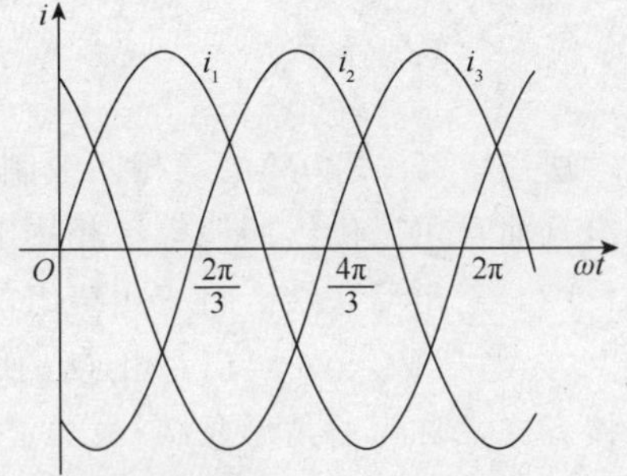

图 1-17　三相交流电路

2. 三相交流电路的连接

在生产中，三相交流发电机的三个绕组都是按一定规律连接起来向负载供电的。通常有两种方法：星形（Y）联结和三角形（△）联结。

（1）星形联结。将电源三相绕组的末端 U_2、V_2、W_2 连接在一起，成为一个公共点（中性点），而由三个首端 U_1、V_1、W_1 分别引出三条导线向外供电的连接形式，称为星形（Y）联结。如图 1-18（a）所示。以这种连接形式向负载供电的方式称为三相三线制供电。这三条导线叫做相线，分别用 L_1、L_2、L_3 表示。在这三条相线中，任意两条相线间的电压称为线电压，用符号“U_L”表示。

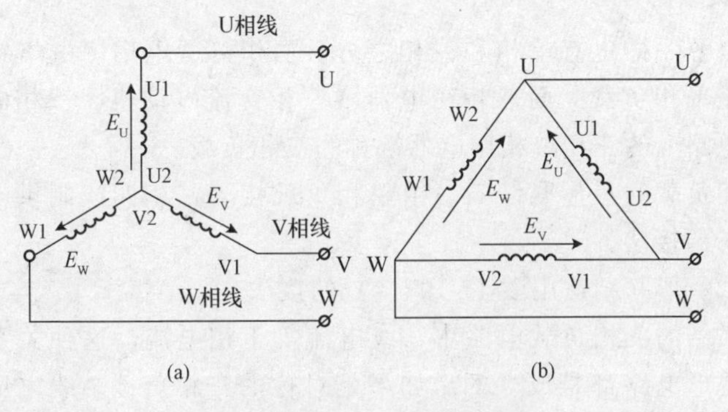

图 1-18　三相交流电路的联结
（a）星形联结；（b）三角形联结

星形联结法能形成三相三线制供电线路，也能形成三相四线制供电线路。在上述连接形式向外供电的基础上，再加上由中性点（已采取中性点工作接地的）引出一条导线，称为零线，用字母 N 表示。任一条相线与零线间的电压称为相电压，用“U_φ”表示。这种以四条导线向负载供电的方式，称为三相四线制供电。

三相三线制供电线路只能提供一种电压，即线电压（如380V）；而三相四线制供电线路可向负载提供两种电压，即相电压和线电压（如380V和220V）。相电流是指流过每一相电源绕组或每一相负载中的电流，用符号“I_φ”表示。任一条相线上的电流称为线电流，用“I_L”表示。

在三相交流电星形接法中，经数学推导可以证明，三相平衡时线电压为相电压的$\sqrt{3}$倍，线电流等于相电流。即

$$U_L = \sqrt{3}U_\varphi \tag{1-59}$$

$$I_L = I_\varphi \tag{1-60}$$

所以，220/380V的三相四线制供电线路不仅可以提供给电动机等三相负载用电，而且可以供给照明等单相用电。

（2）三角形联结。将三相绕组的各末端与相邻绕组的首端依次相连，即U_2与V_1、V_2与W_1、W_2与U_1相连，使三个绕组构成一个闭合的三角形回路，这种连接方式，称为三角形联结（△）。如图1-18（b）所示。三角形连接方法只能引出三条相线向负载供电。因其不存在中性点，无法引出零线（N线）。所以这种供电方式只能提供电动机等三相负载的用电，或仅提供线电压的单相用电。

三角形连接方式中，线电压等于相电压；线电流等于$\sqrt{3}$倍的相电流。即

$$U_L = U_\varphi \tag{1-61}$$

$$I_L = \sqrt{3}I_\varphi \tag{1-62}$$

3. 三相负载的连接

负载和电源一样也有单相和三相之分。白炽灯、电扇、电烙铁和单相交流电动机等都是单相负载。而三相用电器（三相交流电动机、三相电炉等）和分别接在各相电路上的三相单相用电器统称为三相负载。

（1）三相负载的星形联结。三组单相负载接入三相四线制供电系统中适用图1-19（a）的接法。

三相负载星形联结适用图1-19（b）的接法。

在星形联结的三相负载电路中，线电流等于相电流，这种关系对于对称星形和不对称星形电路都是成立的。如果是对称的三相负载，线电压等于相电压的$\sqrt{3}$倍。即

$$U_L = \sqrt{3}U_\varphi \tag{1-63}$$

$$I_L = I_\varphi \tag{1-64}$$

（2）三相负载的三角形联结。在三角连接的三相负载电路中，线电压等于相电压，这种关系对于对称三角形和不对称三角形电路都是成立的。如图1-20

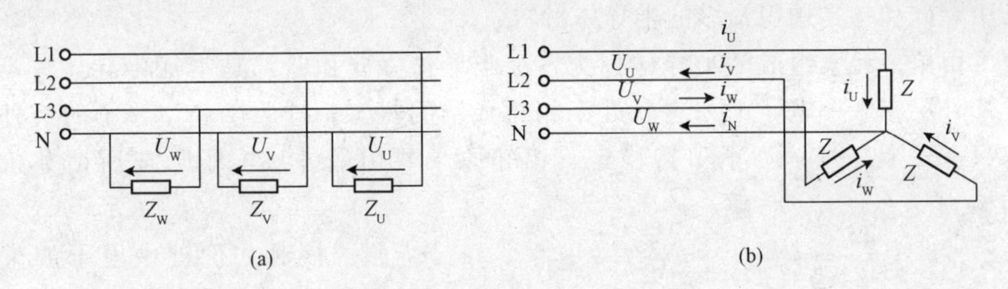

图 1-19　三相负载的星形联结

所示。

三相对称负载作三角形联结时，线电流等于相电流的$\sqrt{3}$倍。即

$$U_L = U_\varphi \tag{1-65}$$

$$I_L = \sqrt{3} I_\varphi \tag{1-66}$$

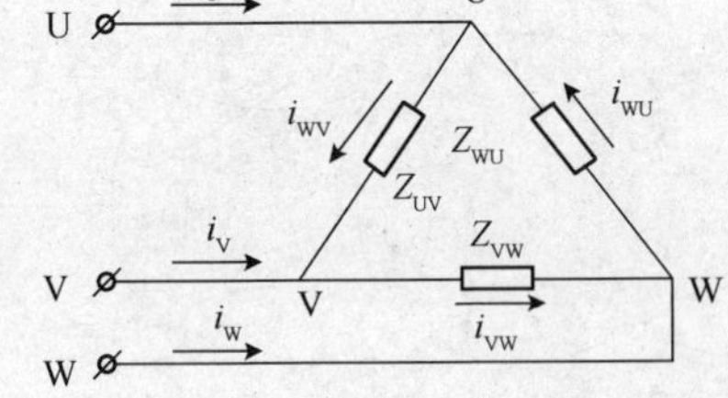

图 1-20　三相负载的三角形联结

4. 三相电路的功率

三相交流电路功率的一般表达式为

$$P = U_{P1} I_{P1} \cos\varphi_1 + U_{P2} I_{P2} \cos\varphi_2 + U_{P3} I_{P3} \cos\varphi_3 \tag{1-67}$$

$$Q = U_{P1} I_{P1} \sin\varphi_1 + U_{P2} I_{P2} \sin\varphi_2 + U_{P3} I_{P3} \sin\varphi_3 \tag{1-68}$$

对于对称三相电路，功率表达式可以简化为

$$P = 3U_P I_P \cos\varphi = \sqrt{3} U_L I_L \cos\varphi \tag{1-69}$$

$$Q = 3U_P I_P \sin\varphi = \sqrt{3} U_L I_L \sin\varphi \tag{1-70}$$

$$S = 3U_P I_P = \sqrt{3} U_L I_L = \sqrt{P^2 + Q^2} \tag{1-71}$$

1.4　电子技术基础

1.4.1　半导体

自然界中不同的物质按其导电性能可以分为三类。第一类，原子对其外围电子束缚能力较差，有大量自由电子，该类物质被称为导体，可加工成各种电线。第二类，原子对其外围电子束缚能力强，自由电子极少，该类物质称为绝缘体，通常用它对带电导体隔离，保证电气设备的正常工作及安全运行。第三类，介于导体与绝缘体之间，本身的特性又受外界条件影响极大，该类物质称为半导体。半导体经过特殊加工可制成种类繁多的半导体管。

半导体器件是电子技术的重要组成部分。半导体是指导电能力介于导体和绝缘体之间的材料。硅、锗、硒及大多数金属氧化物和硫化物属于半导体材料。

其中，硅和锗是用得最多的半导体材料。

由单一元素组成的半导体称为本征半导体。硅和锗都是本征半导体。当原子最外层有 8 个电子时，它就处于相对稳定的状态。硅原子和锗原子的最外层都只有 4 个电子，为了保持稳定，相邻原子共用最外层电子形成所谓共价键结构。

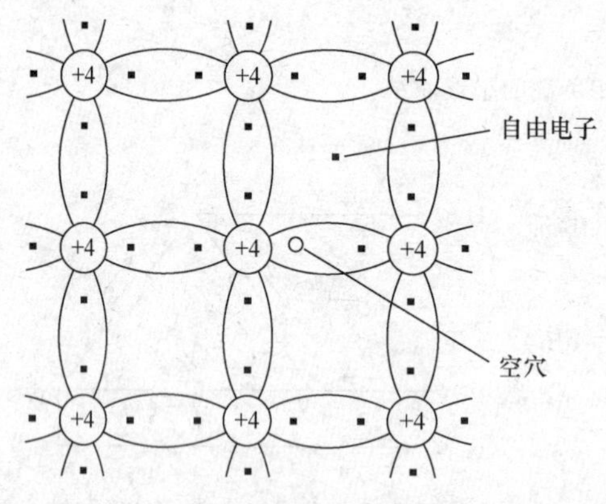

图 1-21　自由电子和空穴的形成

原子核对共价键中电子的束缚不很紧密，一旦受到某种能量的激发，共价键中的电子挣脱出来形成自由电子，并在原来的共价键结构中留下一个空穴（见图 1-21）。自由电子带负电，带有空穴的原子带正电。

在半导体材料加上电压时，除自由电子发生定向移动外，空穴吸引邻近原子中的电子来填补空穴，又形成新的空穴，相当于空穴也发生定向移动。这就形成了半导体材料内的电流。正因为如此，自由电子和空穴称为载流子。

本征半导体的导电能力很差。如在本征半导体中掺入微量其他元素，则其导电能力会大大提高。

在纯净的半导体材料（如硅、锗、硫化镉、砷化镓等）中按重量比掺入百万分之一的砷、锑、磷等元素就会在半导体正常晶格结构之外还有很多带负电荷的电子，电子很容易受到激发成为自由电子，并在原地留下一个正离子。这种半导体中自由电子占多数，被称为电子半导体或 N 型半导体。

若在它们中以同样的比例掺入铝、铟、硼等元素，则在稳定的共价键中缺少一个电子，很容易吸引邻近原子的外层电子而构成负离子，并使邻近的原子成为空穴。这种半导体中空穴占多数，被称为空穴半导体或 P 型半导体。

掺杂后的 N 型半导体、P 型半导体内部的自由电子或空穴排列杂乱无章，如图 1-22 所示。

如果将 P 型半导体与 N 型半导体紧密地结合在一起，在 P 与 N 的交界处就形成了一个特殊的薄层，交界处的 P 型中的空穴向 N 型中扩散；N 型中的电子向 P 型中扩散。扩散以后，在界面附近就形成了反向电位，阻止“后继者”的扩散。就好比一堵墙，它阻止自由电子从 N 区跑到 P 区，也阻止空穴从 P 区跑到 N 区。这个阻挡层就称为 P—N 结。如图 1-23 所示。

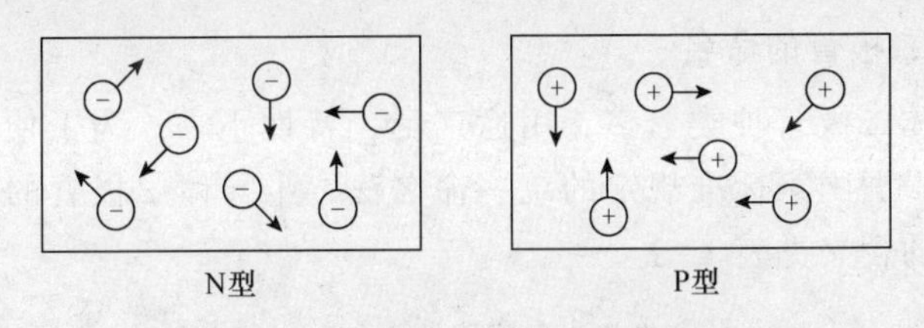

图 1-22 N 型、P 型半导体内部排列图

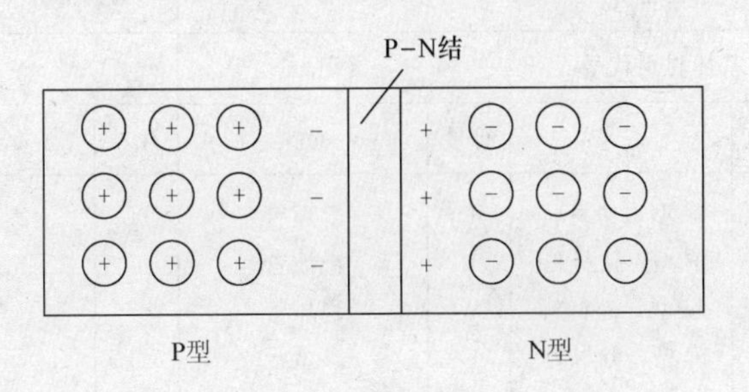

图 1-23 P—N 结

1.4.2 半导体二极管

一个 P—N 结接出两条电极引线，再加上管壳密封就构成一只半导体二极管，简称二极管。

1. 半导体二极管的结构与符号

二极管的结构示意图如图 1-24 所示。

在电路中半导体二极管的符号用三角形及通过三角形中线的短直线构成，三角形一侧为二极管的正极，短直线方向为二极管的负极，如图 1-25 所示。

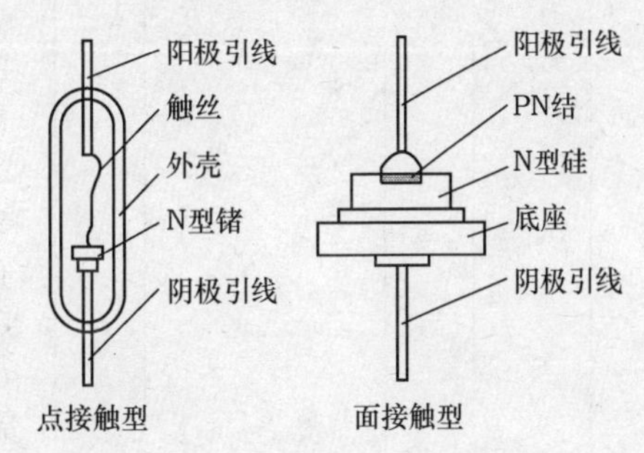

图 1-24 半导体二极管的结构

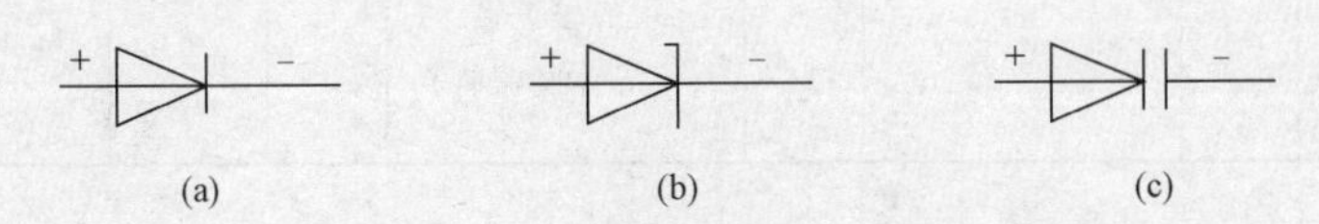

图 1-25 半导体二极管的符号

(a) 普通二极管；(b) 稳压二极管；(c) 变容二极管

二极管用字母“V”或“VD”表示。

2. 半导体二极管的命名

国产半导体二极管种类繁多、用途广泛、特性不一。为了便于使用，用型号加以区别。根据国家标准规定的统一命名法，半导体二极管的型号由 5 部分构成。各部分的含义见表 1-1。

表 1-1　　　　常用半导体器件命名方法

第一部分		第二部分		第三部分		第四部分		第五部分	
极数		基体材料代号		类别		序号		用字母表示规格号	
符号	意义	符号	意义	符号	意义	符号	意义	符号	意义
2	二极管	A	N 型，锗材料	P	普通管	X			
		B	P 型，锗材料	V	微波管				
		C	N 型，硅材料	W	稳压管				
		D	P 型，硅材料	C	参量管	G			
3	三极管	A	PNP 型，锗材料	Z	整流管				
		B	NPN 型，锗材料	L	整流堆				
		C	PNP 型，硅材料	S	隧道管	D			
		D	NPN 型，硅材料	U	光电器件				
		E	化合物材料	K	开关管				
					低频小功率管（截止频率＜3MHz 耗散功率＜1W）	A			
					高频小功率管（截止频率≥3MHz 耗散功率＜1W）	T			
					低频大功率管（截止频率＜3MHz 耗散功率≥1W）				
					高频大功率管（截止频率≥3MHz 耗散功率≥1W）				
					可控整流器（半导体闸流管）				

3. 半导体二极管的主要参数

半导体二极管在使用前必须了解主要的参数，但由于半导体二极管的种类繁多，所以使用要求也不一样。二极管有很多主要参数，其中 4 个参数在选择时是必须要注意的。

(1) 最大整流电流。最大整流电流也叫最大正向电流，它是指在一定温度下，允许长期通过二极管的平均电流的最大值。在实际应用中，通过二极管的平均电流不能超过这个值。当温度高时应减小最大电流值。为降低温度，需要给大功率二极管安装散热片，以防止二极管烧坏。

(2) 最高反向工作电压。最高反向工作电压表示二极管反向所能承受的最高直流电压值。它反映了二极管反向工作的耐压程度。使用的时候反向工作电压不能超过这个值，否则有被击穿的危险。一般工作手册上给出的最高反向工作电压是击穿电压的一半。

(3) 最高反向工作电压下的反向漏电电流。最高反向工作电压下的反向漏电电流是指二极管在一定温度下加上最高反向工作电压之后出现的反向漏电电流。温度越高漏电电流越大，漏电电流越大 P－N 结温度也就越高。所以漏电电流值越小越好。

(4) 最高工作频率。最高工作频率是二极管能起到单向导电作用的最高频率。超过该频率二极管就不能正常工作。

4. 半导体二极管的测试

用万用表可以对半导体二极管进行一些粗略的测试。

用万用表判断二极管好坏的办法是：用万用表分别测量二极管的正向和反向电阻，如正向电阻为 100～1000Ω，反向电阻大于几百千欧，则一般可以认定二极管是好的。如测得的电阻接近零或无限大，则说明二极管已经损坏。

需要注意以下几点。

(1) 用万用表测量电阻时，万用表相当于直流电源，红表笔（“＋”端）为电源负极，黑表笔（“－”端）为电源正极。故测量正向电阻时要用红表笔接二极管的负极，黑表笔接正极；测量反向电阻时相反。

(2) 一般用×1k 或邻近挡，不要用最大挡或最小挡，前者可能电压高而后者电流大，可能有损于二极管。

(3) 用不同的万用表或同一万用表的不同电阻挡测得的电阻值有较大的差异，属于正常现象。

二极管的极性标注在二极管的表面上，如标注模糊不清，可以用万用表判定，其方法是：用万用表测量二极管的电阻，如测得的阻值为 100～1000Ω，说明二极管处于正向应用状况，和红表笔相接的电极是负极，和黑表笔相接的是正极，如测得的阻值大于几百千欧，说明二极管处于反向应用状态，和红表笔相接的是正极，另一极是负极。

1.4.3 半导体三极管

1. 半导体三极管的结构与符号

半导体三极管分为 PNP 型和 NPN 型两种。每种三极管都有两个 P－N 结——发射结和集电结，三个区——发射区、基区和集电区，和分别从三个区引出来的三个电极——发射极 E、基极 B 和集电极 C。三极管一般采用硅或锗材料制成，二者都分别能制成 NPN 或 PNP 型管。常用的管子是硅 NPN 型。半导体三极管的结构和符号如图 1-26 所示。

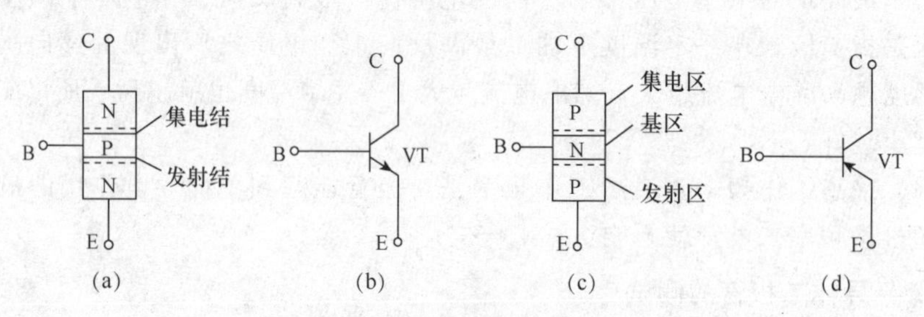

图 1-26 半导体三极管的结构和符号

(a) NPN 型结构；(b) NPN 型符号；(c) PNP 型结构；(d) PNP 型符号

2. 半导体三极管的命名

国产三极管按国家统一命名规则，见表 1-1。例如，3AX31 中的“3”表示三极管；“A”表示 PNP 型锗材料；“X”表示低频小功率管（截止频率$<$3MHz，耗散功率$<$1W）；“31”表示排列序号。

3. 半导体三极管的主要参数

（1）交流电流放大系数 β。交流电流放大系数 β 是集电极电流的变化量 ΔI_C 与基极电流的变化量 ΔI_B 之比为

$$\beta = \Delta I_C / \Delta I_B$$

一个管子的 β 值与其工作状态有关。I_C 很小或很大时 β 值都较小，I_C 处在中间值时 β 值较大。不同的管子 β 值的差异较大，一般在 20～100。β 值太小往往满足不了要求，太大则性能不稳定。

（2）穿透电流 I_{CEO}。基极开路时，集电极和发射极之间的反向电流叫穿透电流，I_{CEO} 越小，管子的温度稳定性越好，开关性能越好。小功率管小于 1μA，大功率管小于 2mA。

（3）集电极最大允许电流 I_{CM}。当集电极电流超过一定值时，β 值开始下降，β 值下降到最大值的一半时对应的 I_C 的值称 I_{CM}。使用中如 $I_C > I_{CM}$，虽不一定损坏晶体管，但 β 值下降太大，满足不了电路的要求。

（4）集电极——发射极击穿电压 BU_{CEO}。集电极——发射极击穿电压 BU_{CEO} 是当基极开路时，加在 C～E 之间的最大允许电压。使用时若 $U_{CE}>BU_{CEO}$ 管子会被击穿损坏。

（5）集电极最大允许耗散功率 P_{CM}。集电极电流流过集电结时要消耗一定的功率，使结温升高。如集电结消耗的功率大于 P_{CM} 管子会被烧毁。

$$P_{CM}=I_C\cdot U_{CE}$$

4. 半导体三极管的测试

用万用表可以对半导体三极管进行一些粗略的测试。

用万用表定性检查三极管的方法。一般使用欧姆挡的中间挡。使用最高挡时表内电压较高（如 9V、15V），可能将 P－N 结击穿。使用最低挡时流过管子的电流过大，会烧毁管子。以 NPN 型管子为例加以说明，对于 PNP 型管只要调换表笔，改变管子的电源极性即可。

先用检查二极管好坏的办法，检查三极管的两个结。再检查 I_{CEO}，方法如下。

黑表笔接 C 极，红表笔接 E 极，一般电阻值应在几十千欧姆以上，阻值太小说明 I_{CEO} 很大，阻值接近零说明管子已击穿。最后检查 β 值：表笔接法同上，用手捏住集电极和基极（这相当于在 C、B 极之间接了一个电阻，电源通过这个电阻给管子提供基极电流），表在手捏住 C、E 极前后的指示值相差越大，说明 β 值越大。

有的万用表具有测量三极管 β 值的功能。能用专用仪器，如晶体管特性测试仪，测试三极管的性能当然更好，不但能测量 β 等参数，而且能显示输入和输出特性曲线。

1.4.4　晶闸管

硅晶体闸流管（简称晶闸管），是一种大功率半导体电子器件，主要用于强电领域的整流、逆变（把直流电转换为交流电）、无触点开关和交流调压。晶闸管的应用为强电工业电子化、自动化提供了良好的途径。

普通晶闸管是由 P1－N1－P2－N2 四层半导体，三个 P－N 结构成的器件，如图 1-27 所示。从 P1 区引出的电极称阳极（A），从 N2 区引出的电极称阴极（K），由 P2 区引出的电极叫门极（G，或称控制极）。

晶闸管工作的特点是：如果门极与阴极间没有加上适当的触发电压，即使在阳极与阴极间加上正向电压，晶闸管仍然保持截止；一旦在门极与阴极间加上触发电压，晶闸管立即导通；晶闸管导通后，即使去掉触发电压，只要阳极电流大于维持电流，晶闸管将保持导通。因此，改变施加触发电压的时刻，就

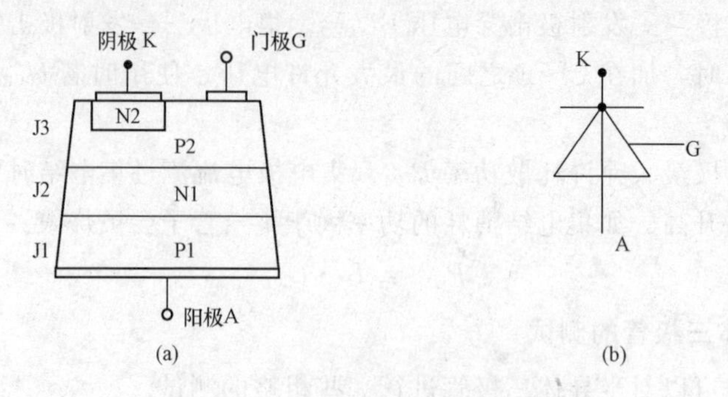

图 1-27 普通晶闸管的结构和符号
（a）结构图；（b）符号

可以控制晶闸管的输出。正因为如此，晶闸管也叫可控硅。

1.4.5 数字电路

数字电路的输入信号和输出信号都是不连续的脉冲信号，最典型的是矩形波信号。数字电路研究的是在矩形脉冲的作用下电路输出与输入之间的逻辑关系，即电路的逻辑功能。在数字电路中，电子器件工作在开关状态，即工作在截止和饱和两种状态，相应的输出电压为高、低两种状态。因此，在数字电路中，用“1”和“0”两个数码表示电路的状态。

数字电路又可分为组合逻辑电路和时序逻辑电路。在组合逻辑电路中，电路在任一时刻的输出状态只取决于该时刻的输入状态，而与该时刻前电路的原始状态无关。在时序逻辑电路中，电路在任一时刻的输出状态不仅取决于当时的输入状态，而且还取决于电路的原始状态。

逻辑电路是由逻辑门电路组成的。最基本的逻辑门是与门、或门和非门，分别用以表示输出与输入之间的与、或、非的逻辑关系。复合门中最常见的是与非门、或非门、与或非门、异或门。

组合逻辑电路是由逻辑门组合而成的，用于实现各种控制要求的逻辑电路。加法器、编码器、译码器、数据选择器等是组合逻辑电路的实例。其中，编码器的功能是将相应的信息转换成二进制代码；译码器的功能是将二进制代码译成相应信息输出。

时序逻辑电路有记忆性功能，其输入和输出有明确的时间顺序关系。触发器、寄存器、计数器是时序逻辑电路的实例。

电气线路

电气线路是电力系统的重要组成部分。电气线路可分为电力线路和控制线路，前者完成输送电能的任务，后者供保护和测量的连接之用。电气线路的安全运行，与人身安全有着密切的联系，是电气安全技术研究的重要内容之一。

2.1 架空线路

2.1.1 架空线路的分类及构成

1. 架空线路的分类

(1) 输电线路（送电线路）。发电厂发电机电压 10kV（6.3kV），经升压至 110kV 及以上，通过线路送到区域变电站以及各区域变电站之间的线路。

(2) 配电线路。通过区域变电站将电压降低至 35kV 及以下（6kV、10kV）等，分配至各用户的线路称为配电线路。其中 3～35kV 的线路称为高压配电线路；1kV 及以下（我国大部分为 380/220V）的线路称为低压配电线路。

(3) 直配线路。从发电厂发电机母线，经开关用电缆或架空线路，送至用户的线路称为直配线路。

输电线路是输送电能；配电线路是分配电能，直接供电给用户。

2. 架空线路的结构

架空线路是以杆塔或其他工程设施为支架，借助绝缘子将导线架设于空中而成。它一般是由电杆、横担、导线、绝缘子、拉线和金属器具组件等组成。

(1) 电杆。

1) 电杆的分类。电杆按其在线路中的作用分为直线杆、耐张杆、转角杆、终端杆和分支杆。

a. 直线杆：位于线路直线段上，起支持导线、绝缘和固定作用。正常情况下承受线路侧向风压，不承受沿线路方面拉力。直线杆占线路全部电杆总数的70%～80%。导线固定使用针式绝缘子。

b. 耐张杆：又名承力杆、张力杆，它不单承受导线的重力还承受导线的张力，用于施工时紧线，满足导线的弧垂要求，能控制断线倒杆范围，避免倒杆事故扩大。高压配电线路导线固定使用悬式绝缘子，低压线路使用碟式绝缘子。两根耐张杆之间的距离称为耐张段，10kV 及以下城区线路耐张段不宜大于 2km。

c. 转角杆：用于线路转角处，有轻型转角杆（30°左右）和重型转角杆（≥45°）两种，除承受导线重力、侧向风力外，还承受线路内角分角线方向导线的全部拉力，重型转角杆一般都作耐张处理。

d. 终端杆：又名尽头杆，处在线路的两端，始端和终端都叫终端杆，除承受导线的垂直荷重和水平风压外，还承受沿线路方向的全部拉力。

e. 分支杆：在 1 根电杆上分出两条不同输电方向线路的电杆，正常情况下除承受直线杆荷重外，还承受分支方向导线的拉力。

2）电杆的安装要求。

a. 埋设深度。应根据电杆长度、受力情况、土质等因素来决定电杆的埋设深度。10kV 及以下电力线路一般用 15m 以下的锥形电杆，其埋设深度一般为杆长的 1/10 加 0.7m，最浅也不小于 1.5m，变台电杆不小于 2m，具体数据参见表 2-1。

表 2-1　　电杆埋设深度

杆长/m	8.0	9.0	10.0	11.0	12.0	13.0	15.0
埋设深度/m	1.5	1.6	1.7	1.8	1.9	2.0	2.3

注　城市道路照明规程规定为 2.5m。

b. 电杆的安装不允许有倾斜。

3）电杆的结构要求。水泥电杆的混凝土无严重脱落露筋现象，木杆梢径不小于 100mm，杆根无严重腐朽。

（2）横担。

架空线路的角铁横担，金属构架、器具等均应防锈处理。瓷横担抗弯强度为 80kg，拉断强度为 150kg。横担可分为：正横担、侧横担（单边挑出）、复合横担和交叉横担几种类型。横担的最小规格见表 2-2。

表 2-2　　横担的最小规格

铁横担	高压		低压		
	角钢（63mm×5mm）		角钢（50mm×5mm）		
	二线	水平四线	二线	四线	六线
长度/mm	1500	2240	700	1500	2300

需要注意的是，横担的安装不得有倾斜。

3. 导线

架空线路允许用裸电线，其散热性能好可增加载流量。裸电线有裸铝线 LJ 型，裸铜绞线 TJ 型，钢芯铝绞线 LGJ 型，铝合线 HLJ 型。城市电力网近几年多改用架空绝缘导线 JKLYJ 型，单芯，交联聚乙烯绝缘无屏蔽层电缆。有关导线的具体规定如下。

(1) 绝缘强度。架空线路必须有足够的绝缘强度，应满足相间绝缘和对地绝缘要求。架空线路的绝缘除能够保证正常工作外，要特别注意能经受得起大气过电压的考验。为此应保持足够的相间距离并采用相应电压等级的绝缘子予以架设。

(2) 导电能力。按导电能力的要求考虑，导线的截面积必须满足发热和电压损失的要求。前者主要受最大持续负荷的限制，如果负荷太大，导线将过度发热，可能造成停电或着火事故。后者主要是指消耗在线路上的电压降，如果电压降太大，用电设备将得不到足够的电压，不能正常运转，也可能造成事故。因此动力线路电压损失一般不应超过 5%，照明线路的电压损失一般不应超过 6%。在 380/220V 保护接零系统中，导线还必须满足单相短路电流对其阻抗的要求。按照发热要求，塑料绝缘线的最高工作温度不得超过 70℃，橡皮绝缘线不得超过 65℃，一般裸导线也不得超过 70℃。这就要求导线不得超过最大允许电流运行。导线允许的最大持续电流除决定于导线的截面积外，还与导线的材料、敷设的方式、导线的结构以及导线的绝缘材料等因素有关。裸导线由于散热条件较好，允许电流更大些。

(3) 机械强度。架空线路的机械强度非常重要，它不但要能担负其本身重量所产生的拉力，而且要经得起风雪等负荷，以及由于气温影响使松弛度变化而产生的内应力。因此，架空线路必须有足够的截面积，导线截面越小越容易发生断股，一般线路都使用不小于 70mm² 的裸铝线。导线允许的最小截面见表2-3。

表 2-3　　导线最小截面　　单位：mm²

导线种类	高压 6kV、10kV		低压 11kV 及以下
	人员密集	稀少	
铝绞线及铝合金线	35	25	16
钢芯铝钱	25	16	16
铜线	16	16	直径 ϕ3.2mm

（4）导线连接。导线连接时，应按以下要求进行。

1）接触紧密，接头电阻小，稳定性好。

2）接头的机械强度应不小于导线抗拉强度的90%。

3）接头的绝缘强度与导线绝缘强度一样。

4）导线连接可采用压接、绕接、绑扎、焊接等方法。

5）导线接头应能耐腐蚀。铝铜线连接容易腐蚀，可用铜铝过度线头、铜铝过度线或铜铝控锡法等。

（5）导线有损伤或断股时的处理。

1）导线截面损伤或断股不超过15%，对送电线路可采用补修管（钳压管），管长超过损伤部分两端各30mm，对于配电线路可采用敷线修补，敷线长度应超出损伤部分，两端缠线长度均不得小于100mm。

2）导线磨损截面积不超过导电部分截面积的15%，或单股导线损伤深度不超过单股直径的1/3时，可用同规格导线缠绕在损伤部位，其缠绕长度应超出损伤部分两端各30mm。

3）导线的损伤截面出现以下情况时，应将导线损伤处锯掉后重接：损伤截面超过15%；导线出现“灯笼”；导线“背花”；无法修复的永久变形；修补长度超过了修补管长度；钢芯铝绞线钢芯断股等。

4. 绝缘子

绝缘子有针式绝缘子、蝴蝶绝缘子、拉紧绝缘子三种类型。针式绝缘子适用于直线杆和承力杆，用来支持跳线。蝴蝶式绝缘子用于终端杆、转角杆、分支杆、耐张杆以及导线需要承受拉力的地方。

绝缘瓷瓶上架设50mm^{2}及以下导线者，用低压3号蝴蝶绝缘子或瓷横担（只用在直线杆上，因只靠扎线固定、若用于转角，扎线断后容易碰线）。架设70mm^{2}及以上导线者，用低压2号蝴蝶绝缘子（包括直线、转角、尽头及分支），瓷绝缘子应完整无损，釉面完好，安装前应进行耐压试验。中性线仍需用同样的绝缘子以防断线后带电，位置应靠电杆，使工作方便。扎线与导线要用相同材料，一般16mm^{2}及以下导线用1/16号（1/1.6mm）；25～50mm^{2}导线用1/14号（1/2mm）；70mm^{2}及以上用1/12号（1/2.5mm）；500mm^{2}及以上导线用1/10号（1/3.2mm）。

5. 拉线

拉线组装如图2-1所示。

（1）拉线与地面夹角宜为45°，当地形受到限制时，不应小于30°，也不得大于60°，条件不具备时可作戗杆，戗杆底部埋设深度不小于0.5m，一般以1m为宜，且应有限沉措施，与主杆夹角应符合设计要求，一般以30°为宜。

(2) 承力拉线应与线路方向中心线对正，分角拉线应与分角线方向对正，防风拉线应与线路方向垂直。

(3) 现在拉线多采用镀锌钢绞线，截面不宜小于 25mm²。

(4) 拉线应有防撞措施，跨越道路的横向拉线距路中心垂直距离不应小于 6m，距道路边缘不应小于 5m，拉线杆应向张力的反方向倾斜 10°～20°。

(5) 拉线盘与拉线棒应垂直安装，连接处应加专用垫和双螺母，拉线棒露出地面长度以 500～700mm 为宜。

(6) 拉线穿越导线间，应加装拉紧绝缘子，其自然悬垂时距地不小于 2.5m。

(7) 高压 10kV 绝缘导线的线路，其拉线也用绝缘镀锌钢绞线，多采用 UT 型线夹及楔型线夹固定拉线，一般不再装拉紧绝缘子，绝缘拉线外包裹塑料保护管，替代过去使用的竹管保护套。

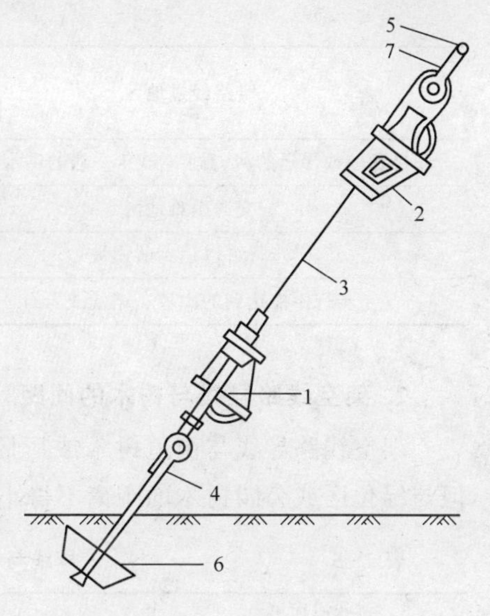

图 2-1　拉线组装

1—UT 型线夹；2—楔型线夹；3—拉线；4—拉线棒；5—拉线抱箍；6—拉线盘；7—拉线连板

6. 金属器具组件

架空线路用的附件有抱箍、螺栓、垫圈、支撑、花篮螺钉、心形环等。

2.1.2　架空线路的间距

架空线路的导线与地面、树木、建筑物之间，以及同一线路的导线与导线之间均需保持一定的安全距离。除新安装的线路和大修后线路外，运行中的旧线路也应保持足够的安全距离。

1. 架空线路导线与地面的间距

架空线路导线与地面和水面的距离，不应小于表 2-4 所列的数值。

表 2-4　导线与地面和水面的最小距离　　单位：m

线路经过地区	线路电压		
	<1kV	10kV	35kV
居民区	6	6.5	7
非居民区	5	5.5	6
不能通航或浮运的河、湖（冬季水面）	5	5	5.5

续表

线路经过地区	线路电压		
	<1kV	10kV	35kV
不能通航或浮运的河、湖（50年一遇的洪水水面）	3	3	3
交通困难地区	4	4.5	6
步行可以达到的山坡	3	4.5	5
步行不能达到的山坡、峭壁或岩石	1	1.5	3

2. 架空线路导线与树木的间距

架空线路导线与街道树木或厂区树木的距离不应小于表2-5所列的数值。但与绿化区或公园树木的距离不得小于3m。

表2-5　导线与树木的最小距离

线路电压/kV	≤1	10	35
垂直距离/m	1.0	1.5	3.0
水平距离/m	1.0	2.0	—

3. 架空线路导线与建筑物的间距

架空线路应避免跨越建筑物，架空线路不应跨越可燃材料屋顶的建筑物。架空线路必须跨越建筑物时，应与有关部门协商并取得该部门的同意。架空线路导线与建筑物的距离不应小于表2-6所列数值。

表2-6　导线与建筑物的最小距离

线路电压/kV	≤1	10	35
垂直距离/m	2.5	3.0	4.0
水平距离/m	1.0	1.5	3.0

4. 同一线路导线的间距

架空线路导线之间的最小距离应根据运行经验确定，并可参考表2-7所列的数值。

表2-7　导线最小线间距离

档距/m	40及以下	50	60	70	80	90	100
高压	0.6	0.65	0.7	0.75	0.85	0.9	1.0
低压	0.3	0.4	0.45	—	—	—	—

5. 同杆线路导线的间距

几种电气线路同杆架设时应取得有关部门同意，而且必须保证电力线路位于弱电线路上方，高压线路位于低压线路上方。导线之间的最小距离不应小于表2-8所列的数值。

表2-8　同杆线路的最小距离

项目	直线杆/m	分支杆和转角杆/m
10kV与10kV	0.8	0.45/0.6*
10kV与低压	1.2	1.0
低压与低压	0.6	0.3
低压与弱电	1.5	1.2

注　距上面的横担采用0.45m、距下面的横担采用0.6m。

以上各项距离均须考虑气温、风力、覆冰等气象条件的影响。

架空线路断线接地时，为了防止跨步电压伤人，在离接地点4～8m范围内，不能随意进入。

2.1.3　接户线和进户线

接户线是从配电网到用户进线处第一个支持物的一段导线；进户线是从接户线引入室内的一段导线。接户线和进户线应采用绝缘导线。

1. 接户线

1kV以下（380/220V）的配电线路，引至用户建筑物外墙第一个支持物间的一段线路称为低压接户线。自第一支持物至计费电度表的一段线路称为表外线。自第一个支持物沿建筑物敷设至另一建筑物的线路称为套接线。

接户线的安装要求如下。

（1）1kV及以下的接户线不应从高压引入线间穿过，也不应跨越铁路。

（2）接户线档距不宜大于25m，当档距超过25m时宜设接户杆。

（3）接户线最大弧垂时，导线对地最小垂直距离，交通要道不小于6m，通车困难的街道、胡同不小于3.5m。

（4）接户线应用绝缘导线，并且导线不许有接头，按机械强度要求，铜芯绝缘导线不小于$2.5mm^2$，多股铝芯绝缘导线不小于$10mm^2$。

（5）接户线不应跨过建筑物，如必须跨越时，对建筑物最小垂直距离不小于2.5m。

（6）接户线与配电线路夹角在45°以上时，配电线路上应装设横担，作分支杆进行导线连接，相应的第一支持物也应装设横担，距离要求见表2-9。

表 2-9　　接户线的横担规格和线间距离

项目	二线担	三线、四线担
线间距离/mm	400	300
横担规格/(mm×mm×mm)	角钢（50×50×5）	

（7）接户线与配电线路分支，一般采用线夹连接，铜、铝连接时，应采用铜铝过渡线夹。

（8）用户装表为30A以上时，一般采用三相四线制进户，同一单位，同一地点的动力与照明用户，一般可采用一个进线位置，商业与民用必须分开进户，分别装表计费。

（9）接户线不宜从变台电杆引出。设专用变压器的用户，可由附杆引出，但应采用不小于10mm²多股导线，导线截面在10mm²及以上时应采用蝶式绝缘子，导线截面在6mm²以下且线路不大于25m时，可用针式绝缘子固定。

（10）进入、进出电度表的导线，必须采用铜线。通过互感器进表的，电压线不小于1.5mm²；电流线不小于2.5mm²。直入式电度表的导线截面，按负荷选，但最小截面不应小于2.5mm²。导线端应涮锡后再接入电度表的接线端子。

2. 进户线

低压进户线的进户管口对地面高度不应小于2.75m；高压一般不应小于4.5m。进户点对地距离不应小于2.7m。

2.1.4　架空线路的故障

1. 架空线路的常见故障

由于架空线路分布很广，又长期处于露天之下运行，所以经常会受到周围环境和大自然变化的影响，从而使架空线路在运行中发生各种各样的故障。

厂矿生产过程中排放出来的烟尘和有害气体会使绝缘子的绝缘水平显著降低，以致在空气湿度较大的天气里发生闪络事故；在木杆线路上，因绝缘子表面污秽，泄漏电流增大，会引起木杆、木横担燃烧事故；有些氧化作用很强的气体会腐蚀金属杆塔、导线、避雷线和金具。

污闪事故是由于绝缘子表面脏污引起的，一般灰尘容易被雨水冲洗掉，对绝缘性能的影响不大。但是，化工、水泥、冶炼等厂矿排放出来的烟尘和废气含有氧化硅、氧化硫、氧化钙等氧化物，沿海地区大气中含有氯化钠，对绝缘子危害极大。

高温季节，导线将因温度升高而松弛，弧垂加大可能导致对地放电。大雾天气可能造成绝缘子闪络。当风力超过杆塔的稳定度或机械强度时，将使杆塔歪倒或损坏。超风速情况下固然可能导致这种事故，但如杆塔锈蚀或腐朽，正常风力也可能导致这种事故。大风还可能导致混线及接地事故。降雨可能造成停电或倒杆事故。微雨能使脏污的绝缘子发生闪络，造成停电；倾盆大雨可能导致山洪暴发冲倒电杆。在严寒的雨雪季节，导线覆冰将增加线路的机械负载，增大导线的弧垂，导致导线高度不够；覆冰脱落时，又会导致导线跳动，造成混线。严冬季节，导线收缩将增加导线的拉力，可能拉断导线。线路遭受雷击，可能使绝缘子发生闪络或击穿。

鸟类筑巢、树木生长、邻近的开山采石或工程施工、风筝及其他抛掷物，均可能造成线路短路或接地。

2. 架空线路发生故障的原因

正确设计架设的线路，一般都能保证正常运行。然而，在运行的线路上总会因季节和环境的影响而发生各种各样的故障。这些故障有时会引起事故，使架空线路的安全运行受到影响。造成架空线路故障的主要原因有以下几点。

（1）环境污染。

1）在工业区，特别是化工厂或其他有污源地区，所产生的尘污或有害气体会使绝缘子的绝缘水平显著降低，以致发生闪络事故。

2）在木杆线路上，因绝缘子表面污秽，泄漏电流增大，会引起木横担、木杆的燃烧事故。

3）有些氧化作用很强的气体会腐蚀金属杆塔、导线和金具等。

（2）气温变化。

空气温度变化时，导线的张力也随之变化。

1）在炎热的夏季，由于导线的伸长，使弧垂变大，可能会造成交叉跨越处放电事故。

2）在寒冷的冬季，由于导线收缩，应力增加，又可能造成断线事故。

（3）雨水影响。

微雨能使脏污绝缘子发生污闪，甚至损坏绝缘子，从而造成停电事故；洪汛季节，在架空线路经过的各种地域内，有可能因暴雨或洪水而发生事故。这种危害主要表现在以下几方面。

1）杆塔基础土壤受洪水冲刷而流失，从而破坏了基础的稳固性，造成杆塔倾倒。

2）基础被洪水淹没，水中漂浮的树枝、杂草等挂到杆塔和拉线上，增大洪水对杆塔的冲击力，若杆塔稳定强度不够，易造成倒杆事故。

3）位于土堆、边坡等处的杆塔，由于雨水的浸泡和冲刷引起塌方或溜坡时，连同杆塔一起倾倒。

（4）冰雪过多。

1）当线路导线上出现严重覆冰时，加重了导线和杆塔的机械负荷，使导线弧垂过大，从而造成混线或断线。

2）当导线上的覆冰脱落时，又会使导线发生跳跃现象，而引起碰线事故。

3）由于绝缘子或横担上积聚冰雪过多，进而引起绝缘子闪络事故。

4）冰雪压弯或压折线路附近树枝，碰在导线上造成短路事故。

（5）风力影响。

1）风力超过了杆塔的机械强度，杆塔会发生倾斜或歪倒而造成损坏事故。

2）由于风力过大，会使导线承受过大的风压，因而产生摆动。又由于空气涡流作用，就可能使这种摆动成为不定期摆动，从而引起导线之间互相碰撞造成短路事故。

3）因大风将树木刮断，把草席、天线、铁皮等杂物刮到导线上，也会造成停电事故。

各种不同风力对线路的影响：当风速为0.5～4m/s时（相当于1～3级风），容易引起导线或避雷线振动而发生断股甚至断线；在中等风速（5～20m/s，相当于4～8级风）时，导线有时会发生跳跃现象，易引起碰线或断线故障；大风时（8级风以上），各导线摆动不一，就会发生碰线事故或线间放电网络故障，杆塔发生歪斜、倾倒或折断。

（6）雷电影响。雷击线路时，不仅有可能使绝缘子发生闪络或击穿，有时还会引起断线或劈裂木杆和木横担等事故。

（7）外力影响。外力影响指电力工作人员以外的其他人员造成的对线路安全运行的危害，如汽车撞杆、吊车碰线，在线路附近施工吊物、爆破、放风筝、砍树等。

（8）其他影响。

1）树木影响。在线路下面或附近有高大树木，就有可能碰触导线。另外，在大风、雨雪天气时，也会发生倒树、断枝和树木搭在导线上而造成短路事故。

2）鸟害。鸟在杆塔上筑巢或在杆塔上停落，有时大鸟穿过导线飞翔，均可能造成线路接地或短路事故。

3. 架空线路的事故预防

架空线路的事故，虽然大部分是由于自然灾害所引起的，但是这些事故并非是不可避免的。只要电气工作人员严格执行有关运行和检修规程，切实做好日常的巡视、维护和检修工作，架空线路的安全运行就会有可靠的保证。

（1）污闪事故。在架空线路经过的地区，由于工厂的排烟、海风带来的盐雾、空气中飘浮的尘埃和大风刮起的灰尘等，逐渐积累附在绝缘子的表面上，形成污秽层。这些粉尘污物中大部分含有酸碱或盐的成分，干燥时导电会受阻，遇水后产生较高的导电率。所以，当下毛毛雨、积雪融化、遇雾结露等潮湿天气时，污秽绝缘子的绝缘水平大大降低，从而引起绝缘子闪络，甚至会造成大面积停电，称为线路的污闪事故。

预防污闪事故的发生，一般采取以下措施。

1）坚持做好定期清扫绝缘子的工作。每年在污闪事故季节到来之前，必须对线路绝缘子进行一次普遍清扫。还应根据线路所在地段绝缘子受污情况及对污样的分析，适当增加清扫次数。清扫的方法有停电清扫、带电清扫和带电水冲洗等。

2）增加爬电距离，提高绝缘水平。对处在污秽地区的线路，应考虑适当增加爬电距离，如增加绝缘子的片数、针式绝缘子采用电压等级高一级的等。此外，还可采用防污型的绝缘子。运行经验证明，在污秽严重地段，防污绝缘子的效果是比较理想的。

3）采用防尘涂料。对于已经运行的架空线路，当污秽严重时，可以采取在绝缘子上涂刷防尘涂料的办法来增强抗污能力，如地蜡、石蜡、有机硅等。有条件的也可采用半导体釉绝缘子。

4）加强巡视检查。定期对绝缘子进行测试，并及时更换不良绝缘子。

（2）覆冰事故。为了防止线路覆冰事故，应在覆冰季节特别注意气候的变化。当导线覆冰之后，如有条件，可以采取增大负荷电流的办法来进行融冰，也可采用棍棒敲打、抛击或其他机械除冰的措施。

（3）洪水灾害事故。洪水造成的事故，往往是由于杆塔倾斜引起的。而且在水中进行抢修比较困难，有时甚至不能马上进行抢修，故会影响正常供电。因此，防洪必须以预防为主，事先摸清水情，了解洪水的规律，对有被洪水冲击可能的杆塔，应在汛期前认真检查，及时采取防洪措施。

1）采取预防措施，避免洪水冲袭。根据线路杆塔所在位置的地形地貌和水流情况，有可能遭受洪水冲刷时，要构筑防护堤、导洪或分流坝等，避免洪水直接冲刷杆塔基础。

2）采取加固措施，增大杆塔的稳定性。对于易被洪水浸泡的杆塔，可在基础周围构筑土石坝、木围桩、增添支撑杆或增加拉线等，增强稳定性，避免杆塔倾倒。

3）如果采取上述措施，经过经济技术比较不尽合理，在地形条件许可时，也可采取杆塔移位或线路改道的措施加以解决。

4）做好防洪抢险的准备工作，以便在万一发生事故或出现险情后，能及时进行抢修，防止造成重大损失。在春夏汛期间，应把防洪设施的巡视列为重点项目。

（4）大风事故。在设计架空线路时，一般都按当地最大风力测算，并采取了适当的措施。但是，自然界情况是复杂的、变化的。因此，气象情况仍然有可能超过设计条件，或由于设计时的考虑不周、日常维护工作的疏忽等而发生事故。防风工作应注意做好以下几点。

1）定期检查杆塔基础，发现杆塔基础被雨水冲刷发生杆基下沉或杆塔倾斜时，应及时扶正杆塔，并将杆基土壤夯实或培土加高。

2）定期检查线路导线，发现导线断股和弧垂过大时，应及时进行处理和检修。

3）在易遭受大风袭击的地方，直线杆可加防风拉线，还要考虑顺线路方向的风力，并验算杆塔强度。

4）对锈蚀严重的拉线应及时更换，发现失窃的螺钉和螺帽要及时补上，并调整拉线装置使杆塔正直，拉线受力正常，对转角杆、承力杆必须特别注意使拉线受力均匀。

5）木质杆塔应定期检查杆根腐朽情况，发现腐朽严重者，应及时加绑桩或更换。

（5）雷击事故。雷电会给架空线路的安全运行带来很大的威胁，为了防止雷击事故，必须提高线路的防雷水平。架空线路的防雷措施主要有以下几点。

1）装设避雷线或避雷针，防止导线被直接雷击。

2）可采用避雷器保护，对架空线路在变电所的进出线处和个别的绝缘弱点，为限制沿线路传来的雷电波对各种电气设备的危害，可用避雷器保护。

3）采用自动重合闸装置，采用自动重合闸后，可在雷击跳闸之后立即自动恢复送电。运行经验证明，在架空线路上，大部分雷击闪络故障是瞬时性的，因此，可借助自动重合闸来消除。

4）在中性点处装设消弧线圈，雷雨季节中，系统单相接地的机会较多。在中性点经消弧线圈接地的系统中，由于消弧线圈的作用，不但可以消灭单相接地跳闸事故，同时也会减少两相之间发生短路造成线路跳闸的机会。另外，还可限制系统弧光接地的过电压数值。

（6）树木造成的事故。春夏两季，树木生长速度较快，在线路下面或附近的树木就有可能碰触导线。在大风天气里，树木有时会出现断枝、倒树现象，砸断导线发生事故。因为树木本身水分较大，特别是雨雪天气，当树木触及架空线路导线时，也会造成接地、短路、烧坏导线等事故。

为了防止树木引起线路事故，就必须适当进行树木的修剪和砍伐工作，使树木与线路之间能保持一定的安全距离。

1）架空线路建设需穿过林区时，应砍伐出通道，通道内不得再种植树木。通道宽度为拟建架空电力线路两边线间的距离和林区主要树种自然生成最终高度两倍之和。

2）架空线路穿过林区时，对不妨碍线路进行巡视的修剪树木或果林、经济作物林，可不砍伐，但树木自然生长最终高度与导线之间的距离应符合安全距离的要求。

3）对影响架空线路安全运行的树木，应按兼顾线路安全运行和树木正常生长的原则，进行定期的修剪。并保持树木自然生长最终高度和导线之间的距离符合安全距离的要求。

4）架空线路建设时应尽量避免穿过城市公园绿地，必须穿过时，应经当地城市规划部门批准。对于不能修剪树木地段的架空线路，考虑可采用架空绝缘导线的方式，以避免因树木造成事故。

（7）外力破坏事故。外力破坏事故指人们有意或无意而造成的线路事故，而大量的外力破坏是由于人们的疏忽大意或对电的知识了解不够而引起的，这就需要加强对电气知识和安全用电的宣传，加强与有关部门的联系，做好各方面的工作，以防止外力破坏事故的发生。

1）大力宣传《电力法》和《电力设施保护条例》，并与当地政府和公安部门取得联系，抓典型事例，对破坏电力设施的行为要依法处理，这样才能收到较好的效果。

2）当发现在线路防护区域内有人开山放炮，或在线路下违章建房、堆土、栽树、伐树等作业时，应及时制止。

3）对于容易被汽车碰撞的线路杆塔，在有条件的情况下进行迁移，无法迁移的要增设保护设施或醒目的标志。

4）线路运行人员要定期对线路进行巡视，随时掌握沿线附近施工建筑的动向，并采取有效的安全措施。

外力破坏事故还包括鸟害事故。为了防止鸟害事故，运行人员在鸟害多发季节，应增加巡线次数，随时拆毁鸟巢；在杆塔上安装惊鸟装置，使鸟不敢接近；另外在杆塔上和横担上装设防鸟针砧板，可以使鸟类在上面无法站立，无法筑巢和栖息。

2.1.5 架空线路的巡视检查

巡视检查是运行维护的基本内容之一。通过巡视检查可及时发现缺陷，以便采取防范措施，以保障线路的安全运行。架空线路长期露天运行，耐受严寒酷暑，风雪雷电侵害，其故障率较高，必须经常巡视并及时处理故障。

1. 巡视检查周期

一般情况下，35kV及以上架空线路每两月至少一次，10kV及以下架空线路每季度至少一次。

2. 巡视检查种类

架空线路巡视分为定期巡视、特殊巡视、夜间巡视、故障巡视、监察性巡视。

(1) 定期巡视。定期巡视应设专职巡线人员，掌握线路运行情况，沿线环境变化，并做好护线宣传工作。

(2) 特殊巡视。气候恶劣（台风，暴雨，雨夹雪）、河水泛滥、火灾等情况下要对线路的部分或全部进行巡视检查。

(3) 夜间巡视。在线路高峰负荷或阴雾天气时应进行夜间巡视，检查连接点是否过热、发红、打火、绝缘子表面有无闪络放电现象。

(4) 故障巡视。由继电保护动作初步判断线路地段，仔细进行查找，以便于及时处理。

(5) 监察性巡视。由部门领导和专业技术人员进行巡视检查，目的是了解线路及沿线开关、保险、变压器等的运行状况，以点带面对整个电网加强巡线工作的安全指导。

3. 巡视检查主要内容

架空线路巡视检查主要包括以下内容。

(1) 电杆有无倾斜、变形、腐朽、损坏及基础下沉等现象；横担和金具是否移位、固定是否牢固、焊缝是否开裂；是否缺少螺母等。

(2) 绝缘子有无破裂、脏污、烧伤及闪络痕迹；绝缘子串偏斜程度；绝缘子铁件损坏情况。

(3) 拉线是否完好、是否松弛、绑扎线是否紧固、螺纹是否锈蚀等。

(4) 导线和避雷线有无断股、背花、腐蚀、外力破坏造成的伤痕；导线接头是否良好、有无过热、严重氧化或腐蚀痕迹；导线对地、对邻近建筑物、对邻近树木的距离是否符合要求。

(5) 沿线路的地面是否堆放有易燃、易爆或强烈腐蚀性物质；沿线路附近有无危险建筑物，有无在雷雨或大风天气可能对线路造成危害的建筑物及其他设施；线路上有无树枝、风筝、鸟巢等杂物，如果有，应设法清除。

(6) 保护间隙是否合格；避雷器瓷套有无破裂、脏污、烧伤及闪络痕迹，密封是否良好，固定有无松动；避雷器上引线有无断股、连接是否良好；避雷器引下线是否完好、固定有无变化、接地体是否外露、连接是否良好。

2.2 电缆线路

电缆线路同架空线路都是电力传输通道。与架空线路相比，电缆线路的优点是占地少，不占地上空间，不受地面建筑物影响；地下隐蔽敷设人们不易触及，安全性好；供电可靠性高，风雪、雷电、鸟害对电缆的危害小；可跨越河流实现水下敷设。避免大跨距，高杆塔庞大结构。在现代化企业中，电缆线路得到了广泛的应用。特别是在有腐蚀性气体或蒸汽，或易燃、易爆的场所应用最为广泛。缺点是成本高、投资大，敷设后不方便改动，分支麻烦，故障检测复杂。

2.2.1　电缆的型号及含义

电缆型号的文字代号见表 2-10。

表 2-10　　电缆型号的文字代号

用途代号	绝缘类别代号	线芯	内护层代号	结构特征	外保护层	
					铠装层	外被层
——电力电缆	Z—纸	铜—T	Q—铅套	D—不滴流	0—无	0—无
K—控制电缆	V—聚氯乙烯	铝—L	L—铝套	P—贫油屏蔽	—	1—纤维质
P—信号电缆	Y—聚乙烯		V—聚氯乙烯护套	F—分相	2—双层钢带	2—聚氯乙烯
Y—移动电缆	YJ—交联聚乙烯		Y—聚乙烯护套	CY—充油	3—细钢丝	3—聚乙烯
	X—橡胶		F—氯丁橡胶	C—滤尘	4—粗钢丝	4—粗钢丝铠装

注　聚氯乙烯护套旧型号标记为 9，粗钢丝铠装旧型号标为 5。参见 GB 12976—1991。

电缆的型号示例见表 2-11。

表 2-11　　电缆型号示例

电缆型号	说明	适于安装场所
ZLQ-1　2×25	纸绝缘铝芯铅包电缆 1kV 2 芯 25mm^2	适用室内护套线施工可防潮、防鼠害
ZLQ_{20}-10　3×70	纸绝缘铝芯铅包 10kV3 芯钢带铠装 70mm^2	电缆沟内支架敷设
ZLQ_{22}-10　3×95	纸绝缘铝芯铅包 10kV3 芯钢带铠装 PVC 护套 95mm^2	电缆沟直埋
ZLQ_{22}-10　3×120	纸绝缘铝芯铅包 10kV3 芯钢带铠装 PVC 护套 120mm^2	电缆沟直埋
$ZLQDF_{22}$-35　3×240	纸、铝、铅、不滴流 35kV3 芯分相铅包 240mm^2	电缆沟直埋
YJV-6/10　3×70	交联聚乙烯绝缘铜芯 10kV（$U_0=6$kV）聚氯乙烯护套 3 芯 70mm^2	电缆沟内支架敷设中性点经电阻接地系统

续表

电缆型号	说明	适于安装场所
$YJLY_{22}$-8.7/10　3×120	交联聚乙烯、铝芯内 10kV（U_0=8.7kV） 聚乙烯护套钢带铠装 3 芯 120mm² 外护层为聚氯乙烯	电缆直埋 中性点不接地系统
$YJLY_{40}$-8.7/10　3×150	交联聚乙烯绝缘铜芯 10kV（U_0=8.7kV） 聚乙烯护套粗钢丝铠装 3 芯 150mm²	电缆爬陡坡，受拉力大支架敷设

2.2.2　电缆线路的组成

电缆线路主要由电力电缆、终端头、中间接头及支撑件组成。

1. 电力电缆

电力电缆主要由导电芯线、绝缘层和保护层组成。

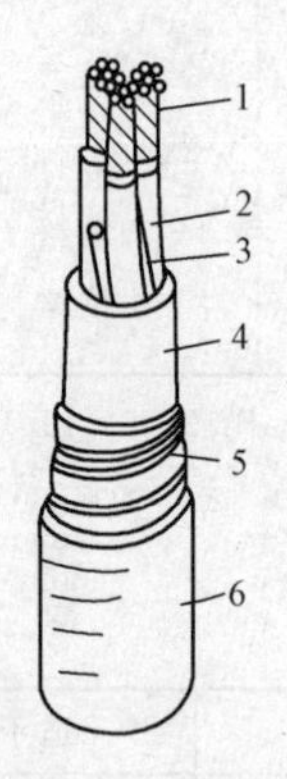

图 2-2　交联聚乙烯绝缘电缆的结构
1—缆芯；2—交联聚乙烯绝缘；
3—填充物；4—聚氯乙烯内护层；
5—钢铠或铝铠外护层；
6—聚氯乙烯外护层

（1）导电芯线。导电芯线分铜芯和铝芯两种。

（2）绝缘层。绝缘层分浸渍纸绝缘、塑料绝缘、橡皮绝缘等几种。

（3）保护层。保护层分外护层和内护层。外护层包括黄麻衬垫、钢铠、防腐层等。内护层分铅包、铝包、聚氯乙烯护套、交联聚乙烯护套、橡套等多种。交联聚乙烯绝缘电缆的结构如图 2-2 所示。

2. 电缆终端头

电缆终端头分户外、户内两大类。户外用的有铸铁外壳、瓷外壳的终端头和环氧树脂的终端头；户内用的主要有尼龙和环氧树脂的终端头。环氧树脂终端头成形工艺简单，与电缆金属护套有较强的结合力，有较好的绝缘性能和密封性能，应用最为普遍。

3. 电缆中间接头

电缆中间接头主要有铅套中间接头、铸铁中间接头和环氧树脂中间接头。10kV 及以下的中间接头多采用环氧树脂浇注。

电缆终端头和中间接头是整个电缆线路的薄弱环节，约有 70%的电缆线路故障发生在终端头和中间接头上。其安全运行对减少和防止事故的发生有着十分重要的意义。

2.2.3 电缆线路的布线

1. 电缆线路敷设的技术要求

电缆线路的敷设及运行不仅要根据电缆的使用场合和所使用条件正确选择电缆的型号与截面积，还应该满足有关安全技术要求。

(1) 电缆的储运。电缆盘不应平放储运，滚动方向必须顺着电缆的缠紧方向，禁止将电缆盘直接由车上推下，以免损伤电缆及电缆盘。运到现场后应验明规格，检查封端是否严密。电缆如不立即安装，应在盘上标明电缆的型号、规格、长度。保管期间，每三个月应检查一次。

(2) 敷设前的准备。核对电缆的型号及规格是否与设计一致；测量好所敷设电缆的长度并留足余量，测量时要计算拐弯半径和内径之差；对电缆进行外观检查并检测绝缘电阻；对 6kV 以上的电缆还要做直流耐压试验和泄漏电流试验，做完上述试验后立即封头，以防电缆受潮。

(3) 敷设时的安全技术要求。电缆敷设方式有直接埋地敷设、电缆沟敷设、沿墙敷设、排管敷设和隧道敷设等，工厂里多采用前三种敷设方式。

(4) 相关安全事项。电缆在施工、运行和维修中的安全事项如下。

1) 挖电缆沟前，应先了解地下状况，避免挖坏地下管道、电缆及其他设施，防止发生漏气、漏水、漏电事故。展放电缆前，应除净电缆沟内杂物，检查电缆盘上有无凸出利器或钉子，防止损坏电缆或划伤人员。展放电缆时，电缆盘应牢固，电缆应从盘上的上端引出，无论用机械牵引或人力展放，都应避免电缆与支架及地面摩擦。人力展放电缆时，应视电缆的轻重来决定每 2 人之间的距离，严禁在拐弯处的内侧站人。敷设电缆，应设专人统一指挥。

2) 敷设或锯断已运行过的大容量电缆必须先行逐相放电，然后用接地的带木柄的铁钎打入缆芯后方可工作。

2. 电缆线路的安装要求

(1) 安装前应检查电缆通道畅通，排水良好；检查隧道内照明、通风符合要求；检查电缆型号、电压、规格符合设计要求；检查电缆外观应无损伤、绝缘应良好；检查电缆放线架放置稳妥等。

(2) 敷设时不应损坏电缆沟、隧道、电缆井和人井的防水层；电缆进入电缆沟、隧道、竖井、建筑物、盘（柜）处应予封堵。

(3) 并联使用的电力电缆其长度、型号、规格宜相同。

(4) 电缆的最小弯曲半径应符合表 2-12 的要求。表中 D 为电缆外径。

表 2-12　　电缆最小弯曲半径

电缆类型		多芯	单芯
控制电缆		10D	—
橡皮绝缘电力电缆	无铅包或钢铠护套	10D	
	裸铅包护套	15D	
	钢铠护套	20D	
聚氯乙烯绝缘电力电缆		10D	
交联聚乙烯绝缘电力电缆		15D	20D

(5) 三相四线系统应采用四芯电力电缆，不应采用三芯电缆另加一根单芯电缆或以导线、电缆金属护套做中性线。

(6) 电力电缆并列敷设时，接头的位置宜相互错开；明敷时接头应用托板托置固定；直埋时接头盒外面应有防止机械损伤的保护盒（环氧树脂接头盒除外），且位于冻土层内的保护盒内宜注以沥青。

(7) 电缆敷设应排列整齐，不宜交叉，加以固定，并装设标志牌。在电缆终端头、电缆接头、拐弯处、夹层内、隧道及竖井的两端、入井内等处应装设标志牌。

(8) 黏性油浸纸绝缘电缆最高点与最低点之间的最大位差，低压无铠装者不应超过 20m、有铠装者不应超过 25m、10kV 者均不应超过 15m。

电缆沿坡敷设时，中间接头应保持水平。多条电缆同沟敷设时，中间接头的位置应前后错开，其净距不应小于 0.5m。在钢索上悬吊电缆固定点间距离应符合设计要求，无特殊规定时不应大于表 2-13 所列的数值。

表 2-13　　钢索上电缆的固定点间距离　　单位：mm

电缆类型	水平距离	垂直距离
电力电缆	750	1500
控制电缆	600	750

电缆在支架上敷设时，支架间距不应大于表 2-14 所列的数值。

表 2-14　　支架上电缆的固定点间距离　　单位：mm

电缆类型	水平距离	垂直距离
电力电缆	750	1500
控制电缆	600	750

电力电缆和控制电缆在支架上并列敷设，其净距不应小于 150mm。

3. 电缆直埋敷设

（1）电缆直埋敷设容易施工、散热良好，但检修、更换不便，不能可靠地防止外力损伤，而且易受土壤中酸、碱物质的腐蚀。直埋电缆线路有可能受到机械性损伤、化学作用、地下电流、振动、热影响、腐殖物质、虫鼠等危害的地段，应采取保护措施。

（2）非铠装电缆不得直接埋设，直埋电缆应有铠装和防腐保护层。

（3）直埋深度：一般不小于0.7m，沟底深度应为0.8m；农田处应不小于1.0m；3.5kV及以上电缆不小于1.0m。

（4）直埋电缆的上、下部应铺以不小于100mm厚的软土或沙层，并加盖保护板，其覆盖宽度应超过电缆两侧各50mm。软土或沙子中不应有石块或其他硬质杂物。回填土应分层夯实。

（5）直埋电缆应在拐弯、接头、交叉、进入建筑物等地段埋设标桩，标桩应露出地面150～200mm（埋入地下400～450mm，用150号钢筋混凝预制）。

电缆沿斜坡敷设时，中间接头应保持水平，多条电缆同沟敷设时，中间接头的位置应前后错开。

（6）电缆之间交叉时，低压电缆应在上，并应符合平行交叉最小距离。

（7）电缆引入、引出建筑物，爬向电杆及易受机械损伤处应穿保护管。

（8）电缆应埋设在建筑物的散水以外。一般情况下不得将电缆平行敷设于管道的正上方或正下方。

（9）直埋电缆表面距地面的距离不应小于0.7m，穿越农田时不应小于1m；电缆应埋设于冰冻层以下。否则，施加保护措施。

2.2.4　电缆线路的故障

1. 电缆线路的常见故障

电缆线路的故障按其供电要求来分，可分为运行中故障和试验中故障两大类。前者是指电缆在运行中因绝缘击穿或导线烧断而引起突然断电的故障；后者是指在预防性试验中绝缘被击穿或绝缘不良，须检修后才能恢复供电的故障。

电缆线路常见的故障，按其故障部位可分为电缆本身、中间接头、户外终端头、户内终端头。

造成电缆故障的因素很多，如按事故责任来分，可以分为以下几类。

（1）人员的直接过失。人员的直接过失主要有电缆选择不当，中间接头及终端头设计有缺陷；运行不当，施工、检修、维护不良等。

（2）设备不完善。设备不完善故障主要有电缆制造有缺陷、绝缘材料不合规格、旧设备改造遗留缺陷等。

（3）自然灾害。自然灾害主要有雷击、冰雹、台风袭击、鸟害、虫害、地沉、地震等。

（4）正常衰老。正常衰老主要有一般电缆已运行30年以上，绝缘确已严重老化的；垂直部分电缆运行20年以上绝缘干枯的；户外终端头运行20年以上受潮的。

（5）其他原因。其他原因主要有如外力破坏、化学腐蚀和电解腐蚀、用户过失及新设备、新技术试用等。

2. 电缆线路常见故障的原因

（1）外力损伤。外力损伤故障比较容易识别，在电缆事故的次数中占很大的比例，一般约占电缆事故总数的50%左右。

1）直接受外力损伤。直接受外力损伤主要是市政建设、交通运输或进行各种地下管线工程的挖土、打桩、起重、搬运中误伤电缆。

2）安装过程中损伤。安装过程中损伤主要有机械牵引力过大而拉伤电缆，电缆穿越管道时挤伤、划破，或因电缆弯曲过度而损伤金属护套、绝缘层或屏蔽层，在搬运或施工中碰伤电缆等。

3）自然现象造成的损伤。自然现象造成的损伤主要有因地基下沉、地震等引起的过大拉力，拉断电缆，地基振动使铅包疲劳龟裂等，但这类事故很少发生。

（2）绝缘变质或枯干。

1）绝缘变质。电缆绝缘长期在电和热的双重作用下运行，其物理性能将发生变化，导致绝缘强度降低或介质损耗增大，最终引起绝缘崩溃发生事故。这类事故多发生在运行20年、30年以上的老电缆或长期过电压、过电流和超过允许工作温度运行的电缆上。

2）绝缘枯干。电缆垂直部分绝缘枯干的事故，主要发生在户外头下或安装在楼上的户内头下1m以内，一般在电缆运行10年或20年后发生。

（3）铅包损伤或龟裂。

1）铅包损伤。铅包损伤引起的故障为数最多。主要是钢甲接头不当，在制造和敷设的弯曲过程中，钢甲的接头将铅包挤伤，引起绝缘受潮。

绝缘材料的处理与包缠不当，铅包防腐层处理不当，含有腐蚀物质等。

2）铅包龟裂。铅包龟裂将导致绝缘受潮发生故障，铅包龟裂除制造质量不良将引起龟裂外，在运行中长期温度过高，长期受振动，或垂直敷设长期承受拉力都容易引起铅包龟裂。

（4）电缆腐蚀。电缆腐蚀可分为化学腐蚀和电解腐蚀两大类。

1）化学腐蚀。化学腐蚀主要是土壤中含有酸、碱的溶液、氯化物、有机腐蚀质等，会使电缆铅包产生腐蚀。

2）电解腐蚀。电解腐蚀主要是由于直流电车轨道和电气化铁道流入大地的杂散电流引起。

（5）中间接头常见故障。

1）设计不良。密封不严，接头盒进水，是接头故障的主要原因。导体与铅包间闪络距离不够，使绝缘纸表面发生闪络放电。

2）材料质量不良。接头盒或铅套、铜套有砂眼、裂痕。绝缘套日久变质发脆，绝缘强度降低。压接管质量不好，不合规格，压接后产生裂纹。

3）施工质量不良。铅封质量不良，漏水进潮，特别是铅包电缆，更容易发生封焊不良的进潮事故。统包型电缆接头内三芯长短不一，接头不能保持在盒子中心，造成线芯碰盒子内壁，绝缘水平降低。导线的压接或焊接质量不良，接触电阻增大，因过热导致击穿事故。连接管表面处理不好，有尖刺，造成绝缘击穿。线芯弯曲过度，绝缘纸损伤。电缆或绝缘材料有潮气未排除。绝缘胶灌注不满。

（6）户内电缆终端头常见故障。户内电缆终端头很少发生故障，一般还不到电缆故障的1%。

1）施工不良。施工不良指在户内端头的安装过程中，将线芯的绝缘层弯伤。

2）绝缘枯干。绝缘枯干主要是安装在地势较高或在楼上的终端头，运行多年后，因绝缘枯干而引起的事故。

3）维护不当。户内漏雨，终端头被雨水淋湿，吸潮而引起的事故。

（7）户外电缆终端头常见故障。户外终端头的故障，在电缆事故中居第二位，约占25%，大部分发生在10kV及以下电缆线路上。

1）设计、制造不良。防水密封性能不好，是引起终端头进水受潮发生事故的最主要因素。出线铜梗接触不良，主要是盒体外部的接触设计不合理或制造不良。铸铁质量不良，盒体有砂眼或细小裂痕，引起水分侵入盒内。

2）施工质量不良。终端头各部接合处密封垫未垫好，各部件螺钉未上紧，以致密封不严、受潮，发生故障。绝缘胶灌注方法不当，绝缘胶未灌满，尤其是套管的绝缘胶不满，呼吸作用大，最易引起绝缘纸受潮，发生故障。引出线部分焊接或连接不好。施工中损伤线芯绝缘或铅包。

3）绝缘材料不良。绝缘材料不良主要是沥青绝缘胶冻裂点不合格，在北方寒冷地区，冬季绝缘胶冻裂，极易引起绝缘线芯受潮。

4）运行维护不良。终端头瓷套管表面污秽未及时清扫，引起表面闪络。未按期检查终端头内有无水分和对绝缘胶或油不满者未进行补灌。未及时检查及发现引出线的接触不良。未及时发现和处理瓷套管或终端头的裂纹。

3. 电缆线路的事故预防

为了确保电缆线路的安全运行，首先要做好运行技术管理，加强巡视和监护，严格控制电缆的负荷电流及其温度。其次应严格执行有关工艺规程，确保检修质量。做好这些工作，电缆线路绝大部分故障是完全可以杜绝的。

（1）防外力破坏事故。

1）电缆线路的巡视应有专人负责，并根据具体情况制定巡视周期和检查项目。

2）管理电缆线路运行的单位，可根据“保护地下电力电缆的规定”，重点通知城市建设单位和各公用事业单位遵照执行。

3）电缆运行部门应与市政建设有关单位建立正常的联系制度。

4）电缆进入或穿越工厂、机关、学校等单位时，要向该单位提供图样并签订维护协议书。

5）对于被挖掘而全部露出的电缆，应加保护罩及悬吊。

悬吊点间的距离应不大于1.5m，挖土工作完毕后，守护人员应检查电缆外部情况是否完好无损，放置是否正确，待回填土并盖好保护板后，方可离开。

6）加强电缆技术资料的管理工作，要求电缆的原始资料必须准确，并不断提高巡线人员的技术业务水平。

7）加强对广大群众的宣传教育工作，通过各种渠道和方法进行宣传，说明保护地下电力电缆的重要性，以及损伤电缆的危险性和危害性，引起广大群众的重视。

（2）防终端头污闪事故。

1）定期对电缆终端头进行巡视检查，并做好清扫工作。

2）在电缆终端头套管表面，涂一层有机硅防污涂料，以提高套管的抗污能力。

3）对于严重污秽地区，可将较高电压等级的套管用于低电压系统上。

（3）防电缆腐蚀事故。

1）防化学腐蚀的措施。对于敷设在含有酸碱等化学物质土壤附近的电缆，应加外层保护，将电缆穿在耐腐蚀的管道中。

在已运行的电缆线路上，较难随时了解电缆的腐蚀程度，只能在已发现电缆有腐蚀的地区或在电缆线路上堆有化学物品并有渗漏现象时，掘开泥土检查电缆并对土壤作化学分析，确定其损害程度，并作出相应处理。

2）防电解腐蚀的措施。提高电车轨道与大地间的绝缘，以限制钢轨漏电。减少流向电缆的杂散电流，在任何情况下安装电缆线路，电缆的金属外皮和巨大金属物件相接近的地方，都必须有电气绝缘。电缆和电车轨道并行敷设时，两者距离不得小于2m。

（4）防虫害事故。在某些地区昆虫也会损坏电缆，白蚁就是其中之一。我国南方地区处于亚热带，气候潮湿，白蚁较多。白蚁会破坏电缆铅皮，造成铅皮穿孔，绝缘受潮击穿。

防蚁、灭蚁的化学药剂配方较多，一般在电缆线路上采用的有以下几种。

1）轻柴油＋狄氏剂，浓度为0.5％～20％。

2）轻柴油＋林丹，浓度为2％～5％。

3）轻柴油＋氯丹原油，浓度为2％～5％。

将配制好的药物，喷洒在电缆四周，使电缆四周50mm土壤渗湿即可。

2.2.5 电缆线路的检查

1. 巡视检查

（1）巡视检查周期。电缆线路的定期巡视一般每季度一次；户外电缆终端头每月巡视一次。

（2）巡视检查主要内容。电缆线路巡视检查主要包括以下内容。

1）直埋电缆的标桩是否完好。沿线路地面上是否堆放矿渣、建筑材料、瓦砾、垃圾及其他重物，有无临时建筑；线路附近地面是否开挖；线路附近有无酸、碱等腐蚀性排放物，地面上是否堆放石灰等可构成腐蚀的物质；露出地面的电缆有无穿管保护，保护管有无损坏或锈蚀，固定是否牢固；电缆引入室内处的封堵是否严密；洪水期间或暴雨过后，巡视附近有无严重冲刷或塌陷现象等。

2）电缆沟盖板是否完整无缺。沟道是否渗水、沟内有无积水、沟道内是否堆放有易燃、易爆物品；电缆铝装或铅包有无腐蚀，全塑电缆有无被老鼠啮咬的痕迹；洪水期间或暴雨过后，巡视室内沟道是否进水，室外沟道泄水是否畅通等。

3）电缆终端头的瓷套管有无裂纹、脏污及闪络痕迹，充有电缆胶或电缆油的终端头有无溢胶、漏油现象；接线端子连接是否良好，有无过热迹象；接地线是否完好、有无松动；中间接头有无变形、温度是否过高等。

4）明敷电缆的挂钩或支架是否牢固；电缆外皮有无腐蚀或损伤；线路附近是否堆放有易燃、易爆或强烈腐蚀性物质等。

2. 定期检查

（1）定期检查周期。敷设在地下、隧道以及沿桥梁架设的电缆，发电厂、变电所的电缆沟、电缆井、电缆支架等地段每三个月至少检查一次。敷设在竖井内的电缆，每年至少检查一次。室内电缆终端头，每1～3年停电检修一次。室外终端头每月检查一次，每年2月及11月进行停电清扫检查。对有动土工程挖掘暴露的电缆，随时检查，跟踪检查。

（2）定期检查主要内容。

1）直埋电缆线路。线路标桩齐全；沿电缆挖掘要办理动土证，并跟踪检查监视；临时建设工程不得在电缆路径上堆放重物；无化学性腐蚀；电缆保护管牢固；引入引出建筑物应无渗水。

2）敷设在沟道、隧道、混凝土块电缆线路。沟盖板齐全；无渗水，一旦渗水要及时排放；电缆入孔、沟壁无断裂、墙壁无渗水、井盖齐全严密；支架牢固，无锈蚀；沟道、隧道中不许有杂物；电缆铅包无膨胀、裂纹、渗油；外护层钢甲无腐蚀、鼠咬。

3）室外电缆头。绝缘套管完整、清洁、无闪络放电痕迹；无鼠窝、鸟巢；电缆出线连接点无发热变色痕迹；绝缘胶无塌陷；接地线牢固；接地点与缆头位置合适，不使缆头产生拉力，破坏手套根部密封；线芯引线相同，相对地距离符合规定；芯线相色标志清楚，并与系统相一致。

2.3 室内配线

2.3.1 室内配线的选择与要求

1. 室内配线方式的选择

室内布线的种类繁多，每类又有若干种敷设方式，应根据内线工程的周围环境和现场条件选择安全合理的布线方式。在比较干燥的环境或对装饰要求不高的场合可选择明配线敷设。在有腐蚀性介质、特别潮湿以及存在火灾、爆炸等安全隐患的场所应采用暗配线敷设。禁止在用纸、秸秆等易燃物做成的顶棚内敷设导线。

2. 对配线的一般要求

（1）线路的走向应尽量远离锅炉、烟道、蒸汽管道等热源、易燃物品及其他危险线路安全运行的设施。当间距不足时，应采取在管外包绝热层的隔热措施或绝缘隔离措施。水管与电线管在同一平面平行敷设时，宜将电线管敷设在水管的上方。

（2）导线的连接应牢靠。接头必须设在明处或在接线盒内，接头应用绝缘胶布包好。剥削导线绝缘层时，不应损伤线芯。连接前必须完全清除线头表面的氧化物和污物。连接的方法有熔焊、锡焊、线夹、瓷接头和压接，可视导线的型号、截面积大小和施工要求而采用。导线终端与用电设备的端子连接的要求是：截面积为10mm^2及以下的单股铜线、截面积为2.5mm^2及以下的多股软铜线以及单股铝线可直接与电气设备的端子连接，但多股软铜线应搪锡。多股铝芯线和截面积超过 2.5mm^{2}的多股铜芯线的终端应经焊接或压接的端子与电气具的端子连接。

(3) 明敷导线穿过墙壁时，应穿铁管、瓷管或硬塑料管保护；导线穿过楼板时，穿越处应不低于 1.8m，且用护管保护；明线跨越管道、金属结构及与不同回路的电线相交叉时，均须套瓷管或采取其他绝缘隔离措施。

(4) 布线完工后，通电前应进行绝缘电阻测量，相对地和相对相之间的绝缘电阻分别不应小于 0.5MΩ 和 1.5MΩ。对于 36V 及以下的低压线路的绝缘电阻也不应小于 0.22MΩ。在有蒸汽或潮湿性气体的场所，绝缘电阻值标准可降低一半。

2.3.2　室内配线的型式及其要求

室内配线可分为明配线和暗配线两大类。常见的室内配线型式有绝缘固定件配线、金属管配线、金属槽配线、塑料管配线、塑料线槽配线、塑料护套线配线、裸导体配线等。

1. 绝缘固定件配线

绝缘固定件配线包括瓷（或塑料）线夹、鼓形绝缘子、针式绝缘子配线，适用于室内正常场所和室外挑檐下方。建筑物顶棚内严禁采用绝缘固定件配线。

采用瓷（或塑料）线夹、鼓形绝缘子、针式绝缘子配线时，绝缘电线至地面的距离、绝缘电线至建筑物的距离、绝缘电线间的距离、绝缘电线固定点的距离均应符合规定。绝缘电线至地面的最小距离见表 2-15。

表 2-15　绝缘电线至地面的最小距离

配线方式		最小距离/m
水平敷设	室内	2.5
	室外	2.7
垂直敷设	室内	1.8
	室外	2.7

2. 金属管配线

金属管配线应采用绝缘电线和电缆。同一管内有几个回路时，所有绝缘电线和电缆都应具有与管内最高标称电压回路绝缘相同的绝缘等级。

建筑物顶棚内宜采用金属管配线。金属管配线不宜用于对金属管有严重腐蚀的场所。

埋地的金属管和潮湿场所的金属管应采用水管或煤气管；干燥场所的金属

管可采用电线管。

同一回路的所有相线和中性线应穿于同一管内，不同回路的线路原则上不应穿于同一根金属管内。三条及以上绝缘导线穿于同一管内时，其总截面积不应超过管内截面积的40%。两条绝缘导线穿于同一管内时，管内径不应小于两根导线直径之和的1.35倍（立管可取1.25倍）。

管内不得有电线接头，接头应在接线盒内。

金属管明敷时，其固定点的间距不应大于表2-16所列的数值。

表2-16　　金属管明敷的固定点间最大距离

金属管种类	金属管直径/mm			
	15～20	25～32	40～50	70～100
	最大间距/m			
钢管	1.5	2.0	2.5	3.5
电线管	1.0	1.5	2.0	—

电线管路与热水管、蒸汽管同侧敷设时，宜敷设在热水管、蒸汽管的下方。电线管路与水管同侧敷设时，宜敷设在水管的上方。

管路暗敷于地下时，不宜穿过设备基础。穿过建筑物基础时，应加保护管保护；穿过建筑物伸缩缝、沉降缝时，也应采取保护措施。

3. 金属槽配线

金属槽配线适用于室内正常场所，不适用于对金属槽有严重腐蚀的场所。具有槽盖的封闭式金属槽可用于顶棚内配线。

同一回路的所有相线和中性线应敷设在同一金属槽内。槽内载流导线不宜超过30根；槽内电线及电缆的总截面积不应超过线槽内截面积的20%。对于控制、信号等弱电线路的金属槽，电线或电缆根数不限，电线或电缆的总截面积不应超过槽内截面积的50%。穿过楼板或墙壁等处的金属槽配线不得进行连接。

金属槽吊点、支持点的距离应根据具体条件确定。一般直线段不大于3m处，线槽接头处，线槽首端、终端及进出接线盒0.5m处，线槽转角处应设置吊架或支架。

地面内暗装金属槽配线暗敷于现浇混凝土地面、楼板或楼板垫层内，适用于大空间、隔断变化多、用电设备移动性大以及有多种功能线路的正常环境。电线填充率不应超过40%；线槽内不得有接头；线槽出线口和分线盒不得突出地面并应作好防水密封处理。

4. 塑料管配线

塑料管配线也应采用绝缘电线和电缆。配线用塑料管（硬塑料管、半硬塑料管）及附件应采用氧指数为27%以上的难燃型制品。

硬塑料管配线一般适用于室内场所和有酸碱腐蚀性介质的场所。半硬塑料管配线适用于室内正常场所。在易受机械损伤的场所不宜采用明敷塑料管配线。建筑物顶棚内，不宜采用半硬塑料管配线。

硬塑料管明敷时，其固定点的最大间距见表2-17。

表2-17 硬质塑料管明敷的固定点间最大距离

硬塑料管直径/mm	≤20	25～40	≥50
最大间距/m	1.0	1.5	2.0

塑料管连接都采用套接，挠性管连接及进入接线盒均采用接头连接，PVC—C氯化聚氯乙烯管采用专用胶粘剂粘接。接管与承口应由两人同时涂刷胶粘剂，按操作工艺板涂刷宽度为管径的1/3～1/2。涂刷方向：承口应由里向外，接管应由承口深度标线至管端，重复2～3次并迅速插入。保持时间：夏季保持15～30s、冬季保持30～60s，不能松动，工作环境不能低于0℃。

塑料管的安装位置、保护、管内截面积填充率等与金属管配线大致相同。

5. 塑料线槽配线

塑料线槽配线适用于室内正常场所，不适用于在高温和易受机械损伤的场所。线槽应采用难燃型制品。弱电线路可采用难燃型带盖塑料线槽在建筑顶棚内敷设。配线要求与金属槽配线大致相同。

6. 塑料护套线配线

塑料护套线配线适用于潮湿和有腐蚀性的特殊场所，但不可直接在水泥或石灰粉刷的屋内埋设，也不得在室外露天明敷。室内明敷时，离地最小距离不得低于0.15m，穿越楼板的一段及离地0.15m以下的部分应加保护管保护。导线截面积，铜芯不得小于1.0mm^2，铝芯不得小于1.5mm^2。线卡固定点间的距离应根据导线截面积的大小而定，一般为150～200mm。每个线卡中敷设的导线不得超过3根；护套线拐弯的内圆弧半径不得小于线宽的3倍（多根并排布线时，第一根的内圆弧半径不小于线宽的2倍）；穿过楼板或墙壁时应加铁管保护，穿越管道时须用瓷管保护。穿越蒸汽管时，瓷管与蒸汽管的距离不得小于200mm。导线的接头应安排在接线盒内，在多尘和潮湿场所应采用密封式接线盒。铜线与铝线连接时，铜接头应搪锡。

暗配在空心楼板孔内的护套线，护套层不得破损，并应便于更换导线。铅皮线的外皮及金属接线盒应接地。

7. 裸导体配线

如环境条件许可，在工业厂房内也可采用裸导体配线。这时要加大配线的各项间距。

(1) 无遮护的裸导体至地面的距离，不应低于 3.5m。

(2) 装有网孔遮栏时，不应低于 2.5m。

(3) 裸导体与网状遮栏（网眼不大于 20mm × 20mm）的距离不应小于 100mm。

3.1 电气照明概述

3.1.1 电气照明的分类方式

1. 按光源性质分类

按光源性质分类，电气照明分为热辐射光源照明和气体放电光源照明。前者是由电流通过钨丝使之升温达到白炽状态而发光的照明器具，如白炽灯、碘钨灯等照明灯具。其特点是发光效率低。后者是利用电极间气体放电产生可见光和紫外线，再由可见光和紫外线激发灯管或灯泡内壁上的荧光粉使之发光的照明器具，如日光灯、高压汞灯、高压钠灯等照明灯具。其发光效率可达白炽灯的 3 倍左右。

2. 按照明功能分类

按照明功能分类，电气照明可分为正常照明、应急照明、值班照明、警卫照明和障碍照明。应急照明包括备用照明、安全照明和疏散照明。在爆炸危险环境、中毒危险环境、火灾危险性较大的环境、手术室之类一旦停电即关系到人身安危的环境、500 人以上的公共环境、一旦停电使生产受到影响会造成大量废品的环境都应该有应急照明。

3. 按照明方式分类

按照明方式分类，分为一般照明、局部照明和混合照明。一般照明指普通照明，绝大多数场所都采用一般照明。局部照明仅在局部需要加强照度的地方设置，工作场所内不应只设有局部照明。

4. 按灯具防护型式分类

按灯具防护型式分类，除普通型灯具外，还有防水型灯具、防尘型灯具和防爆型灯具等。

3.1.2　电气照明的主要类别

常用的电光源有白炽灯、荧光灯、高压钠灯、金属卤化物灯等。

1. 白炽灯

(1) 结构。白炽灯是第一代电光源的代表作。它主要由灯丝、灯头和玻璃灯泡等组成，构造简单，使用方便。如图 3-1 所示。

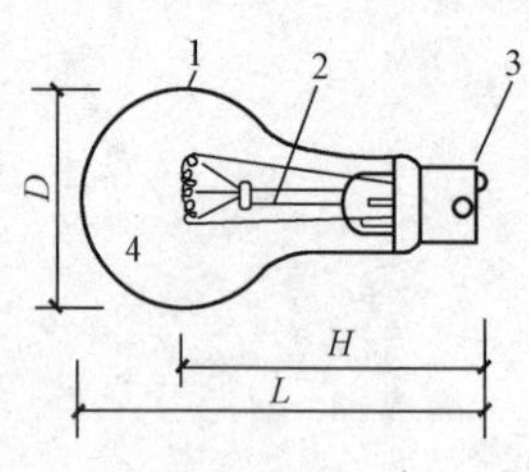

图 3-1　白炽灯
1—玻壳；2—玻璃支柱；3—灯头；4—灯丝

(2) 原理。白炽灯的灯丝是由高熔点的钨丝绕制而成，是热辐射光源。电流通过灯丝时产生大量的热，使灯丝达到白炽状态（2400～3000K）而发光。较高功率的灯泡（60W 以上）抽真空后都充上氩、氮等惰性气体，这是为了抑制钨丝的蒸发，延长灯泡的寿命。只有 40W 以下的灯泡，由于灯丝太细，充气后对灯丝的冷却作用很大，影响发光效率，才保留真空形式。白炽灯的灯头有螺口式和插口式两种。

(3) 接线。白炽灯常用灯具接线见表 3-1。

表 3-1　**白炽灯常用灯具接线**

名称用途	接线图	备注
一个单联开关控制一个灯	中性线 电源 相线	开关装在相线上，接入灯头中心簧片上，零线接入灯头螺纹口接线柱
一个单联开关控制一个灯，接一个插座	中性线 电源 相线	用线少，线路上有接头，工艺复杂，容易松动，易产生高热，有发生火灾危险
	中性线 电源 相线	电路中无接头，较安全，用线多

续表

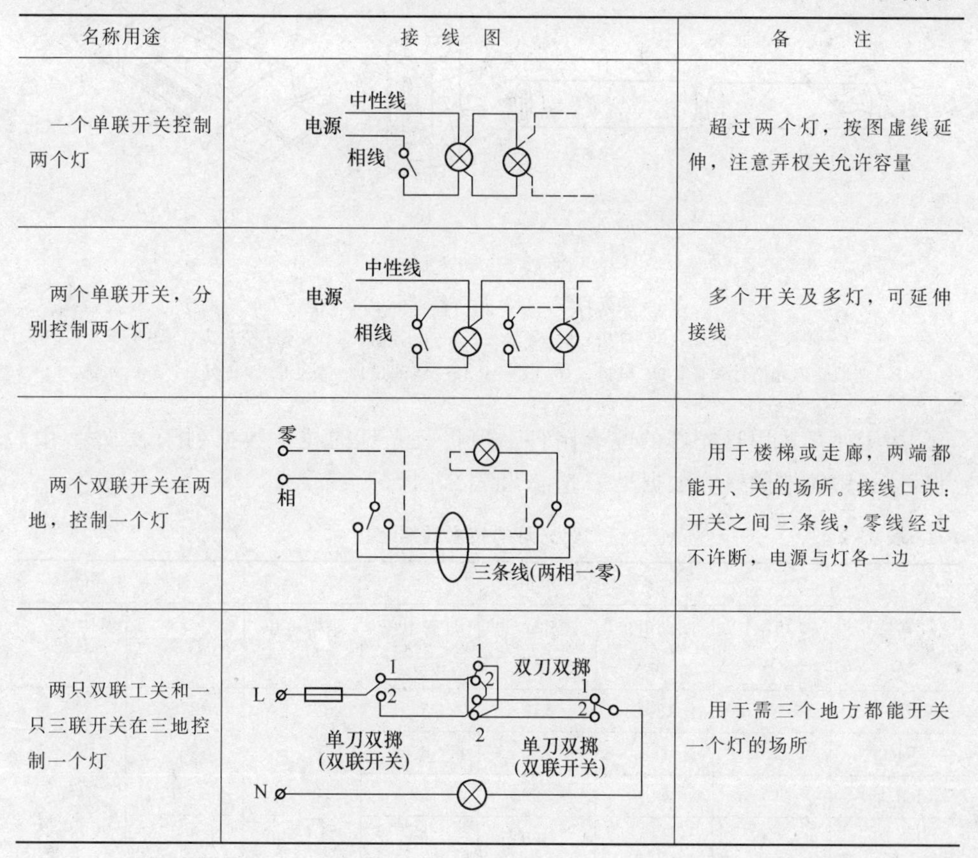

名称用途	接线图	备注
一个单联开关控制两个灯	中性线 电源 相线	超过两个灯，按图虚线延伸，注意弄权关允许容量
两个单联开关，分别控制两个灯	中性线 电源 相线	多个开关及多灯，可延伸接线
两个双联开关在两地，控制一个灯	零 相 三条线(两相一零)	用于楼梯或走廊，两端都能开、关的场所。接线口诀：开关之间三条线，零线经过不许断，电源与灯各一边
两只双联工关和一只三联开关在三地控制一个灯	L N 1 2 双刀双掷 单刀双掷(双联开关) 单刀双掷(双联开关)	用于需三个地方都能开关一个灯的场所

（4）注意事项。当电流通过白炽灯的灯丝时，由于电流的热效应，使灯丝达到白炽状（钨丝的温度可达到2400～2500℃）而发光。但热辐射中只有2%～3%为可见光，发光效率低，平均寿命为1000h，经不起振动。电源电压变化对灯泡的寿命和光效有严重影响，故电源电压的偏移不宜大于±2.0%。

使用白炽灯时应注意以下几点。

1）白炽灯表面温度较高，严禁在易燃场所使用。

2）白炽灯吸收的电能只有20%被转换成了光能，其余的均被转换为红外线辐射能和热能，故玻璃壳内的温度很高，在使用中应防止水溅到灯泡上，以免玻璃壳炸裂。

3）装卸灯泡时，应先断开电源，更不能用潮湿的手去装卸灯泡。

2. 荧光灯

（1）结构。荧光灯又称日光灯，是第二代电光源的代表作。它主要由荧光灯管、镇流器和启辉器等组成，如图3-2所示。

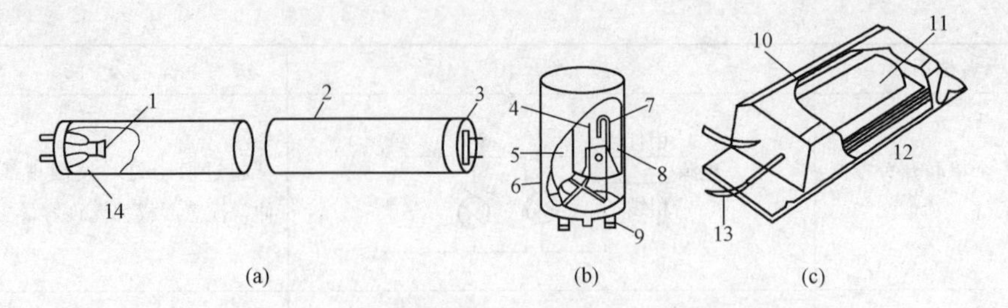

图 3-2　荧光灯

(a) 荧光灯管；(b) 启辉器；(c) 镇流器

1—阴极；2—玻璃；3—灯头；4—静触头；5—电容器；6—外壳；7—双金属片；
8—玻璃壳内充惰性气体；9—电极；10—外壳；11—线圈；12—铁心；13—引线；14—水银

为了便于选用日光灯的配套附件，现将荧光灯的技术数据列于表 3-2 中，启辉器、镇流器的有关数据见表 3-3 和表 3-4。

表 3-2　　荧光灯的技术数据

灯管型号	技术指数					外形尺寸/mm	
	功率/W	起动电流/mA	工作电流/mA	灯管电压/V	电源电压/V	长度	直径
RR-6	6	180S	140	55		226	15
RR-3	8	195	150	65		301	15
RR-15	15	440	320	52		451	
RR-20	20	460	350	60	110/200	604	
RR-30	30	560	360	95		909	38
RR-40	40	650	410	108		1215	
RR-100	100	1800	1500	87		1215	

表 3-3　　启辉器的技术数据

启辉器型号	配用灯管功率/W	电压/V	起动速度		欠压起动		起动电压/V	使用寿命/次
			电压/V	时间/s	电压/V	时间/s		
PYJ 4-8	4～8	220	220	1～4	180	<15	>135	5000
PYJ 15-20	15～20	220	220	1～4	180	<15	>135	5000
PYJ 30-40	30～40	220	220	1～4	180	<15	>135	5000
PYJ 100	100	220	220	1～4	200	2～5	—	5000

表 3-4　　镇流器的技术数据

镇流器型号	配用灯管功率/W	电源电压/V	工作电压/V	起动电流/A	工作电流/A	线圈数据	
						导线直径/mm	匝数
PYZ-6	6	220	208	0.18	0.14	0.19	1000×2
PYZ-8	8	220	206	0.195～0.2	0.15～0.16	0.19	1000×2
PYZ-10	10	220	204	—	0.25	0.21	1000×2
PYZ-15	15	220	202	0.41～0.44	0.3～0.32	0.21	980×2
PYZ-20	20	220	198	0.46	0.35	0.25	760×2
PYZ-30	30	220	182	0.56	0.36	0.25	760×2
PYZ-40	40	220	165	0.65	0.41	0.31	750×2

（2）原理。荧光灯灯管两端装有螺旋状钨丝电极，电极表面涂有氧化钡，以便容易发射电子。灯管抽真空后充入汞和惰性气体氩。气体放电使灯管内的汞蒸发，并发出紫外线，紫外线照射到管壁的荧光粉上，荧光粉发出可见光。荧光灯属于低压冷光源。

荧光灯靠汞蒸气放电时发出可见光和紫外线，后者激励灯管内壁的荧光粉而发光，光色接近白色。荧光灯是低气压放电灯，工作在弧光放电区，当外电压变化时工作不稳定，所以必须与镇流器一起使用，将灯管的工作电流限制在额定数值。

荧光灯具有下述优点：光色好，特别是日光灯接近天然光；发光效率比白炽灯高 2～3 倍；在不频繁启燃工作状态下，其寿命较长，可达 3000h 以上。

（3）接线。荧光灯安装接线工作电路如图 3-3 所示。

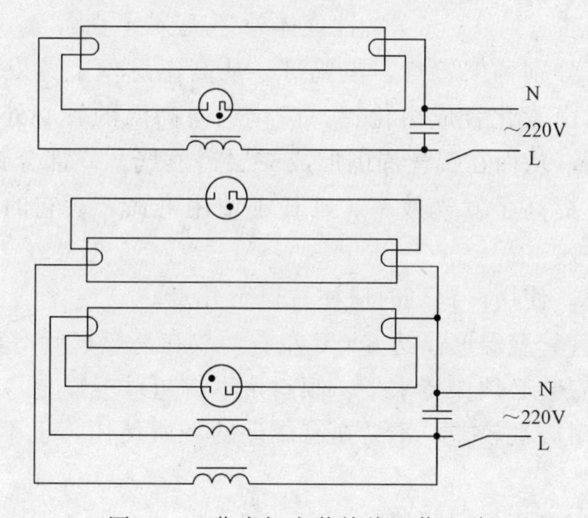

图 3-3　荧光灯安装接线工作电路

(4) 注意事项。使用荧光灯时应注意以下几点。

1) 灯管功率和镇流器、启辉器必须匹配，否则镇流器或灯管易因过热而损坏。

2) 镇流器工作过程要注意散热，8W及以下镇流器功耗为4W；40W以下镇流器功耗为8W；100W镇流器功耗为20W。

3) 荧光灯不宜频繁开启，以免灯丝涂层受冲击过多，过分消耗而降低灯管寿命。

4) 适宜工作温度应为18～25℃。

5) 电压变动幅度不宜大于±5%U_e。

6) 灯管有频闪效应，有机械运动场所会误认为静止状或反向缓转，如机床。

7) 100W灯管运行中温度近100～120℃，其他规格的灯管运行温度为40～50℃。

8) 破碎灯管水银对环境有危害，应及时妥善处理。

3. 卤钨灯

(1) 结构。卤钨灯是卤钨循环白灯泡的简称，是一种较新型的热辐射光源。它是在白炽灯的基础上改进而来，与白炽灯相比，它有体积小、光效好、寿命长等特点。

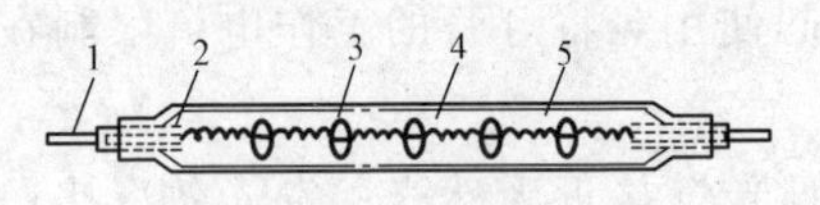

图3-4　卤钨灯

1—灯脚；2—钼箔；3—支架；4—灯丝（钨丝）；5—石英玻璃管（内充微量卤素）

它是由具有钨丝的石英灯管内充入微量的卤化物（碘化物或溴化物）和电极组成，如图3-4所示。

(2) 原理。卤钨灯的灯丝也由钨制成，和白炽灯不同的是，卤钨灯管内除了充入惰性气体外还充入了卤元素（碘、溴等），充入碘、溴的卤钨灯分别称碘钨灯、溴钨灯。从高温灯丝上蒸发出来的钨在温度较低的管壁附近与卤素化合成卤化钨。卤化钨向高温的管心处扩散，在高温下又分解成卤素和钨，从而在钨丝周围形成一层钨蒸气，一部分钨又回到钨丝上。相对白炽灯而言，提高了发光效率、延长了使用寿命，且它的光通量比白炽灯更稳定，光色更好。

(3) 注意事项。使用卤钨灯时应注意以下几点。

1) 卤钨灯灯管管壁温度高达600℃左右，故在易燃场所不宜安装。

2) 卤钨灯的安装必须保持水平，倾斜角不得超过±4°。

3) 卤钨灯的耐震性较差，不易在有震动的场所使用，也不宜作移动式照明电器使用。

4) 卤钨灯需配专用的照明灯具。

4. 高压钠灯

(1) 结构。高压钠灯也是一种气体放电的光源，其结构如图 3-5 所示。放电管细长，管壁温度达 700℃以上，因钠对石英玻璃具有较强的腐蚀作用，所以放电管管体采用多晶氧化铝陶瓷制成。用化学性能稳定而膨胀系数与陶瓷相接近的铌做成端帽，使得电极与管体之间具有良好的密封性。电极间连接着双金属片，用来产生起动脉冲。灯泡外壳由硬玻璃制成，灯头与高压钠灯一样，制成螺口型。

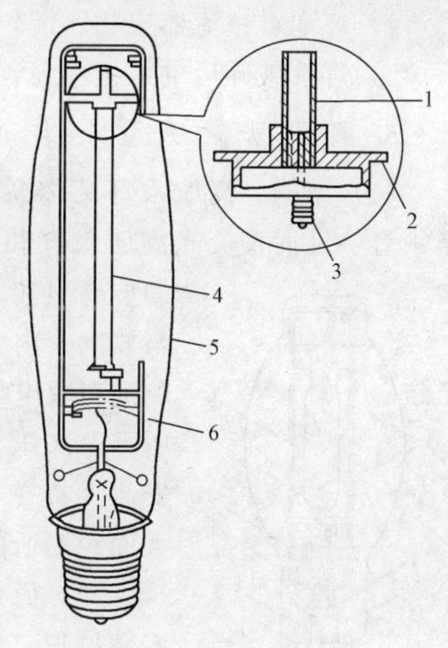

图 3-5 高压钠灯

1—金属排气管；2—铌帽；3—电极；
4—放电管；5—玻璃泡体；
6—双金属片

(2) 原理。高压钠灯是利用高压钠蒸气放电的原理进行工作的。由于它的发光管（放电管）既细又长，不能采用类似高压汞灯通过辅助电极启辉发光的办法，而采用荧光灯的起动原理，但是启辉器被组合在灯泡内部（即双金属片），其起动原理如图 3-6 所示。接通电源后，电流通过双金属片 b 和加热线圈 H，b 受热后发生变形使触头打开，镇流器 L 产生脉冲高压使灯泡点燃。

(3) 接线。高压钠灯接线如图 3-7 所示。

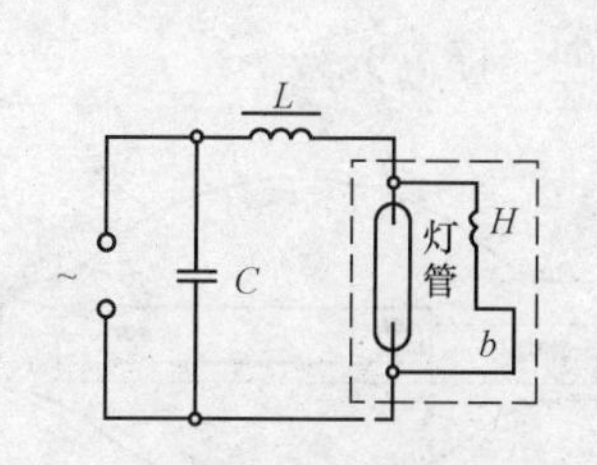

图 3-6 高压钠灯起动原理图

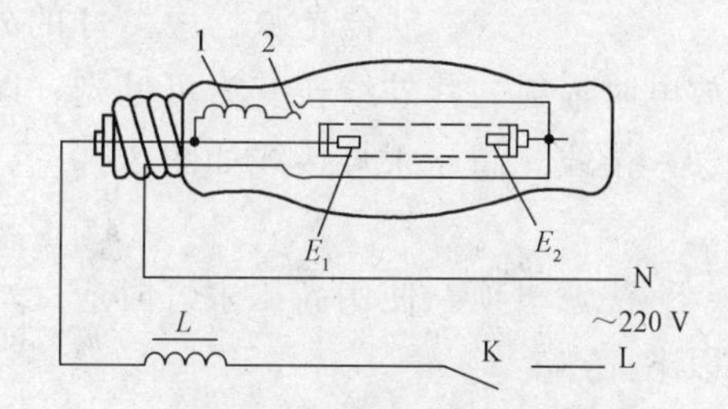

图 3-7 高压钠灯接线

1—加热线圈；2—双金属片常闭接点

E_1，E_2—钨丝电极；L—镇流器

(4) 注意事项。使用高压钠灯时应注意以下几点。

1）电源电压变动不宜超过±5%，当电源电压上升 5%时，管压降增大，易引起自燃；降低时，光通量将减少，光色变差。

2）灯在任何位置点燃，其光参数基本不变。

3）配套设计灯具，反射光不宜通过放电管，否则将引起放电管因吸热而温度升高，且易自熄。

4）灯泡、镇流器应相匹配，关闭后不能立即起动。

5）灯管破碎后的水银应妥善处理。

5. 高压汞灯

（1）结构。高压汞灯又称高压水银灯，是一种较新型的电光源，分荧光高压汞灯、反射型荧光高压汞灯和自镇流荧光高压汞灯三种，主要由涂有荧光粉的玻璃泡和装有主、辅电极的放电管组成。玻璃泡内装有与放电管内辅助电极串联的附加电阻及电极引线，并将玻璃泡与放电管间抽成真空，充入少量惰性气体，如图 3-8 所示。高压汞灯发光效率高、寿命长、省电、耐震，且对安装无特殊要求，被广泛应用于施工现场、广场、车站等大面积场所的照明。

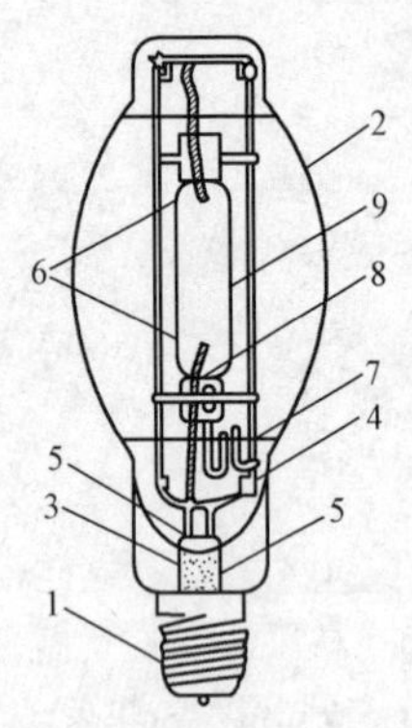

图 3-8　高压汞灯
1—灯头；2—玻璃壳；3—抽气管；4—支架；5—导线；6—主电极；7—起动电阻；8—辅助电极；9—石英放电管

（2）原理。荧光高压汞灯的光效比白炽灯高三倍左右，寿命也长，起动时不需加热灯丝，故不需要启辉器，但显色性差。电源电压变化对荧光高压汞灯的光电参数有较大影响，故电源电压变化不宜大于±5%。

反射型荧光高压汞灯玻壳内壁上部镀有铝反射层，具有定向反射性能，使用时可不用灯具。

自镇流荧光高压汞灯用钨丝作为镇流器，是利用高压汞蒸气放电、白炽体和荧光材料三种发光物质同时发光的复合光源。这类灯的外玻壳内壁都涂有荧光粉，它能将汞蒸气放电时辐射的紫外线转变为可见光，以改善光色，提高光效。

（3）接线。高压汞灯接线如图 3-9 所示。

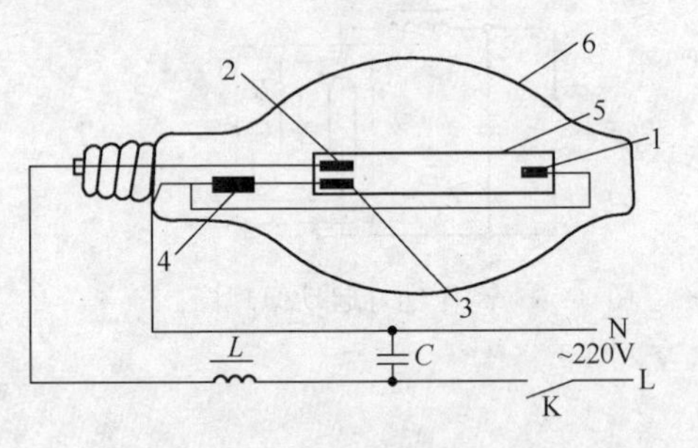

图 3-9　高压汞灯接线
1，2—主电极；3—辅助电极；4—电阻（15～100kΩ）；5—石英内管（放电管）；6—玻璃外壳（泡）

（4）注意事项。使用高压汞灯时应注意以下几点。

1）外镇流式高压水银灯必须配用相应的镇流器，否则灯泡会立即烧毁。

2）灯泡外壳温度较高，标定 400W 的外壳表面温度为 150～200℃。

3）灯可在任意位置点燃，最好垂直向下，水平点燃时其光效降低 50%，光通量减少 7%且易自熄。

4）电压降低 5%也可能自熄。

5）外壳破碎后，放电管也可点亮，此时大量紫外线可对眼、皮肤造成辐射伤害。

6）灯管内有水银，坏损后灯泡需妥善处理。

6. 金属卤化物灯

金属卤化物灯是在高压汞灯的基础上为改善光色而发展起来的一种新型电光源。它不仅光色好，而且发光效率高，性能较荧光高压汞灯有很大改善。常用的金属卤化物灯有钠铊铟灯和管形镝灯。

（1）原理。金属卤化物在蒸气放电的电弧柱内分解成金属和卤素，金属原子受热激发而发光，该灯发出的光以这种光为主，故称金卤灯。荧光高压汞灯的外泡内表面涂了荧光质，而金卤灯不涂荧光质。

（2）接线。

1）钠铊铟灯。400W 钠铊铟灯与 1000W 钠铊铟灯的接线方法大致相同，不过，1000W 钠铊铟灯需要触发器起动，其接入方式如图 3-10 所示。

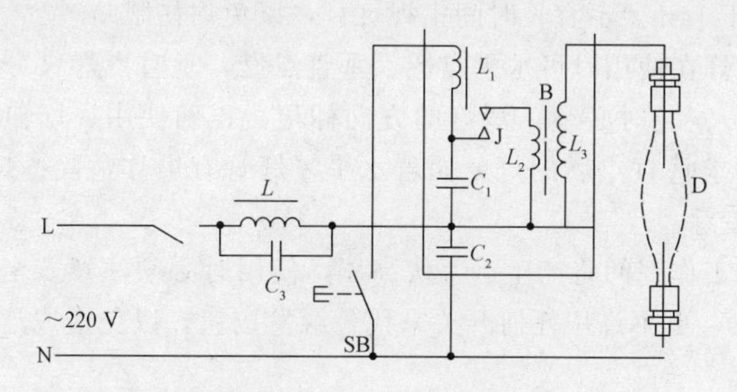

图 3-10　1000W 钠铊铟灯接线

2）管形镝灯。400W 管形镝灯接入电路如图 3-11 所示。

工作时应匹配与灯泡功率相适应的专用镇流器或者漏磁变压器，才可用于 220V 供电。如图 3-11 所示。

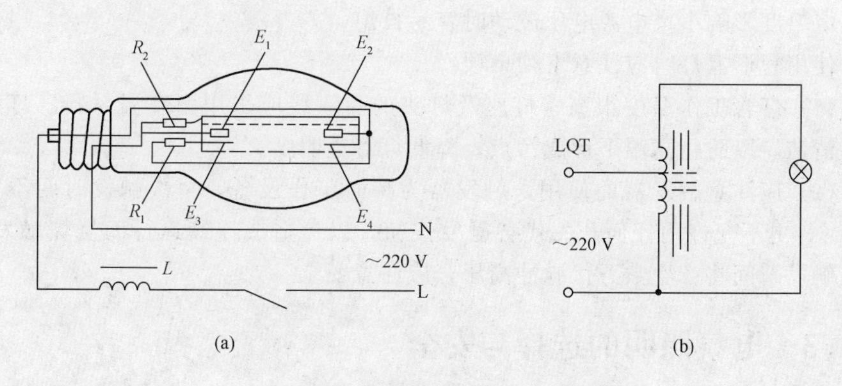

图 3-11　管形镝灯接入电路

（a）与专用镇流器配套；（b）与漏磁变压器配套

(3) 注意事项。使用金属卤化物灯时应注意以下几点。

1) 外镇流式高压水银灯必须配用相应的镇流器，否则灯泡会立即烧毁。

2) 灯泡外壳温度较高，标定400W的外壳表面温度为150～200℃。

3) 灯可在任意位置点燃，最好垂直向下，水平点燃时其光效降低50%，光通量减少7%且易自熄。

4) 电压变动不宜大于±5%，电压变化不但会引起光效、管压等变化，而且会使光色发生变化，金属卤化物灯对电压波动的敏感比高压汞灯还严重，很容易发生自熄。

5) 外壳破碎后，放电管也可点亮，此时大量紫外线会对眼、皮肤造成辐射伤害。

6) 由于紫外线辐射较强，无外壳的金属卤化灯一般都配有玻璃罩，否则安装高度应不小于14m。不宜长时间正视灯具，以免灼伤眼睛。

7) 管形镝灯在使用时可水平点燃、垂直点燃，垂直点燃又分为灯头在上和灯头在下点燃。安装时必须认清灯的方向标记，正确使用。灯轴中心的偏离不应大于15°。要求垂直点燃的灯，如若水平，灯管有爆炸危险。灯头方向调错，则灯的光色会变绿。

8) 触发器工作瞬间将产生近万伏高压，使用时必须注意安全。每次触发时间不宜超过10s，更不许用任何开关来代替触发按钮，以免造成连续运行，烧坏触发器。

7. 管形氙灯

管形氙灯又称长弧氙灯，放电时能产生很强的白光，接近连续光谱，和太阳光十分相似，故有“小太阳”之称，特别适合于大面积场所照明。

管形氙灯点燃瞬间即能达到80%光输出，光电参数一致性好，工作稳定，受环境温度影响小，电源电压波动时容易自熄。

使用管形氙灯时应注意下列事项。

(1) 灯管工作温度很高，灯座及灯头的引入线应采用耐高温材料。灯管需保持清洁，以防止高温下形成污点，降低灯管透明度。

(2) 应注意触发器的使用，触发器为瞬时工作设备，每次触发时间不宜超过10s，更不允许用任何开关代替触发按钮，以免造成连续运行而烧坏触发器。当它触发瞬间将产生数万伏脉冲高压，应注意安全。

3.1.3 电气照明的选择与安全

1. 电气照明的选择

电气照明的选择要兼顾实用、节能和价格。从表中可以看出，并非白炽灯最价廉，随着科技的发展，节能灯的价格会大幅下降，而白炽灯不会有大的变化。

（1）室内电气照明的选择。对于室内场所白炽灯和荧光灯占统治地位。白炽灯的光效太低，应尽量少选择白炽灯，多选择荧光灯，特别是高效节能荧光灯。

白炽灯适用于以下场所：经常开关灯、使用时间较短、照度要求不高、需要调光、需要瞬时可靠起动等场所。

直管荧光灯分 T12（管径 38mm）、T8（管径 26mm）和 T5 型（管径 16mm），管径越小，节能效果好。要选用国家推荐使用的 T8 型去取代 T12 型，或选用紧凑型和 T5 型，还可以选择小功率金卤灯。

对于高大室内空间，提倡用金卤灯、高压钠灯（含显色改进型）取代荧光高压汞灯、卤钨灯和白炽灯。

（2）室外电气照明的选择。用于道路、工地、广场、建筑外景等室外的光源，可选用高压钠灯（不应再选择荧光高压汞灯）、金卤灯，也可以选用氙灯和卤钨灯。

（3）镇流器的选择。我国不但能生产荧光灯的电子镇流器还能生产高压钠灯和金卤灯的电子镇流器。电子镇流器存在的问题是，不能调光、价格高（较国外产品仍有较大优势）、有的产品质量不过关。近年来，随着产品质量的提高、价格的下降，越来越多的人提倡选择电子镇流器。采用铁心电感镇流器应选择节能型新产品。

2. 电气照明的安全

严禁热光源靠近易燃易爆物，以免引起火灾和爆炸。使用卤钨灯时要尽可能保持水平（倾斜不超过 4°），否则充入的卤元素会沉在低端，上述卤钨循环过程被破坏，灯管很快发黑，灯丝很快会烧断。氙灯有较强的紫外线辐射，使用时要装滤光罩，或安装在 20m 以上的高处，人眼不要直视灯管。灯管应保持清洁，防止在紫外线的作用下灯管上的油污起物理、化学变化，造成灯管损坏。

同时，要严格根据实际需要采用特殊照明器。正常湿度时选用开启式照明器；比较潮湿时选用密封型、防水、防尘照明器，或配有防水灯头的开启式照明器；有大量灰尘但无爆炸和火灾危险的场所，选用防尘照明器；有爆炸和火灾危险的场所，选用防爆型照明器；振动较大的场所，选用防振型照明器；有酸碱强腐蚀性的场所，选用耐酸碱型照明器。

3.2 电气照明线路

3.2.1 照明线路的概念

电气照明线路就是对电气照明灯具等用电设备供电和控制的线路。供电电源电压，一般为单相220V二线制，负荷大时，用220V/380V三相四线制。

3.2.2 照明线路的安全

照明线路宜单独配电，必要时设置事故照明线和应急照明器。熔丝的额定电流应不大于1.5倍的负荷电流。每条单相照明支线的电流不宜超过15A（对于较大的工地可以放宽到30A），照明器和插座不宜超过20个。这一方面是为了提高供电的可靠性，防止一处短路造成的停电面积过大。另一方面是出于安全上的考虑，防止在只有个别照明器工作的情况下，熔丝的额定电流相对来说过大，保险作用变差。照明器、开关的安装应牢固可靠。灯头距地面的高度一般不应低于2m，拉线开关不低于1.8m，手开关不应低于1.3m。明装插座不应低于1.3m，暗装插座不低于15cm（住宅内不得低于1.3m）。

严禁将插座和扳把开关靠近装设，严禁在床上装设开关。单相开关应装在火线上。对于螺口灯头，火线应接在和中心触头相连的一端，零线接在与螺纹口相连的一端。

同时，还应根据不同的环境选用不同的照明电源电压。一般场所选用220V电源供电。隧道、人防工程，有高温、导电灰尘或灯具离地面高度低于2.4m等场所的照明，电源电压应不大于36V；潮湿和易触及带电体场所的照明，电源电压应不大于24V；特别潮湿的场所、导电良好的地面、锅炉或金属容器内的照明电源电压应不大于12V。行灯的电源电压应不超过36V。照明变压器必须是双绕组型，严禁使用自耦变压器。

3.2.3 照明线路的故障

1. 照明线路的漏电

（1）原因。

1）相线与零线间绝缘受潮或损坏，产生相线与零线间漏电。

2）相线与零线之间绝缘受损，而形成相线与地之间的漏电。

（2）检查。

1）用绝缘电阻表测量绝缘电阻值的大小，或在被测线路的总开关上接上一只电流表，断开负荷后接通电源，如电流表的指针摆动，说明有漏电，偏转多，说明漏电大。确定漏电后，再进一步检查。

2）切断零线，如电流表指示不变或绝缘电阻不变，说明相线与大地之间漏电。若电流表指示回零或绝缘电阻恢复正常，说明相线与零线之间漏电。若电流表指示变小但不为零，或绝缘电阻有所升高但仍不符合要求，说明相线与零线、相线与大地之间均有漏电。

3）取下分路熔断器或拉开分路开关，如电流表指示或绝缘电阻不变，说明总线路漏电。如电流表指示回零或绝缘电阻恢复正常，说明分路漏电。若电流表指示变小，但不为零，或绝缘电阻有所升高，但仍不符合要求，说明总线路与分线路都有漏电，这样可以确定漏电的范围。

4）按上述方法确定漏电的分路或线段后，再依次断开该段线路灯具的开关，当断开某一开关时，电流表指示回零或绝缘电阻正常，说明这一分支线漏电。若电流表指示变小或绝缘电阻有所升高，说明除这一支路漏电外，还有其他漏电处。若所有的灯具开关都断开后，电流表指示不变或绝缘电阻不变，说明该段干线漏电。

5）用上述方法依次将故障缩小到一个较短的线段后，便可进一步检查该段线路的接头、接线盒、电线穿墙处等是否有绝缘损坏情况，并进行处理。

2. 照明线路的短路

熔断器熔体熔断，短路点处有明显烧痕，绝缘炭化，严重时会使导线绝缘层烧焦甚至引起火灾。

（1）原因。

1）安装不符合规格，多股导线未拧紧或未涮锡，压接不紧，有毛刺。

2）相线、零线压接松动、距离过近，当遇到某些外力时，使其相碰造成相线对零线短路或相间短路；如果螺口灯头、顶芯与螺纹部分松动，装灯泡时使灯芯与螺纹部分相碰短路。

3）电气设备使用环境中有大量导电尘埃，防尘设施不当，使导电尘埃落入电气设备中引起短路。

4）受恶劣天气影响，如大风使绝缘支持物损坏，导线相互碰撞、摩擦，使导线绝缘损坏，引起短路；雨天，电气设备的防水设施损坏，使雨水进入电气设备造成短路。

5）人为因素，如土建施工时将导线、配电盘等临时移动位置，处理不当，施工时误碰架空线或挖土时损伤土中电缆等。

（2）检查。短路故障的查找一般是采用分支路、分段与重点部位相结合的方法，可利用试灯进行检查。

将被测线路上的所有支路上的开关均置于断开位置，把线路的总开关拉开，将试灯串接在被测线路中，然后闭合总开关。若此时试灯能正常发光，说明该线路确有短路故障且短路故障在线路干线上，而不在支线上；若试灯不亮，说明该线路干线上没有短路故障，而故障点可能在支线上，下一步应对各支路按同样的方法进行检查。在检查到直接接照明负荷的支路时，可顺序将每只灯的开关闭合，并在每合一个开关的同时，观察试灯能否正常发光，若试灯不能正常发光，说明故障不在此灯的线路上；若在合至某一只灯时，试灯正常发光，说明故障在此灯或此灯的接线中。

3. 照明线路的断路

相线、零线断路后，负荷将不能正常工作，如当三相四线制供电线路负荷不平衡时，当零线断线后造成三相电压不平衡，负荷大的一相电压低，负荷小的一相电压高，若负荷是白炽灯，会出现一相灯光暗淡，而接在另一相上的灯又变得很亮，同时零线断口负荷侧将会出现对地电压。单相线路出现断线负荷将不工作。

(1) 原因。

1) 开关触点松动，接触不良。

2) 安装时导线接头处压接不实，接触电阻过大，造成局部连接处氧化。

3) 导线断线，接头处腐蚀严重（特别是铜、铝线未采用铜铝接头而直接连接）。

4) 负荷过大使熔体烧断。

5) 大风恶劣天气影响，使导线断线。

6) 人为因素，如搬运过高物品将电线碰断，由于施工作业无意将电线碰断及人为碰坏等。

(2) 检查。可用试电笔、万用表、试灯等进行测试，分段查找与重点部位检查相结合进行，对较长线路可采用对分找断路点。

4. 照明线路的绝缘电阻降低

(1) 原因。电气照明线路由于使用年限过久，绝缘老化，绝缘子损坏，导线绝缘层受潮或磨损等原因都会使绝缘电阻降低。

(2) 测量。绝缘电阻的测量可从以下两个方面入手。

1) 线对地的绝缘电阻测量。切除电源，并将线路上的用电设备断开，把绝缘电阻表上的一个接线柱接到被测的一条导线上，绝缘电阻表的另一个接线柱接到自来水管、电气设备的金属外壳或建筑物的金属外壳等与大地有良好接触的金属物体上，然后进行测量。

2) 线间绝缘电阻的测量。首先应切除用电设备，然后切断电源，用绝缘电阻表测量线间绝缘电阻，应符合有关要求，若不符合要求应进一步检查。

3.2.4　照明线路的检查

1. 照明线路的巡视检查

照明线路在运行维护后应及时填写有关检查项目，如负荷情况、绝缘情况、存在缺陷等，以便经常掌握线路的运行情况。

对顶棚内的照明线路每年应巡视检查维修一次；线路停电时间超过一个月以上重新送电前，应作巡视检查，并测绝缘电阻。

照明线路巡视检查的内容有以下几方面。

（1）检查导线与建筑物等是否有摩擦和相蹭之处，绝缘是否破损，绝缘支持物有无脱落；线路上是否接用不合格的或不允许的其他电气设备，有无私拉乱接的临时线路。

（2）经常检查零线回路各连接点的接触情况是否良好，有无腐蚀或脱开；导线是否有长期过负荷现象，导线的各连接点接触是否良好，有无过热现象。

（3）明敷设电线管及木槽板等是否有开裂、砸伤处，钢管的接地是否良好；检查绝缘子、瓷珠、导线横担、金属槽板的支撑状态，必要时予以修理。

（4）车间裸导线各相的弛度和线间距离是否相同，裸导线的防护网（板）与裸导线的距离是否符合要求，必要时应调整导线间和导线与地面的距离。

（5）地面下敷设的塑料管线路上方有无重物积压或冲撞。

（6）钢管和塑料管的防水弯头有无脱落或导线蹭管口的现象。

（7）测量线路绝缘电阻，在潮湿车间，有腐蚀性蒸汽、气体的房屋，每年测两次以上，每伏工作电压的绝缘值不得低于500Ω；干燥车间，每年测一次，每伏工作电压绝缘电阻值不得低于1000Ω。

（8）检查各种标示牌和警告牌是否齐全，检查熔断器等是否合适和完整。

2. 照明线路的故障检查

（1）观察法。照明线路出现故障，可先进行观察，观察法主要分五步进行。

1）问：在故障发生后，应首先进行调查，向出事故时在场者或操作者了解故障前后的情况，以便初步判断故障种类及发生的部位。

2）闻：有无由于温度过高烧坏绝缘而发出的气味。

3）听：有无放电等异常响声。

4）看：沿线路巡视，检查有无明显问题，如导线碰皮、相碰、断线、灯丝断、灯口有无进水、烧焦等，特别是大风天气中有无碰线、短路放电火花、起火冒烟等现象，然后，再进行重点部位检查。

5）摸：当线路负荷过载或发生短路时，温度会明显上升，可用手去摸电气线路来判断。

（2）测试法。对线路、照明设备进行直观检查后，应充分利用试电笔、万用表、试灯等进行测试。但应注意当有缺相时，只用试电笔检查是否有电是不够的，当线路上相线间接有负荷时（如变压器、电焊机等）而测量断路相，试电笔也会发光而误认为该相未断，这时应使用万用表交流电压挡测试，才能准确判断是否缺相。

（3）支路分段法。可按支路或用“对分法”分段检查，缩小故障范围，逐渐确定故障点。

对分法即在检查有断路故障的线路时，大约在一半的部位找一个测试点，用试电笔、万用表、试灯等进行测试。若该点有电，说明断路点在测试点负荷一侧；若该点无电，说明断路点在测试点电源一侧。这时应在有问题的“半段”的中部再找一个测试点，依此类推，就能很快趋近找出断路点。

低压电器

4.1 低压电器概述

凡是根据外界特定的信号或要求，自动或手动接通和断开电路，断续或连续地改变电路参数，实现对电路进行切换、控制、保护、检测和调节的电器设备均称为电器。根据工作电压的高低，电器可分为高压电器和低压电器。

低压电器一般是指用于交流频率 50Hz（或 60Hz），额定电压为 1200V 及以下，直流额定电压为 1500V 及以下的电路内起通断、保护、控制或调节作用的电器，广泛用于低压配电线路和低压用电设备的控制和保护。

4.1.1 主要技术参数

1. 额定电压

额定电压分为额定工作电压、额定绝缘电压和额定脉冲耐受电压（峰值）三种。

2. 额定电流

额定电流分为额定工作电流、约定发热电流、约定封闭发热电流和额定不间断电流四种。

3. 操作频率

操作频率是指低压电器每小时可实现的最高操作循环次数。

4. 通电持续率

通电持续率指低压电器的有载时间与工作周期之比，通常以百分数表示。

5. 通断能力

开关电器在规定的使用条件下，能在给定电压下接通和分断的预期电流值。

6. 低压电器的正常工作条件

周围空气温度 24h 的平均值不超过 35℃；安装地点的海拔高度不超过 2000m；大气相对湿度在周围空气温度为 40℃时不超过 50%，在较低的温度下，最湿月的平均最大湿度不超过 90%。

7. 机械寿命和电寿命

机械寿命是指机械式的开关电器无须修理或更换零部件的无载操作循环次数；而有载操作的循环次数则称为电寿命。

4.1.2 电磁机构

电磁机构是很多低压电器的核心，由铁心、线圈和衔铁三部分组成，分直流和交流两种。

1. 直流电磁机构

直流电流，流过线圈产生磁通 Φ，在磁通的作用下铁心和衔铁被磁化成为电磁铁。很容易判定气隙 δ 两端的磁铁极性相反，铁心和衔铁间产生互相吸引的力 F，最终二者吸合。一般是铁心固定不动，衔铁是可动的，也可以说是铁心将衔铁吸合。直流电磁机构的原理如图 4-1 所示。

利用在前文学过的电磁知识可以得出结论：吸引力 F 不是一个常数，是非线性变化的，它和磁动势 IN 的平方成正比，和间隙 δ 的平方成反比，如图 4-2 所示。

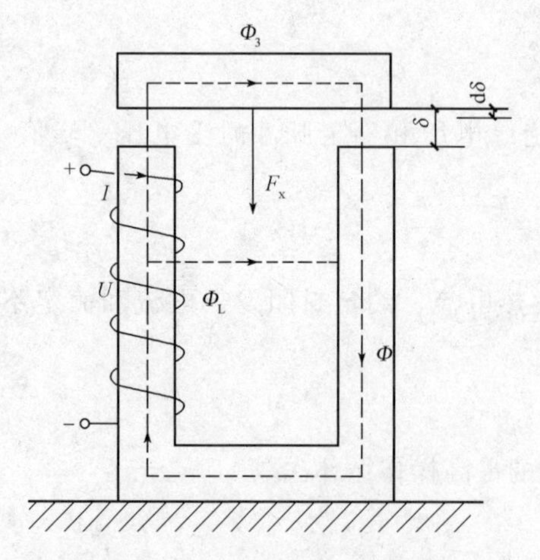

图 4-1　直流电磁机构的原理

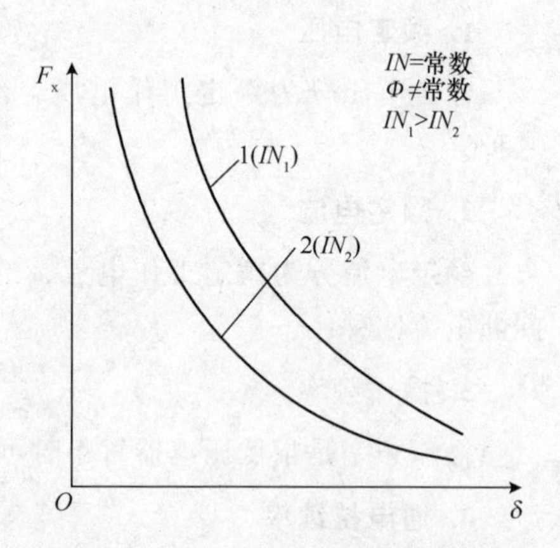

图 4-2　直流电磁机构的吸力曲线

2. 交流电磁机构

交流电磁机构的主体结构和最大值吸引力曲线和直流电磁机构类似，二者的主要区别如下。

（1）直流电磁机构的励磁电流是恒定的直流，电流的大小取决于线圈电阻，而交流电磁机构的励磁电流是交流，电流的大小虽和线圈的电阻有关，但主要由线圈的感抗决定，而感抗又是随气隙δ变化的。由于δ越大、感抗越小、电流越大，反之亦然，故开始的励磁电流（起动电流）比吸合后的电流（吸持电流）要大几倍至十几倍。

（2）由于励磁电流是正弦变化的，吸引力F的瞬时值也按正弦规律变化

$$F = F_{\mathrm{m}} \frac{1 - \cos 2\omega t}{2} \tag{4-1}$$

结果造成在励磁电流过零前后的一段时间内，吸引力F小于触头的弹簧释放力（含自身阻力），最终导致触头振动，振动会带来电流不稳、噪声、触头过早损坏等。

（3）为了消除触头的振动，在结构上采取了以下措施：在铁心的端部开一个槽，槽内嵌入铜环，称为分磁环或短路环。由于铜和铁的磁导率相差很大，造成电流和磁通存在相位差、电流过零时磁通不为零，最后导致吸引力始终大于释放力，避免了触头的振动。

4.1.3 电弧和灭弧

1. 电弧的产生

电弧是一种气体放电的形式。气体放电有电晕放电、辉光放电、火花放电和弧光（电弧）放电等形式。当电路内的电流和电压大于最小起弧电流和最小起弧电压时即产生电弧。电弧产生是由于热发射、冷发射、碰撞游离和热游离导致的气体的游离。

热发射是触头分开过程中触头表面温度剧增，金属内自由电子的热运动克服正离子的吸力从阴极表面的发射。

冷发射即强电场发射，是触头刚分开时在气隙形成强电场，将电子从阴极表面拉出来的发射。

碰撞游离是从阴极发射出来的电子，在电场作用下获得能量而加速，碰撞中性分子而使其游离。

热游离是电弧燃烧时，电弧数千度的高温使气体分子强烈运动，互相碰撞而发生的游离。

2. 电弧的熄灭

电弧焊为人类造福，电器中的电弧却是一件坏事。开关和接触器等电器的

触头分离时，其动、静触头之间会出现电弧，熔丝熔断时也会出现电弧，被分断的电流越大电弧越严重。电弧能危害人体、烧毁电器、使电路不能切断，甚至造成线间短路。所以电器分断电流的触头部分都要考虑灭弧问题。

常用的灭弧方法有以下几种。

（1）电路灭弧。电路灭弧的原理如图 4-3 所示。当开关 S 打开时与线圈并联的支路导通，线圈中储存的能量部分消耗在电阻上，从而能减轻甚至避免电弧。这种方法一般用于切断电流不大的直流电器中。

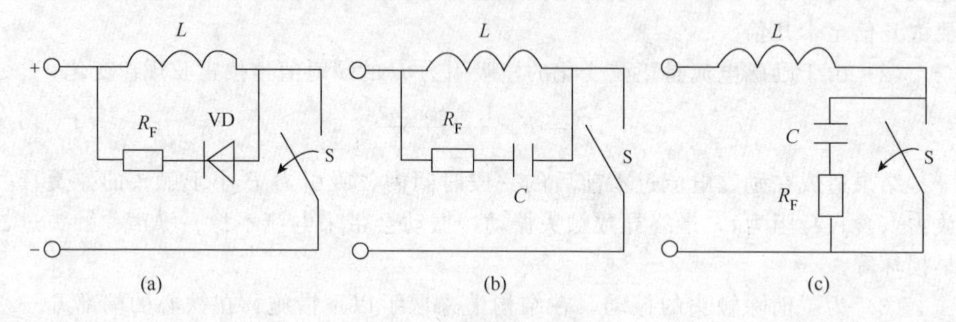

图 4-3　电路灭弧原理图

（2）拉长灭弧。拉长电弧是提高维持电弧燃烧所需的电压。电弧被拉长后会迅速冷却而熄灭，常用的闸刀开关就采用了这种方法。拉长电弧可以沿电弧切线方向拉长，也可沿电弧法线方向拉长。沿法线方向拉长可使电弧与周围介质发生相对运动，提高冷却效果。

（3）气体灭弧。有的熔断器熔断时能产生高压气体，高压气体能迅速将电弧吹灭。

（4）冷却介质灭弧。在真空中，电弧实质上是金属蒸气的燃烧。由于电弧周围气压很低，在交流电弧电流过零点时，金属蒸气以极快速度扩散，介质强度迅速恢复而使电弧熄灭。

（5）磁吹灭弧。电弧电流的磁场会对电弧产生电动力的作用，在力的作用下电弧被拉长、分散而易熄灭，这种现象称磁吹灭弧。将触头的形状进行特殊设计或在主电路中串入专用磁吹灭弧线圈有助于提高磁吹灭弧效果。低压电器灭弧装置大多利用磁吹效应。

（6）灭弧栅片灭弧。在灭弧装置中设置栅片，电弧经过栅片时被分成许多段或股，再加上冷却作用而熄灭。

（7）双断点触头灭弧。常用接触器、继电器的触头就是双断点触头。这种触头分离时两个动触头同时动作，使电路产生较大缺口。这样，产生的电弧小，电弧熄灭得快。

3. 灭弧室结构

灭弧室的结构形式很多，最常用的有纵向窄缝、纵向曲缝、多纵缝、横向金属栅片和横向绝缘栅片。一般采用引弧角将电弧迅速引入灭弧室。

（1）纵向窄缝。缝的轴线与电弧的轴线重合；缝的宽度小于电弧直径。开断30A以上的电流时，缝的宽度为2～3mm。电弧进入窄缝后与缝壁紧密接触，得到迅速冷却熄灭。纵向窄缝的优点是电弧与缝壁紧密接触，在磁吹作用下，电弧移动，不断改变与缝壁接触的位置，冷却效果好，对灭弧有利。因为窄缝内热游离气体不易散去，所以触头动作频率受到限制。

（2）纵向曲缝。纵向曲缝是缝壁凹凸配合成犬牙交错的窄缝灭弧室。与直缝相比，电弧进入灭弧室后被拉得更长，与缝壁的接触面积也更大。由于电弧进入缝壁的阻力较大，纵向曲缝常与强磁吹装置配合使用。

（3）多纵缝。灭弧室内有若干条纵向窄缝，电弧进入灭弧室内与缝壁紧密接触受到冷却而迅速熄灭。多条纵缝可加强冷却效果。

（4）横向金属栅片。将电弧分割成若干个短弧，利用近阴极效应以建立较高的起始介质强度。起始介质强度与栅片数量成正比。金属栅片的良好导热性和热容量对灭弧很有利。栅片的材料一般为镀铜或镀锌的铁片；栅片的形状应能使电弧尽快进入栅片，并在其中尽快地运动。一般都做成“人”字形，且交叉排列。

（5）横向绝缘栅片。电弧在外磁场的作用下进入绝缘栅片，电弧除被拉长并与绝缘隔板紧密接触得到冷却外，由于隔板两侧电流方向相反，产生的电动力使电弧进一步拉长。其灭弧效果较好。

低压电器产品常采用复式结构灭弧室，即利用多种灭弧方式来灭弧。

灭弧室经常受到高温电弧的作用，其所用材料应有良好的绝缘性能，应能耐电弧、耐腐蚀、不变形、不易损坏，应有足够的机械强度以能够承受电弧热能所产生的压力，并应加工简单、不受温度的影响。低压电器多采用陶瓷和三聚氰胺（耐弧塑料）制作灭弧室。

4.2 常用低压电器

低压电器可分为控制电器和保护电器。控制电器主要用来接通、断开线路和控制电气设备。主要类别有：刀开关、低压断路器、减压起动器、电磁起动器。保护电器主要用来获取、转换和传递信号，并通过其他电器对电路实现控制。主要类别有：熔断器、热继电器。下面介绍几种常用的低压电器。

4.2.1 刀开关

低压刀开关适用于照明、电热负载及小容量电动机控制线路中，供手动不频繁地接通和分断电路，并起短路保护。

1. 型号及含义

低压刀开关的型号及含义如图 4-4 所示。

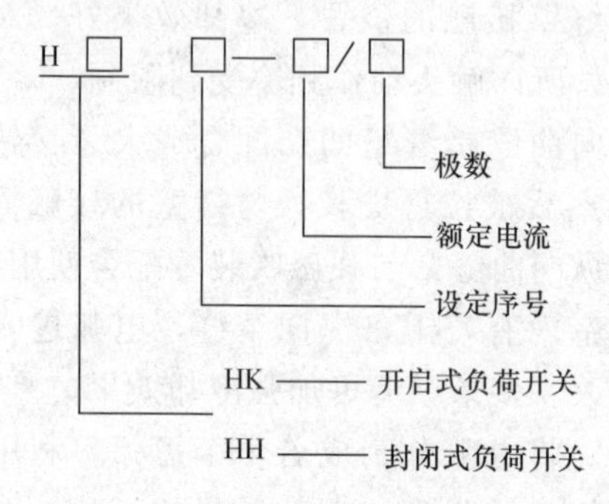

图 4-4 低压刀开关的型号及含义

2. 结构

HK 系列刀开关由刀开关和熔断器组合而成。它的瓷底座上装有进线座、静触头、熔体、出线座和带瓷质手柄的动触头，并有上、下胶盖用来灭弧。HK 系列刀开关的外形和内部结构如图 4-5 所示。

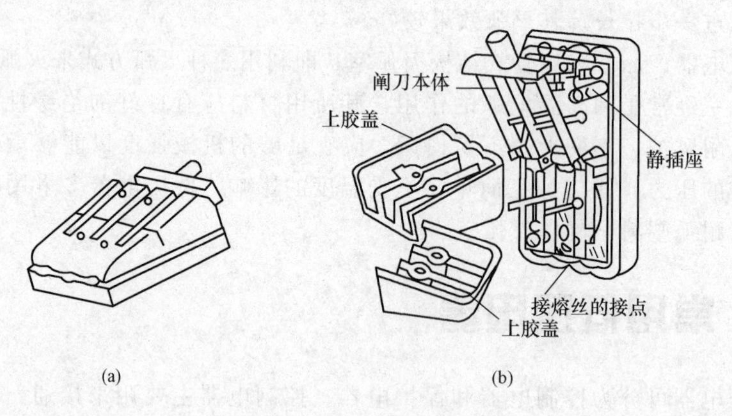

图 4-5 HK 系列刀开关
(a) 外形；(b) 内部结构

3. 主要型号

近年来，刀开关的发展非常迅速，目前除常用的 HD11～HD14 及 HS11～

HS13 系列外其余均是新开发或引进国外技术生产的产品，这些产品在结构和技术性能上都较好。

刀开关在实际使用中一般与低压断路器串联，为使通断操作安全可靠，要求由断路器承担通断负载的作用。

HD11～HD14 系列刀开关和 HS11～HS13 系列刀形转换开关，它们的单投和双投刀开关均为开启式，适用于交流频率 50Hz，额定电压 380V 或直流电压 440V，额定电流 1500A 的低压成套配电装置，作为不频繁地手动接通和分断交直流电路的隔离开关。

带有杠杆操作机构的刀开关，用来切断额定电流的均采用灭弧罩，以保证分断电路时安全可靠。灭弧罩由绝缘纸板和钢板栅片拼铆而成。不同规格的刀开关均采用同一型式的操动机构。操动机构具有明显的分合指示和可靠的定位装置。刀开关底板采用玻璃纤维模压板或胶木板。

4. 选择

第一，对于控制照明和电热负载，选用开关的额定电流应不小于所有负载的额定电流之和，额定电压为 220V 或 250V 的两极开关。

第二，对于控制电力负载，电动机容量不超过 3kW 时可选用，并且应使用开关的额定电流应不小于电动机额定电流 3 倍，额定电压为 380V 或 500V 的三极开关。

5. 安装与使用

第一，刀开关必须垂直安装，且合闸状态时手柄应朝上，不允许倒装或平装。

第二，接线时，电源进线应接在开关上面的进线座上，用电设备应接在开关下面熔体的出线座上，在开关断开后，使闸刀和熔体上不带电。

第三，更换熔体时，必须在闸刀断开的情况下按原规格更换。

第四，分、合闸操作时，必须动作迅速，使电弧尽快熄灭。

4.2.2 断路器

断路器是低压断路器的简称，亦称作自动开关、空气开关等。断路器通常用作电源开关，有时也可用于电动机不频繁起动、停止控制和保护等功用。当电路中发生短路、过载和失压等故障时，断路器能自动切断故障电路、保护线路和电气设备。

1. 型号及含义

断路器的型号及含义如图 4-6 所示。

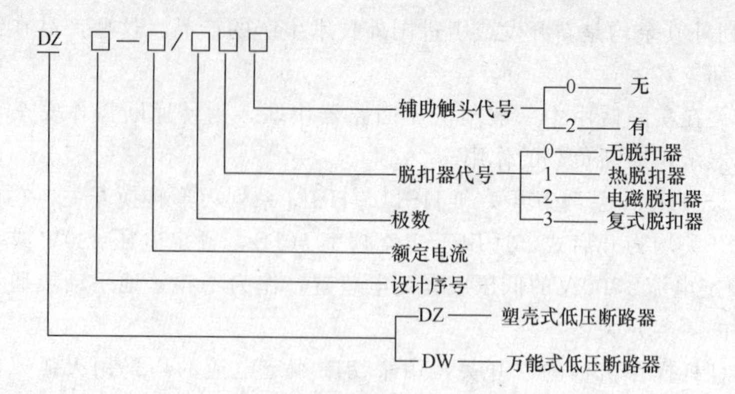

图 4-6 断路器的型号及含义

2. 结构

断路器由触头系统、灭弧装置、操作机构和保护装置等组成。按结构型式分为万能式和塑料外壳式两类。常用 DZ 型低压断路器的外形和内部结构如图 4-7所示。

3. 主要型号

低压断路器的型号较多，性能各有特点。常用的国产型号有 DW 系列、DZ 系列，还有用引进技术生产的 AH、ME、C45 系列等。这里简要介绍以下两种。

(1) DW 系列万能式。DW15 型低压断路器：DW15 型是统一设计的新型低压断路器，额定电流的规格有 200A、400A、630A、1000A、1500A、2500A、4000A，具有长延时、短延时、瞬时三段保护特性，操作机构采用储能式。

200～630A 的断路器适用于交流频率 50Hz、额定电压 1140V 及以下的网络中，作配电和控制、保护电机用。

1000～4000A 的断路器适用于交流频率 50Hz，额定电压 380V 的配电网络中作为分配电能和线路及电源设备的过载、欠电压和短路保护。

(2) 塑料外壳式。塑料外壳式低压断路器结构紧凑、体积小。它具有封闭式的塑料绝缘外壳，其导电部分全部封闭在外壳之内，只有操作手柄外露，因此操作比较安全。此类断路器短路保护为瞬动的电磁脱扣器；过电流保护为热脱扣器。常用的有 DZ、CMI、C45、DPN、NC100 等系列。

一般额定电流 63A 及以下的塑料外壳式断路器称为小型断路器，又称微型断路器。C45、DPN、NC100 系列的小型塑料外壳式断路器由塑料外壳、过电流脱扣器、操动机构、触头及灭弧系统组成，外壳采用高强度、高阻燃性的塑料压制。

在 C45、NC100 系列断路器外可加装分励脱扣器、欠电压脱扣器、辅助触点、报警触点等附件。

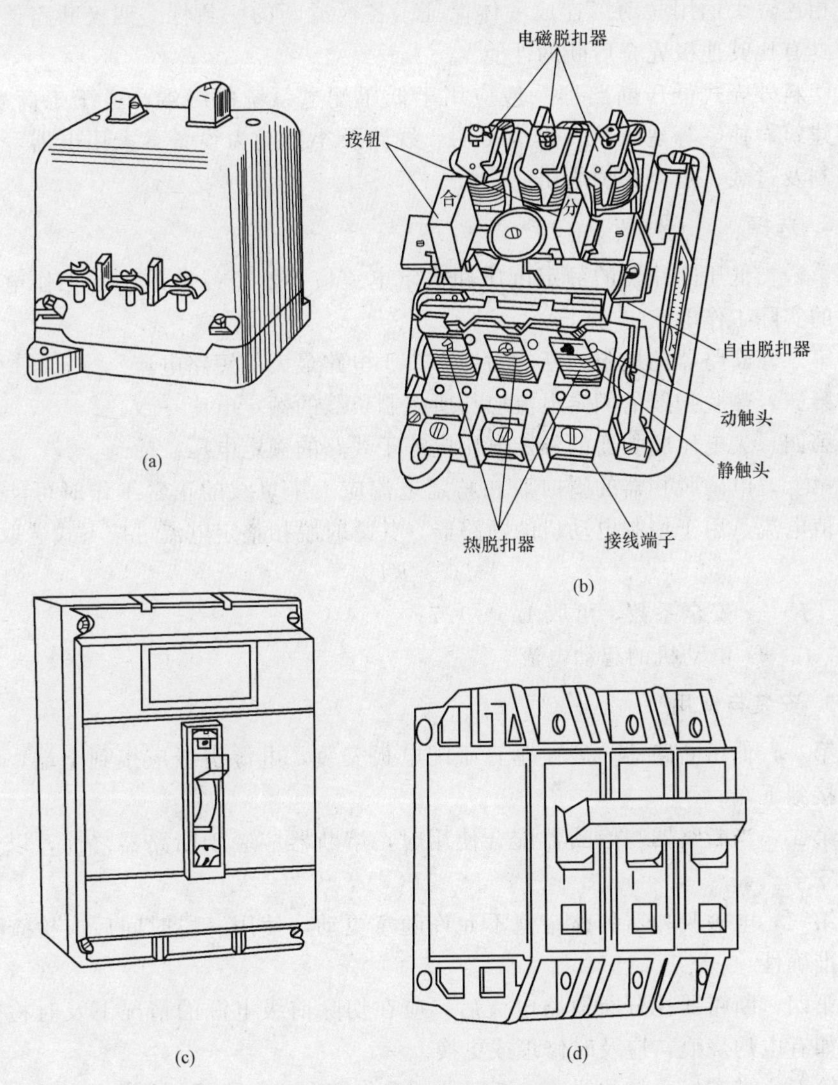

图 4-7　常用 DZ 型断路器

（a）DZ5 型外形；（b）DZ5 型内部结构；（c）DZ15 型外形；（d）DZ12 型外形

DPN 系列为二极（1P＋N）断路器，在相极上装有过电流脱扣器，中性极上则无。断路器的宽度为 18mm，与普通二极断路器相比体积小，适用于住宅的配电系统。

NC100 系列绝缘耐压指标达 6000V，并具有触头状态指示，所以兼备了隔离开关的功能。过电流脱扣器由双金属片机构及电磁机构组成，并分别具有延时动作及瞬时动作的保护特性，多极断路器由多个单极拼装而成，脱扣器用联动杆相连，手柄用联动罩连成一体保证了各极通断的一致性。四极断路器的中性极具有比其他极先合后断的性能。

塑料外壳式低压断路器一般应用于低压配电系统的终端，适于工商企业、公共建筑、住宅等建筑物，作为照明、线路及小型动力设备、家用电器等的通断控制及过载、短路保护之用。

4. 选择

第一，低压断路器的额定电压和额定电流应不小于线路的正常工作电压和电路的实际工作电流。

第二，断路器的极限通断能力应不小于电路最大的短路电流。

第三，热脱扣器的额定电流应与所控制负载的额定电流一致。

第四，欠电压脱扣器的额定电压应等于线路的额定电压。

第五，电磁脱扣器的瞬时脱扣整定电流应大于负载的正常工作时可能出现的峰值电流。用于控制电动机的断路器，其瞬时脱扣整定电流可按下式选取

$$I_Z \geqslant K I_{st} \tag{4-2}$$

式中 K——安全系数，可取1.5～1.7；

I_{st}——电动机的起动电流。

5. 安装与使用

第一，低压断路器一般要垂直于配电板安装，电源引线应接到上端，负载引线接到下端。

第二，当断路器与熔断器配合使用时，熔断器应装于断路器之前，以保证使用安全。

第三，电磁脱扣器的整定值不允许随意更动，使用一段时间后应检查其动作的准确性。

第四，断路器在分断短路电流后，应在切除前级电源的情况下及时检查触头。如有电灼烧痕，应及时修理或更换。

第五，带有指示灯的线路，断路器的工作窗台应与指示灯的指示信号相符。

第六，定期检查各部位的完整性和清洁程度，每次检查完毕后应做几次操作试验，确认其工作正常。

4.2.3 接触器

接触器是一种自动的电磁式开关，适用于远距离频繁地接通或断开交直流主电路及大容量控制电路。它主要控制对象是电动机，它不仅能实现远距离自动操作和欠电压释放保护功能，而且具有控制容量大、工作可靠、操作频率高、使用寿命长等优点，在电力拖动系统中得到广泛应用。

按主触头通过的电流种类，可分为交流接触器和直流接触器。这里主要介绍交流接触器。

1. 型号及含义

交流接触器的型号及含义如图 4-8 所示。

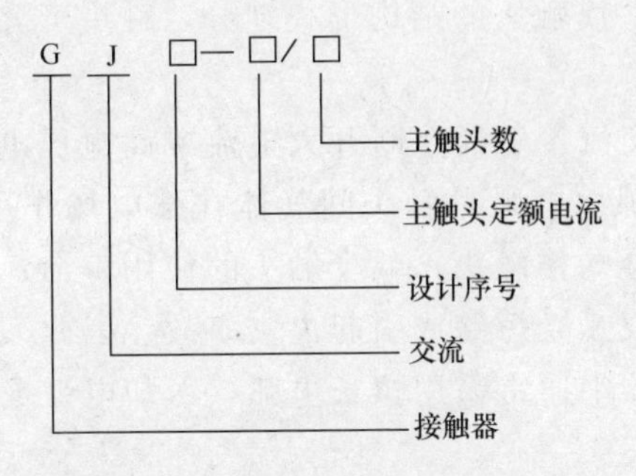

图 4-8　交流接触器的型号及含义

2. 结构

接触器主要由电磁系统、触头系统、灭弧装置及辅助部件等组成。常用交流接触器外形和内部结构如图 4-9 所示。

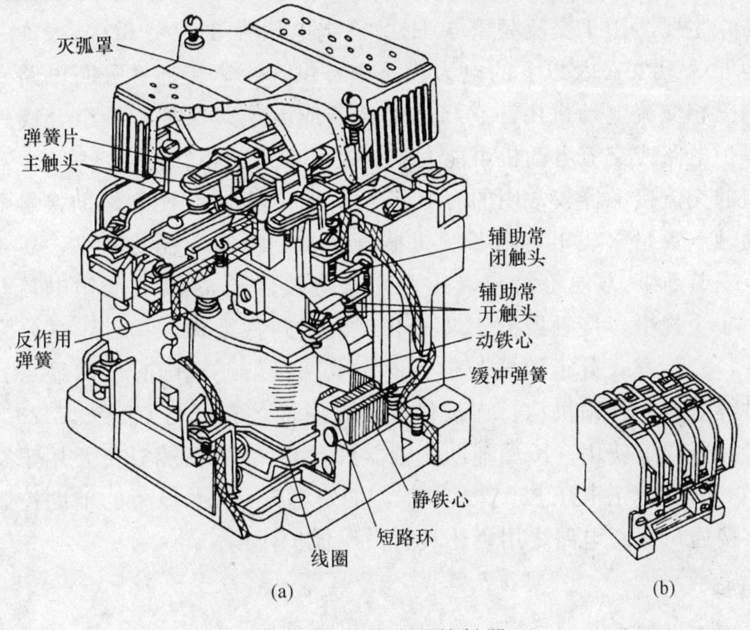

图 4-9　常用交流接触器

(a) CJ10-20 型；(b) CJ10-10 型

（1）电磁系统。交流接触器的电磁系统主要由线圈、铁心和衔铁3部分组成。其作用是利用电磁线圈的通电或断电，使衔铁和铁心吸合或释放，从而带动动触头和静触头闭合或分断，实现接通或断开电路的目的。

（2）触头系统。交流接触器的触头系统按触头情况可分为点接触式、线接触式和面接触式3种。按触头的结构形式划分，触头可分为桥式触头和指形触头两种。

（3）灭弧装置。交流接触器在断开大电流或高电压电路时，在动、静触头之间会产生很强的电弧。电弧是触头间气体在强电场作用下产生的放电现象。电弧的产生，一方面会灼伤触头，减少触头的使用寿命；另一方面会使电路切断时间延长，甚至造成弧光短路或引起火灾事故。因此人们希望触头间的电弧能尽快熄灭。低压电器中通常采用拉长电弧，冷却电弧或将电弧分成多段等措施，促使电弧尽快熄灭。

（4）辅助部件。交流接触器的辅助部件有反作用弹簧、缓冲弹簧、触头压力弹簧、传动机构及底座、接线柱等。

3. 主要型号

目前生产的交流接触器型号很多，其中CJ系列的交流接触器使用较多，但CJ0、CJ8、CJ10、CJ12型使用范围已逐步缩小，CJ20型交流接触器是全国统一设计产品，主要适用于交流频率50Hz，额定电压为380V、660V及1140V，额定电流为6.3～630A及以下的电力线路中，供远距离接通、分断电路和频繁起动、控制三相交流电动机用，它与热继电器或电子式保护装置组合成磁力起动器，以保护电路或交流电动机可能发生的过负载及断相。

新型的交流接触器较常用的有B系列交流接触器和K型辅助接触器。它们具有辅助触点数量多、电寿命长、机械寿命长，线圈消耗功率小，质量轻、外形美观、安装维护方便等特点。B系列交流接触器的额定工作电流从9A至475A有14个规格，接触器分正装式和倒装式两种结构，吸引线圈分为交流和直流两种，安装方式分卡轨式与螺钉固定式两种，还选配有辅助触点、机械联锁、延时继电器、自锁机构、连接件等多种附件，它可与CJ10、CJ20、CJX系列交流接触器同等使用。K型辅助接触器只有6A一种规格，主要用于交流频率50Hz或60Hz，额定电压660V及以下，额定电流6A及以下的辅助控制或主电路中，供接通与分断电路之用，还具有失压保护作用。

4. 选择

主要根据以下几点对接触器进行选择。

（1）额定电压。选择大于被控对象的额定电压。

（2）额定电流。选择等于或稍大于被控对象的额定电流。

（3）操作频率。根据实际的最高操作频率选择额定操作频率。

（4）吸引线圈。根据控制电源是交流还是直流和电源电压的额定值选择相应的线圈。

（5）使用类别。根据被控对象的种类和控制目的选择对应的使用类别。

（6）辅助触头。根据控制回路的要求选择其数量和种类。

（7）极数。根据控制单相电还是三相电及其他需要选择极数。

5. 安装与使用

第一，安装接触器前，应检查产品铭牌及线圈上的技术数据是否符合实际使用要求。

第二，擦净铁心端面上的防锈油，以免由于油垢的黏性而造成断电不释放。

第三，安装接线时，应防止异物（螺钉、垫圈、接线头等）落入接触器内部而造成卡死或短路现象。

第四，检查接线正确无误后，应在主触点不带电情况下，先使电磁线圈通电分合数次，确认动作可靠后，才能投入使用。

第五，接触器在使用中应定期检查各部件是否正常。

4.2.4 熔断器

熔断器是在低压配电网络和电力拖动系统中用作短路保护的电器。当电路发生短路故障时，使熔体发热而瞬间熔断，从而自动分断电路，进而起到保护作用。其主要由熔断管件、熔件和支持熔断管件的导电部件组成。熔体在电路出现短路或过载情况时，经一定时间熔断。

低压熔断器一般装配在500V及以下的低压电路中，主要用作短路保护，在无冲击负荷的情况下可用作过载保护。但其过载保护的性能较差。

1. 型号及含义

熔断器的型号及含义如图4-10所示。

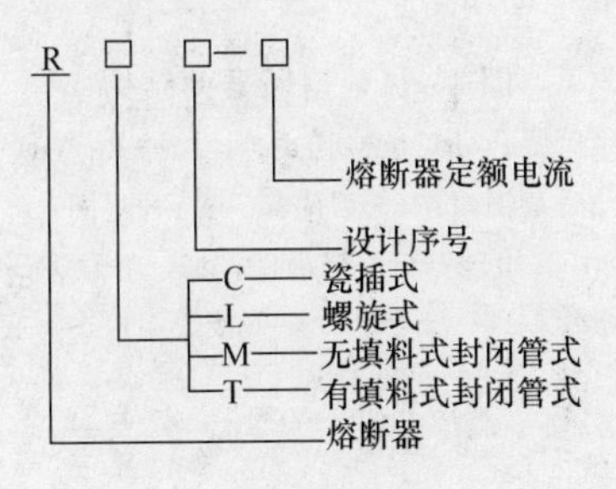

图4-10 熔断器的型号及含义

2. 结构

熔断器有管式熔断器、插式熔断器、螺塞式熔断器等多种形式。几种典型熔断器的结构如图 4-11 所示。管式熔断器有两种：一种是纤维材料管，由纤维材料分解出大量气体灭弧；另一种是陶瓷管，管内填充石英砂，由石英砂冷却和熄灭电弧。管式熔断器和螺塞式熔断器都是封闭式结构，电弧不容易与外界接触，适用范围较广。管式熔断器多用于大容量的线路。一般动力负荷大于 60A 或照明负荷大于 100A 者应采用管式熔断器。螺塞式熔断器和插式熔断器用于中、小容量线路。

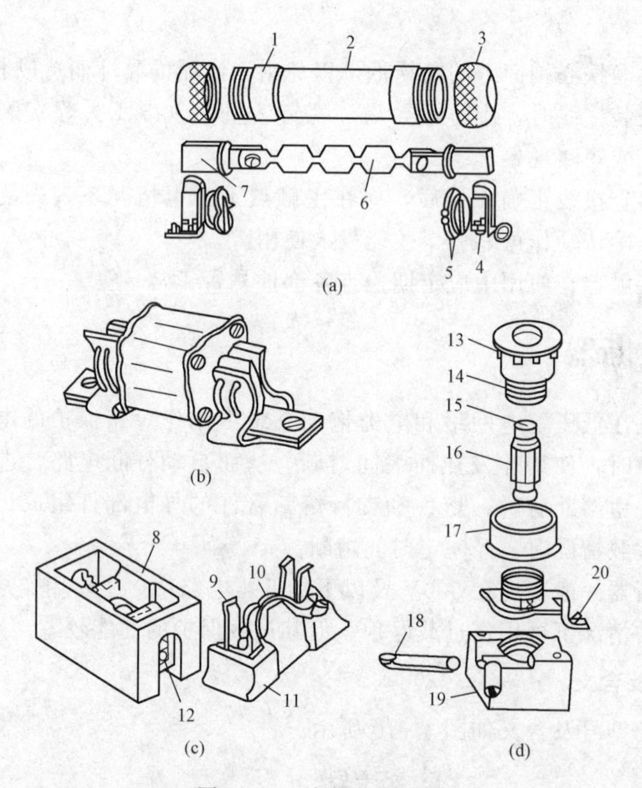

图 4-11　熔断器的结构

（a）纤维管式；（b）填料管式；（c）插式；（d）螺塞式

1—黄铜圈；2—纤维管；3—黄铜帽；4—刀座；5—特种垫圈；6—熔片；7—刀形接触片；8—瓷底座；9—动触头；10—熔丝；11—瓷插件；12—静触头；13—瓷帽；14—金属管；15—红点；16—熔断管；17—瓷套；18—下接线端；19—底座；20—上接线端

3. 主要型号

熔断器按结构可以分为开启式、半封闭式和封闭式三种。封闭式又分为有填料管式、无填料管式及有填料螺旋式等几种。熔断器按工作特性可分为一般用途熔断器、快速熔断器和有限流作用的自复熔断器。按熔体的材料不同可分为低熔点熔断器和高熔点熔断器。低熔点熔断器的熔体由铅、锡、锌等合金制成，特点是熔点低，熔断时所需热量少，但它的电阻率较大，熔体截面积也较大，熔断时产生蒸汽不利于熄弧因而分断能力较弱。高熔点熔断器的熔体由铜、银、铅等制成。其特点是熔化时需要的热量大，但电阻率和截面积较小，利于熄弧，故分断能力较强。

目前在低压配电系统中常用的几种熔断器如图 4-12 所示。

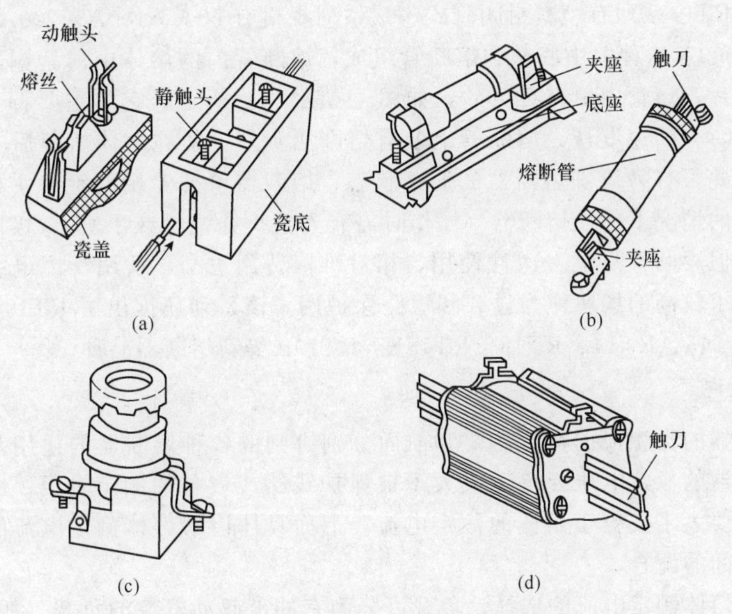

图 4-12 常用的几种熔断器外形

(a) RCIA 系列瓷插式熔断器；(b) RM10 系列无填料封闭管式熔断器；
(c) RL1 系列螺旋式熔断器；(d) RTO 系列有填料封闭管式熔断器

(1) RCIA 系列瓷插式。这是一种结构简单的半封闭型熔断器，规格有 5A、10A、15A、30A、60A、100A、200A 7 种。它由瓷底座和瓷插件两部分组成，如图 4-12 (a) 所示。熔体装在瓷插件上，熔体的规格不能大于熔断器的规格。其价格便宜、更换方便，一般多用于低压线路末端及用电设备的短路保护，在照明线路中还可以起过载保护作用。但目前已趋于淘汰。

(2) RM10 系列无填料封闭管式。RM10 系列结构也比较简单，可拆卸，便于更换熔体，如图 4-12 (b) 所示。其规格有 15A、60A、100A、200A、350A、600A、1000A 7 种。由熔断管、熔体及夹座组成。熔断管为钢纸制成，两端通过螺纹拧上金属管帽，管帽中心压着金属圆片，从圆片中心扁孔伸出触刀，安装在熔断管内的熔体两端，用螺钉分别连接。插座上固定有两闸嘴，熔断管两端的触刀就插入夹座中。熔体为金属锌片或变截面铝片。

(3) RL1 系列螺旋式。规格有 15A、60A、100A、200A 四种。该系列熔断器由底座、瓷帽和熔断管三部分组成，如图 4-12 (c) 所示。其底座、瓷帽和熔断管均由电瓷制成，熔断管内装有一组熔丝（片）和石英砂。熔断管盖上有一熔断指示器，当熔体熔断时，指示器跳出显示熔体熔断，通过瓷帽玻璃窗可观察到。螺旋式熔断器体积小，安装方便。一般用于 200A 及以下电路中作为过载及短路的保护元件。

(4) RTO 系列有填料封闭管式。该系列规格有 50A、100A、200A、400A、600A、1000A 六种。由底座和熔断管组成，熔断管内的熔体由薄紫铜片冲制成变截面熔片，熔管内填充石英砂，如图 4-12 (d) 所示。它的主要特点是：灭弧能力强，分断速度快；熔断管上装有熔断指示器，能在熔体熔断后立即动作跳出，因此很容易识别熔断器的通断状态；熔断器可插专用的绝缘手柄，可以在带电压的情况下更换熔断器（操作时需有人监护并戴绝缘手套）；极限分断能力较强，但熔断管只能一次性使用，相对维修费用也高，适用于配电线路或断流能力要求较高的场所作为过载和短路保护用。该系列还推出了 RT10、RT11、RT12、RT15、RT14、RT18，RT18X、RT19B 等新熔断器品种。

4. 选择

熔断器的类型根据实际需要和前面分别讲到的各种熔断器的适用范围来选择；熔断器的额定电压要等于或大于被保护线路或设备的额定电压；熔断器的额定电流要大于或等于熔体的额定电流。下面具体讲解熔体额定电流的选择和上下级之间的配合。

(1) 熔体额定电流的选择。负载可分为有冲击起动电流的负载（如电动机）和电流比较平稳的负载（如照明电路）。对于前者，为了保证起动时不熔断，额定电流要选得大一些，而为了取得好的过载和短路保护效果，额定电流又要小一些，二者需要兼顾。例如，电动机的铜质熔体可取熔体的额定电流为电动机额定电流的 2.5～3 倍，铅锡合金熔丝可取 1.6～2 倍，若电动机已采用热继电器做过载保护，还可以取得大一些。对于后者，可按等于或稍大于负载额定电流的原则确定熔体的额定电流。

(2) 熔体额定电流的上下级配合。为实现保护的选择性，确定额体的额定电流时要注意上级（主电路）和下级（支路）的配合。所谓选择性，即发生故障时使停电范围尽量缩小，防止熔断器越级动作，造成停电范围过大。为此要求上一级熔体的额定电流要大于下一级，如采用同一型号的熔断器以相差两级为宜；或要求上级熔体的熔断时间要长于下一级，至少是下一级的 3 倍。

5. 安装与使用

第一，正确选用熔断器和熔体。对不同性质的负载，如照明电路、电动机电路的主电路和控制电路等，应分别予以保护，并装设单独的熔断器。

第二，安装螺旋式熔断器时，必须注意将电源线接到瓷底座的下接线端（遵循“低进高出”的原则），以保证安全。

第三，瓷插式熔断器安装熔丝时，熔丝应顺着螺钉旋紧的方向绕过去；同时，应注意不要划伤熔丝，也不要把熔丝绷得太紧，以免减小熔丝截面尺寸或插断熔丝。

第四，更换熔体时应切断电源，并应换上相同规格的熔体。

4.2.5　继电器

继电器是一种传递信号的电器，用来接通和分断控制电路。继电器的输入信号可以是电流、电压等电量，也可以是温度、时间、速度、压力等非电量，而输出则都是触头的动作。继电器的动作迅速、反应灵敏，是自动控制用的基本元件之一。

继电器主要由测量机构、中间机构和执行机构三部分组成。

继电器的分类方法很多，按输入信号的性质可分为电压继电器、电流继电器、速度继电器、压力继电器等；按工作原理可分为电磁式继电器、电动式继电器、感应式继电器、晶体管式继电器和热继电器等；按输出方式可分为有触头式和无触头式。这里简要介绍热继电器、中间继电器和时间继电器三种。

1. 热继电器

热继电器一般作为交流电动机的过载保护用，热继电器有两相结构、三相结构和三相带断相保护装置等 3 种类型。

（1）型号及含义。热继电器的型号及含义如图 4-13 所示。

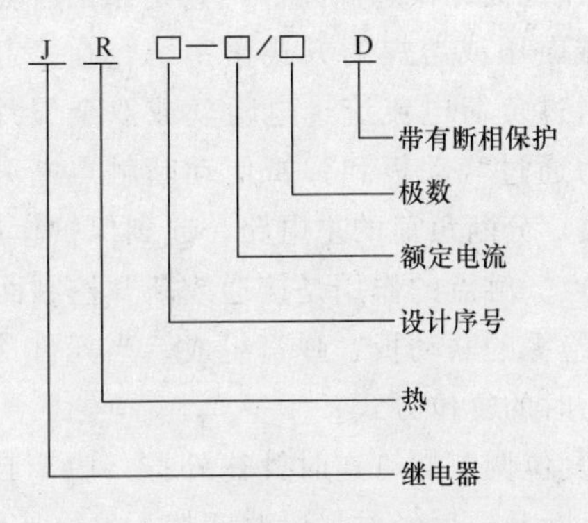

图 4-13　热继电器的型号及含义

（2）结构。热继电器由热元件、触头系统、动作机构、复位机构和电流整定装置组成。其外形和结构如图 4-14 所示。

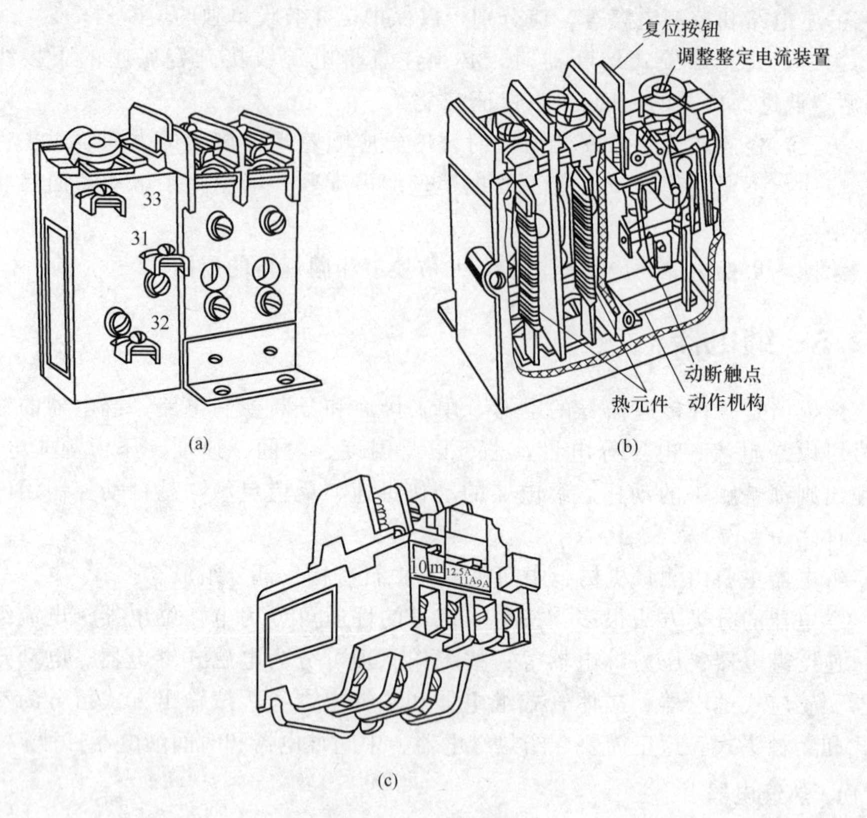

图 4-14　热继电器
（a）外形；（b）结构；（c）T系列

1）热元件。热元件也被称作感温元件，它是用两种热膨胀系数不同的金属片（双金属片）用机械碾压或熔焊的方式紧密结合在一起而制成的。有的双金属片上绕有电阻丝，当过负荷电流流过电阻丝或双金属片时，使之温度升高而变形弯曲，利用弯曲力通过联动板和弹簧使动断触点断开，切断控制回路，致使被控制的接触器释放，分断负荷的主电路，起到保护作用。

2）动断、动合触点。触点的作用是接通或断开控制回路或指示灯。

3）动作机构。由绝缘的联动板、弹簧组成。当元件冷却恢复原状后可借助弹簧力自动复位（出厂时的复位方式）。

4）复位按键。当复位调节螺钉逆时针往外拧，脱离自动复位位置时，热元件受热变形使常闭触点断开，后经过一段时间按下复位按键方能手动复位。

5）电流整定装置。动作电流调整装置，通过电流整定装置可以改变弹簧的压力，从而改变热元件的动作电流值。所配用热元件不变的情况下，热继电器的动作电流可在其额定电流的60％～100％的范围内调节。

(3) 主要型号。热继电器的保护方式有单极式、两极式和三极式。以往常用的型号有 JR1、JR2、JR0、JR9、JR14、JR15、JR16、JR20 等。JR1、JR2 均为单极式保护，热元件的定值不可调，复位方式为手动，现已被淘汰。JR15 为两极式，JR0、JR14 型有两极式和三极式两种保护装置，复位方式有手动和自动两种。JR9 和 JR16 都是三极式，整定值可调，JR9 为自动复位并可配有电磁元件，因此可具有过载和短路两种保护性能。JR15 和 JR16 具有自动复位和手动复位功能，JR0 和 JR16 还可配装断相保护。

(4) 选择。

第一，按照热继电器的额定电流及型号选择。热继电器的额定电流应大于电动机的额定电流。

第二，按照热元件的整定电流选择。一般将热元件的整定电流调整为电动机额定电流的 0.95～1.05 倍；对过载能力差的电动机，可将热元件整定值调整到电动机额定电流的 0.6～0.8 倍；对起动时间较长，拖动冲击性负载或不允许停车的场合，热元件的整定电流应调节到电动机额定电流的 1.1～1.5 倍。

第三，按照热继电器的类型选择。一般轻载起动、短时工作时，可选择二相结构的热继电器；当电源电压的均衡性和工作环境较差或多台电动机的功率差别较显著时，可选择三相结构的热继电器；对于三角形接法的电动机，应选用带断相保护装置的热继电器。

(5) 安装与使用。

第一，当热继电器与其他电器安装在一起时，应将它安装在其他电器的下方，以免其动作特性受到其他电器发热的影响。

第二，当电动机起动时间过长或操作次数过于频繁时，会使热继电器误动作或烧坏电器，故这种情况一般不用热继电器作过载保护。

第三，热继电器出线端的连接导线应选择合适的。若导线过细，则热继电器可能提前动作；若导线太粗，则热继电器可能滞后动作。

2. 中间继电器

中间继电器是用来增加控制电路中的信号数量或将信号放大的继电器。其输入信号是线圈的通电和断电，输出信号是触头的动作，由于触头的数量较多，所以可以用来控制多个元件或回路。

(1) 型号及含义。中间继电器的型号及含义如图 4-15 所示。

(2) 结构。中间继电器由线圈、静铁心、动铁心、触头系统、反作用弹簧及复位弹簧等组成。JZ7 系列中间继电器的外形和内部结构如图 4-16 所示。

(3) 主要型号。中间继电器主要在电路中起信号传递与转换作用，用它可实现多路控制，并可将小功率的控制信号转换为大容量的触点动作。常用的型号有 JZ7、JZ17、JDZ1、JZC1、JZC2、JZC3 和 DZ-10、DZ-50 系列等。

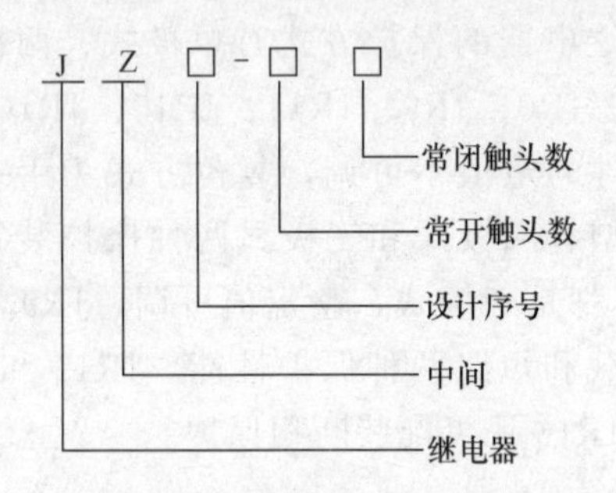

图 4-15　中间继电器的型号及含义

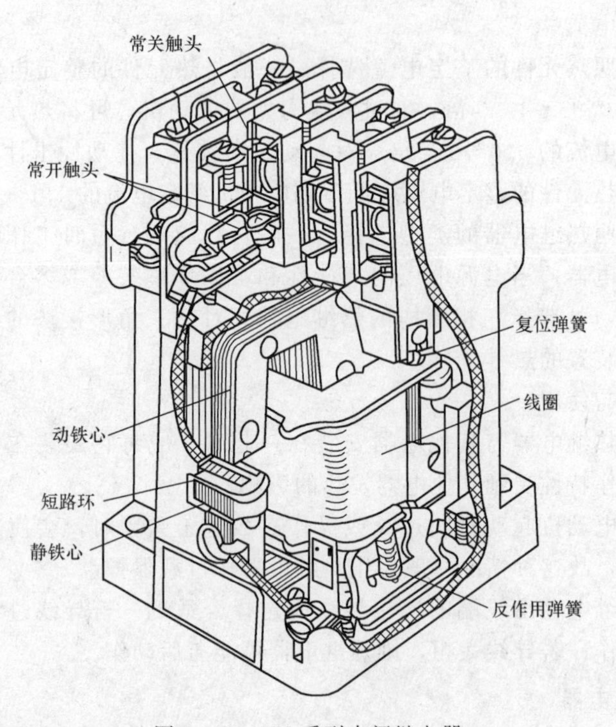

图 4-16　JZ7 系列中间继电器

1）JZ17 系列。JZ17 系列中间继电器体积小、结构紧凑、性能优点可靠。其结构为开启式，其动作机构均为直动式，触点为双断点排列成上下两层，每层各装 4 对触点。继电器的壳体用塑料压制而成，整个产品结构紧凑，可代替 J27-44 型中间继电器。它适用于交流频率 50Hz 或 60Hz，额定电压 380V 及以下的控制电路中，作为信号传递、放大、连锁、转换及隔离用。

2）JDZ1 系列。JDZ1 系列中间继电器为开启式，磁系统为直动式结构。触点为双断点，排列成上下两层，每层装有 4 对触点，触点部分装有透明防尘罩。

顶部装有手动按钮。继电器的躯壳由上、中、下三层组成。其结构紧凑，体积小，安装尺寸与JZ7型中间继电器相同，便于维修与取代JZ7型。适用于交流频率50Hz、交流电压380V以下或直流220V以下，电流5A以内的各种电气控制系统。用来控制各种电磁线圈，以使信号放大或将信号同时传递给数个有关控制元件。

继电器接线圈额定电压分为：交流50Hz，12V、24V、36V、110V、127V、220V和380V。

继电器适用于长期工作制、间断长期工作制和操作频率不大于2000次/h，通电持续率为40%的反复短时工作制的工作条件下。

继电器的触点额定发热电流为5A。

3）JZC1系列。JZC1系列中间继电器为接触器式继电器，触点系统采用双断点结构，由8对触点组成，选用电性能优越的银基合金材料，接触可靠性好，使用寿命长，电磁回路工作可靠、损耗小、噪声低。适用于控制交流频率50Hz或60Hz，交流电压660V以下或直流电压至600V以下的电路中，用以扩大控制范围及传递控制信号。

继电器采用E形铁心，双断点触点的直动式运动结构，动作机构灵活，检查方便，结构设计紧凑，可防止外界杂物或尘埃落入继电器的活动部位。接线端子处设有端子盖，可避免人体触及带电部位。其安装方式可采用螺钉固定，也可直接扣装在35mm标准安装导轨上。继电器应垂直安装。

（4）选择。中间继电器主要根据被控制电路的电压等级、所需触头的数量、种类、容量等要求来选择。

（5）安装与使用。中间继电器的使用与接触器相似，但中间继电器的触头容量较小，一般不能在主电路中应用。中间继电器一般根据负载电流的类型、电压等级和触头数量来选择。

3. 时间继电器

时间继电器是一种利用电磁原理或机械动作原理来延迟触头闭合或分断的自动控制电器。它的种类很多，有电磁式、电动式、空气阻尼式及晶体管式等。在生产机械的控制中被广泛应用的是空气阻尼式，这种继电器结构简单，延时范围宽，JS7-A系列时间继电器的延时范围有0.4～60s和0.4～180s两种。下面我们来介绍一下空气阻尼式时间继电器。

（1）型号及含义。时间继电器的型号及含义如图4-17所示。

（2）结构。空气阻尼式时间继电器用空气阻尼的原理制成的，由电磁系统、工作触头、气室及传动机构等4部分组成。其外形和内部结构如图4-18所示。

（3）主要型号。

1）JS23系列。JS23系列时间继电器为空气延时式时间继电器，具有较高

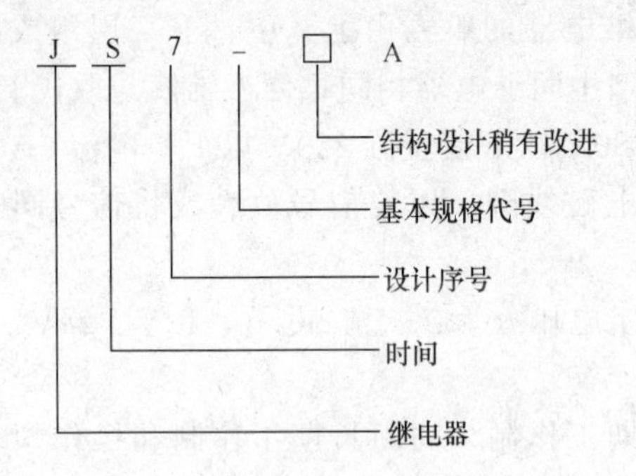

图 4-17　时间继电器的型号及含义

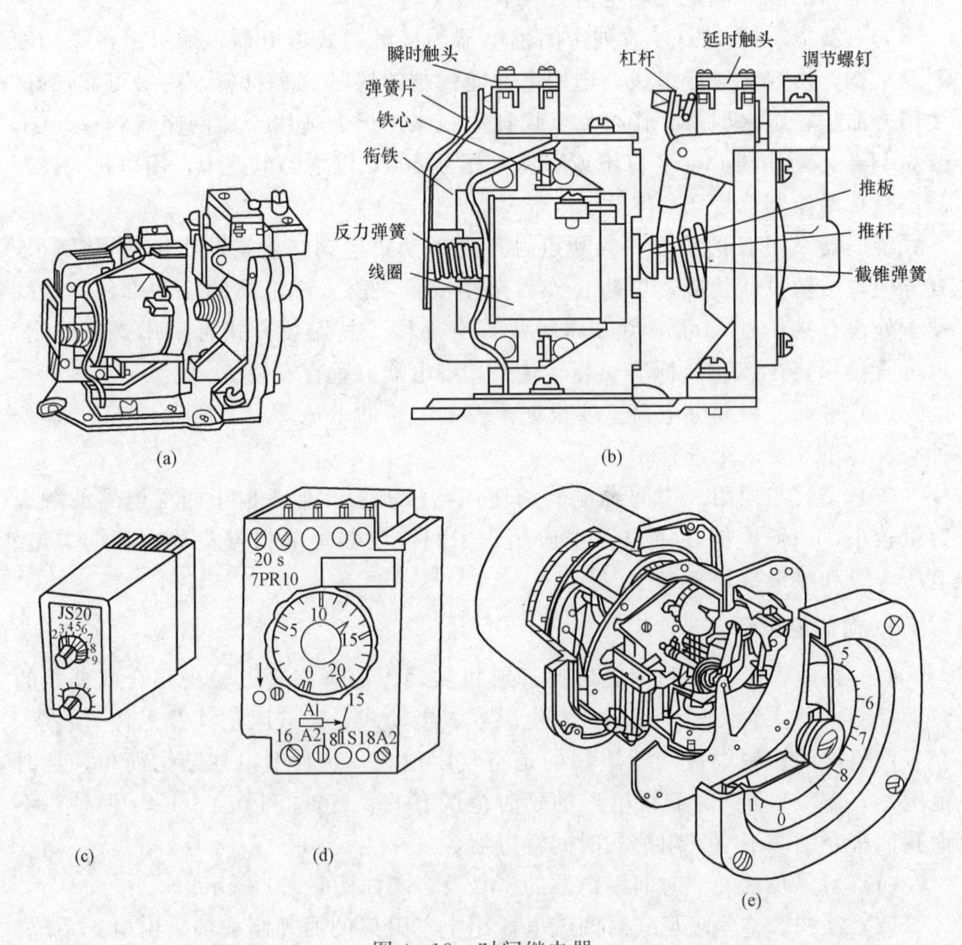

图 4-18　时间继电器

(a) JS7 系列时间继电器的外形；(b) JS7 系列时间继电器的结构；

(c) JS20 系列；(d) 7PR 系列；(e) JS11 系列

的延时精度。继电器由继电器主体和延时头组件两大部分组成。继电器主体是一个具有 4 个瞬时动作触点的控制继电器，延时头组件又由气动延时机构、延时动作触点及传动机构等三部分组成。

JS23 系列时间继电器的额定控制容量为：直流 60W（延时头组件 30W），交流 300W。额定电压等级为：直流 220V、110V，交流 380V、220V。线圈的额定电压为交流 110V、220V 及 380V。触点最大工作电流为：直流 220V 时为 0.27A（瞬动）及 0.14A（延时），交流 380V 时为 0.79A。热态吸合电压：不大于 85%继电器的额定电压，冷态时电压从额定值降至 10%额定值时能可靠地释放，在 110%额定电压断电后也能可靠释放。

JS23 系列时间继电器主要用在交流频率 50Hz、交流电压 380V 以下或直流电压 220V 以下的控制电路中，作为控制时间元件，以延时接通或分断电路。其机械寿命不低于 100 万次，电寿命 100 万次（延时头组件直流电寿命 50 万次）。

2）JSDI-□M 型电动式。JSDI-□M 型电动式时间继电器结构为面板式，属于通电延时继电器，并具有 1 动合 1 动断延时触点和 1 动合 1 动断瞬动触点。继电器的磁滞同步电机电压为交流频率 50Hz，交流电压 110V、220V、380V。适用于交流频率 50Hz、交流电压 380V 以内的各种控制系统中，使控制对象按预定的时间动作。继电器采用磁滞同步电机驱动，具有延时时间长和延时精度高的特点。

3）JSJP 系列电子式。JSJP 系列电子式时间继电器采用振荡计数电路，具有较高的延时精度及较宽的延时范围，适用于交流频率 50Hz，交流电压 380V 及以下或直流电压 24V 的各种自动化控制回路作延时控制元件。

（4）选择。

第一，按照类型选择。凡是对延时要求不高的场合，一般采用价格较低的 JS7-A 系列空气阻尼式时间继电器，对于延时要求较高的场合，可采用晶体管式时间继电器。

第二，线圈电压的选择：根据控制线路电压来选择时间继电器吸引线圈的电压。

第三，按照延时方式的选择。时间继电器有通电延时和断电延时两种，应根据控制线路的要求选用。

（5）安装与使用。

第一，安装前先检查额定电流及整定值是否与实际要求相符。

第二，JS7-A 系列时间继电器无刻度，故不能准确地调整延时时间。

第三，JS7-A 系列时间继电器只要将电磁部分转动 1800，即可将通电延时改为断电延时结构。

第四，时间继电器的整定值，应预先在不通电时整定好，并在试验时校正。

第五，安装后应在主触头不带电的情况下，使吸引线圈带电操作几次，试试继电器动作是否可靠。

第六，定期检查各部件是否有松动及损坏现象，并保持触头的清洁和可靠。

4.3 低压配电装置

低压配电装置包括低压配电屏、低压配电箱等成套装置。

4.3.1 低压配电屏

低压配电屏又叫开关屏或配电盘、配电柜，它是将低压电路所需的开关设备、测量仪表、保护装置和辅助设备等，按一定的接线方案安装在金属柜内构成的一种组合式电气设备，用以进行控制、保护、计量、分配和监视等。适用于发电厂、变电所、厂矿企业中作为额定工作电压不超过380V低压配电系统中的动力、配电、照明配电之用。

1. 结构特点

就整体结构来看，我国生产的低压配电屏基本可分为固定式和抽屉式（手车式）两大类，基本结构方式可分为焊接式和组合式两种。

（1）固定式。固定式低压配电屏有靠墙安装和离墙安装两种。离墙安装的应用更为普遍一些。就防护类型来看，主要有开启式结构、防护式结构和封闭式结构。

固定式低压配电屏的屏面分为3段，即仪表面板、操作板及柜门。仪表面板装有仪表和转换开关；操作面板装有刀开关、低压断路器、按钮、信号灯等；柜门内装有继电器盘、电度表等。其一次接线方案很多，典型的一次接线如图4-19（a）所示。

（2）抽屉式。抽屉式低压配电屏可装3～6个或更多的抽屉。抽屉后板装有主电路隔离插座。抽屉前面设有摇门或前后都设有摇门。前门上可装设二次仪表、按钮、开关操动手柄等元件。抽屉靠丝杠拧到工作位置。配电屏设有联锁装置，以保证抽屉未接触严密前不能送电。抽屉式低压配电屏典型的一次接线如图4-19（b）所示。

2. 常用型号

常用的低压配电屏有PGL型交流低压配电屏、GGL型低压配电屏、BFC系列抽屉式低压配电屏、GCK系列电动机控制中心和GCL系列动力中心。

现将以上几种低压配电屏分别介绍如下。

（1）PGL型低压配电屏。PGL型低压配电屏（P—配电屏，G—固定式，

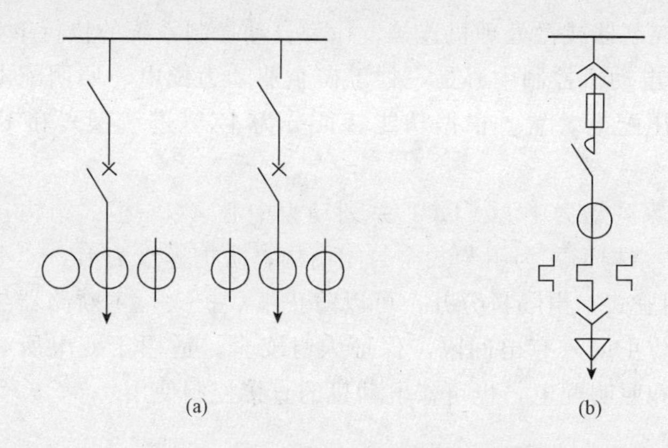

图 4-19 低压配电屏典型一次接线
(a) 固定式；(b) 抽屉式

L—动力用）采用型钢和薄钢板焊接结构，可前后开启，双面进行维护。屏前有门，上方为仪表板，是一可开启的小门，装设指示仪表。组合屏的屏间加有钢制的隔板，可限制事故的扩大。屏内外均涂有防护漆层，始端屏、终端屏装有防护侧板。主母线的电流有 1000A 和 1500A 两种规格，主母线安装于屏后柜体骨架上方，并设有母线防护罩，以防上方坠落物件而造成主母线短路事故。中性母线装置于屏的下方绝缘子上。主接地点焊接在下方的骨架上，仪表门有接地点与壳体相连，构成了完整、良好的接地保护电路。

PGL 型低压配电屏现在使用的通常有 PGL1 型和 PGL2 型低压配电屏，其中 1 型分断能力为 15kA，2 型分断能力为 30kA，是用于户内安装的低压配电屏。

（2）GGL 型低压配电屏。GGL 型低压配电屏（G—柜式结构，G—固定式，L—动力用）为组装式结构，全封闭形式，防护等级为 IP30，内部选用新型的电器元件，内部母线按三相五线配置。此种配电屏具有分断能力强、动稳定性好、维修方便等优点。

（3）BFC 型低压配电屏。BFC 低压配电屏（B—低压配电柜、F—防护型，C—抽屉式）的主要特点为各单元的主要电器设备均安装在一个特制的抽屉中或手车中，当某一回路单元发生故障时，可以换用备用"抽屉"或手车，以便迅速恢复供电。而且，由于每个单元为抽屉式，密封性好，不会扩大事故，便于维护，提高了运行可靠性。BFC 型低压配电屏的主电器在抽屉或手车上均为插入式结构，抽屉或手车上均设有连锁装置，以防止误操作。

（4）GCK 系列电动机控制中心。GCK 系列电动机控制中心（G—柜式结构，C—抽屉式；K—控制中心），全封闭功能单元独立式结构、防护等级为 IP40 级，这种控制中心保护设备完善，保护特性好，所有功能单元均可通过接口与可编程序控制器或微处理机连接，作为自动控制系统的执行单元。

GCK 系列电动机控制中心是一种工矿企业动力配电、照明配电与电动机控制用的新型低压配电装置。根据功能特征分为 JX（进线型）和 KD（馈线型）两类。

（5）GCL 系列动力中心。GCL 系列动力中心（G—柜式结构，C—抽屉式，L—动力中心）结构形式为组装式全封闭结构，防护等级为 IP30，每一功能单元（回路）均为抽屉式，由隔板分开，可以防止事故扩大，主断路器导轨与柜门有机械连锁，可防止误入有电间隔，保证人身安全。适用于变电所、工矿企业大容量动力配电和照明配电，也可作电动机的直接控制使用。

3. 布置

配电装置的布置，应考虑设备的操作、搬运、检修和试验的方便。成排布置，长度超过 6m 者，屏后通道应有两个通向本室或其他房间的出口，并宜布置在通道的两端。当两出口之间的距离超过 15m 时，其间还应增加出口。

成排布置的配电屏的通道一般不得小于表 4-1 所列的数值。低压配电室通道上方裸带电体距地面的高度，屏前通道不应低于 2.5m，加护网后，护网最低高度不应低于 2.2m；屏后通道不应低于 2.3m，否则应加遮护，遮护后的高度不应低于 1.9m。

表 4-1　　配电屏通道　　单位：m

类别	单排布置		双排对面布置		双排背对背布置		多排同向布置	
	屏前	屏后	屏前	屏后	屏前	屏后	屏前	屏后
固定式	1.5	1.0	2.0	1.0	1.5	1.5	2.0	—
抽屉式和手车式	1.8	0.9	2.3	0.9	1.8	1.5	2.3	—
控制柜	1.5	0.8	2.0	0.8	—	—	2.0	—

4. 安装及检查

（1）安装。安装低压配电屏时，配电屏相互间及其与建筑物间的距离应符合设计和制造厂的要求，且应牢固、整齐、美观。若有振动影响，应采取防振措施，并接地良好。两侧和顶部隔板完整，门应开闭灵活，回路名称及部件标号齐全，内外清洁无杂物。

（2）投运前的检查。低压配电屏在安装或检修后，投入运行前应进行下列各项检查试验。

1）检查柜体与基础型钢固定是否牢固，安装是否平直。屏面油漆应完好，屏内应清洁，无积垢。

2）各开关操作灵活，无卡涩，各触点接触良好。

3）检查接地是否良好。

4）用塞尺检查母线连接处接触是否良好。

5）二次回路接线应整齐牢固，线端编号符合设计要求。

6）试验各表计是否准确，继电器动作是否正常。

7）对抽屉式配电屏应检查推抽是否灵活轻便，动、静触头应接触良好，并有足够的接触压力。

8）用1000V兆欧表测量绝缘电阻，应不小于0.5MΩ，并按标准进行交流耐压试验，一次回路的试验电压为工频1kV，也可用2500V兆欧表试验代替。

4.3.2 配电箱

1. 结构特点

配电箱分为动力配电箱和照明配电箱。插座箱、电度表箱等也具有配电箱的一些特征。配电箱里主要的电气元件是开关和熔断器。配电箱典型接线如图4-20所示。

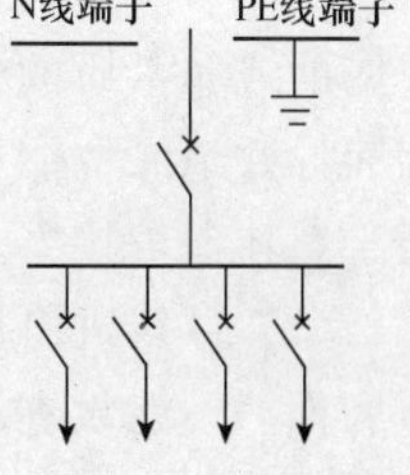

图4-20 配电箱接线

2. 常用型号

配电箱的型号很多，较早的产品型号有XL（F）-15型，目前仍在继续生产和使用，XL（R）-20型为新产品配电箱。

（1）XL（F）-15型。XL（F）-15型配电箱系户内装置，箱体由薄钢板弯制焊接而成，为防尘式安装。箱的门上装有一只电压表，指示汇流母线电压。打开箱门，箱内全部电器敞露，主要有刀开关（为箱外操作），刀开关额定电流一般为400A。RM3型熔断器安装在由角钢焊成的框架上，框架用螺钉固定在箱壳上。其用作工厂交流500V及以下的三相交流电力系统的配电。XL（F）-15型配电箱的外形如图4-21（b）所示。

（2）XL（R）-20型。XL（R）-20型电力配电箱系户内装置，为嵌入式安装。箱体用薄钢板弯制焊接成封闭形，主要有箱、面板、低压断路器、母线及台架等。面板可自由拆下，面上装有小门。它主要用于交流500V以下、50Hz三相三线及三相四线电力系统，作电力配电用。它兼有过载及短路保护装置。

3. 装设要求

为了确保配电箱能够安全、可靠地运行，还应对配电箱采取有效的安全技术措施。其装设要求具体如下。

（1）材质要求。配电箱应采用冷轧钢板或阻燃绝缘材料制作，配电箱箱体钢板厚度不得小于1.5mm，箱体表面应做防腐处理。箱内的电器安装板应采用

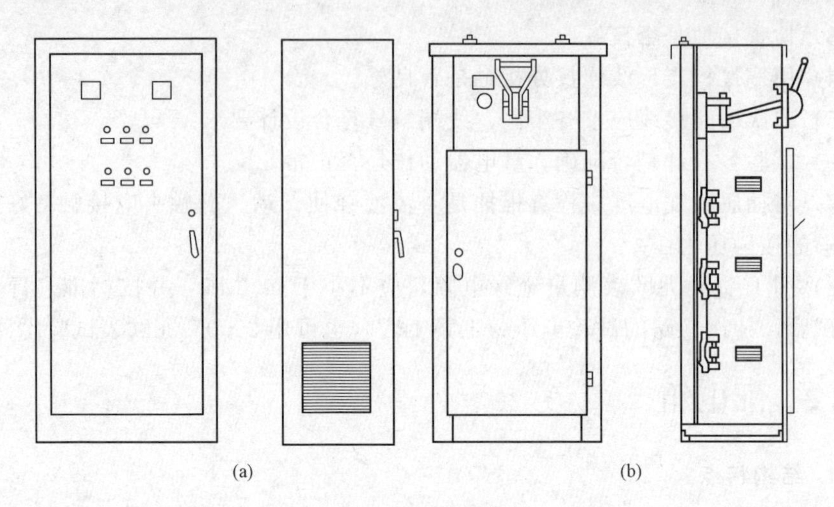

图 4-21　配电箱
(a) 配电箱的外形；(b) XL (F) -15 型配电箱的外形

金属的或非木质的绝缘材料。严禁使用木质配电箱。因为木质箱易因腐蚀、受潮而导致绝缘性能下降，而且机械强度差，不耐冲击，使用寿命短，而铁质箱便于整体保护接零。

(2) 导线进出口处的要求。配电箱中导线的进线口和出线口应设在箱体的下底面，不能设在顶面、后面或侧面；更不能从箱门缝隙中引进或引出导线。进、出线口应配置固定线卡，进出线应加绝缘护套并成束卡固在箱体上，不得与箱体直接接触。移动式配电箱应采用橡皮护套绝缘电缆，不得有接头。

(3) 连接导线的要求。

1) 箱内的导线布置要横平竖直，排列整齐，进线要标明相别，出线须做好分路去向标志，两个元器件之间的连接导线不应有中间接头或焊接点，应尽可能在固定的勾端子上进行接线。

2) 箱内的连接线必须采用铜芯绝缘导线。导线绝缘的颜色标志应按规范的要求配置并排列整齐；导线分支接头不得采用螺栓压接，应采用焊接并做绝缘包扎，不得有外露带电部分。

3) 金属外壳的配电箱应设置专用的保护接地螺钉，螺钉应采用不小于 M8 的镀锌或铜质螺钉，并与箱的金属外壳、箱内的金属安装板、箱内的保护中性线可靠连接，保护接地螺钉不得兼作他用，不得在螺钉或保护中性线的接线端子上喷涂绝缘油漆。

4) 配电箱的电器安装板上必须分设 N 线端子板和 PE 线端子板。N 线端子板必须与金属电器安装板绝缘；PE 线端子板必须与金属电器安装板做电气连接。进出线中的 N 线必须通过 N 线端子板连接；PE 线必须通过 PE 线端子板连接。

（4）制作要求。

1）配电箱箱体应严密、端正，防雨、防尘，箱门开、关松紧适当，便于开关。

2）端子板一般放在箱内电器安装板的下部或箱内底侧边，做好接线标注，工作零线、保护零线端子板应分别标注 N、PE，接线端子与箱底边的距离不小于 0.2m。

3）所有配电箱和开关箱必须配备门、锁，在醒目位置标注名称、编号及每个用电器的标志。

4. 安装

配电箱的安装方式主要有落地式安装、嵌入式安装、半嵌入式安装、悬挂式安装等方式。其中，嵌入式安装属于暗装方式。安装配电箱时，需要注意以下几点。

（1）配电箱内母线应涂有相色标志。

（2）配电箱后面的配线应排列整齐，绑扎成束，并用卡钉固定；箱后引出线和引入的导线应留出适当余度，以便检修。

（3）导线穿过铁板时应装橡皮护圈。

（4）垂直装设的开关、熔断器等电器应上端接电源，下端接负荷。

（5）工作零线在端子排上的分路排列，应与熔断器的位置相对应。

（6）配电箱二次回路应使用截面不小于 2.5mm^2 的铜芯绝缘导线。

（7）箱内各种开关处于断路状态时，刀片及可动部分原则上不应带电。明装配电盘上的电器应有外壳保护，带电部分不得裸露。

（8）如有工作零线且有接地（零）的要求，箱内应分别装有 N 线端子排和 PE 线端子排；引入线处及末端配电盘处 PE 线应做重复接地；配电箱的金属构架、金属外壳等接地（零）应良好。

变压器

电力变压器是用来升高或降低交流电压又能够保持其频率不变的静止的电气设备。

在现实生产、生活中，需要高低不同的多种电压；电力系统为减少输电过程中的电能损失，必须用升压变压器将输电电压升高。输电电压越高，输送距离越远，输送功率越大。当电能输送到用电地区，又需要用降压变压器将输电线路上的高电压降低到配电系统的电压，然后再经过配电变压器将电压降低到用电器的电压以供使用。

5.1 变压器概述

5.1.1 主要技术参数

电力变压器的技术参数指额定容量、额定电压、阻抗电压等参数。铭牌中应标有变压器的型号、额定技术参数及其他提供给用户的必备资料。

1. 额定容量 *S*

变压器的额定容量是变压器在正常工作条件下能发挥出来的最大容量，指视在功率，用 kV · A 表示。

2. 额定电流 *I*

变压器的额定电流指线电流。三相电力变压器的额定电流按下式计算

$$I_1 = \frac{S}{\sqrt{3}U_1} \tag{5-1}$$

$$I_2 = \frac{S}{\sqrt{3}U_2} \tag{5-2}$$

3. 额定电压 *U*

变压器的额定电压包括一次额定电压和二次额定电压，都指的是线电压。

由于允许高压电源电压在±5%的范围内浮动，一次额定电压往往只表示电压等级。二次额定电压指空载电压。额定电压常用千伏表示。

4. 连接组

铭牌中连接组标号 Y，yn0 表示高压绕组星形接法，低压绕组中性点直接接地并接出中性线的星形接法，且低压线电压与相应的高压线电压同相。△，yn11表示高压绕组三角形接法，低压绕组中性点直接接地并接出中性线的星形接法，且低压线电压落后于相应的高压线电压 300kV。

5. 阻抗电压 u_k

阻抗电压是表示变压器内阻抗大小的参数。阻抗电压由短路试验求得。变压器短路试验在高压边进行。单相变压器短路试验接线如图 5-1 所示。图中，V、A 和 W 分别表示电压表、电流表和功率表。逐渐升高试验电压至额定电流时读取所施加的电压称作短路电压，记作 U_{1k}。短路电压与额定电流之比称作变压器的短路阻抗。短路电压与额定电压之比即变压器的阻抗电压。阻抗电压用百分数表示，即

$$u_k = \frac{U_{1k}}{U_1} \times 100\% \tag{5-3}$$

10kV 变压器的阻抗电压在 4%～6%。35kV 变压器的阻抗电压多在6.5%～7.5%。大容量变压器的阻抗电压偏小。

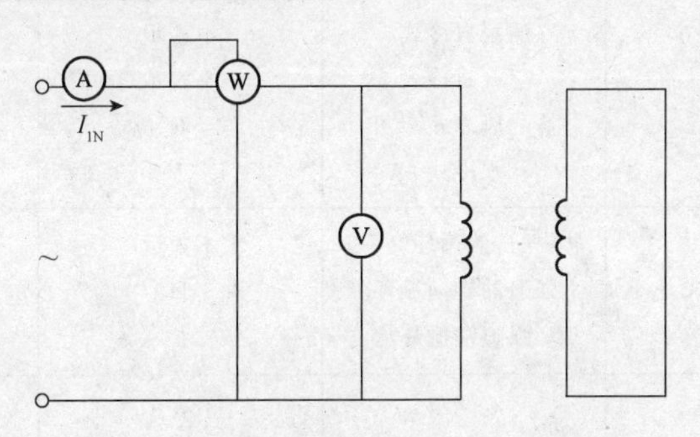

图 5-1　单相变压器短路试验接线图

除上述技术参数外，有的变压器铭牌上还有空载电流、空载损耗、短路损耗、温升等参数，此处就不一一介绍了。

5.1.2　分类与型号

工厂中常用的三相异步电动机的额定电压为 380V 或 220V，一些大型电力负荷则为 3000V 或 6000V。照明电路电压是 220V，而机床照明、临时照明的电压一般为 36V、24V、12V。在电子电路中更是需要多种电压供电。这样多等级

不同的电压不可能使用那么多数值不同电压级别的发电机供电，这就需要各种不同电压、不同规格、不同型号的变压器。

1. 变压器的分类

变压器的种类很多，根据用途不同可以分为：输配电用的电力变压器，冶炼用的电炉变压器，为用电设备提供不同电压的电源变压器，焊接用的电焊变压器，实验用的调压器，测量用的特殊变压器等。

变压器可以将高电压变换成低电压，或将低电压变换成高电压。其分类和表示符号列于表5-1中。电力变压器的产品型号在新的标准中有所改动，但新与旧的变动不大。

表5-1　电力变压器的分类和表示符号

序号	分类	类别	代表符号	
			新型号	旧型号
1	相数	单相 三相	D S	D S
2	绕组外绝缘介质	变压器油 空气 成型固体	 G C	 K C
3	冷却方式	油浸自冷式 空气自冷式 风冷式 水冷式	不表示 不表示 F W	J 不表示 F S
4	油循环方式	自然循环 强迫油导向循环 强迫油循环	不表示 D P	不表示 不表示 P
5	绕组数	双绕组 三绕组	不表示 S	不表示 S
6	调压方式	无励磁调压 有载调压	不表示 Z	不表示 Z
7	绕组导线材料	铜 铝	不表示 不表示	不表示 L
8	绕组耦合方式	自耦 分裂	O	O

注　1. 型号后还可加注防护类型代号，如湿热带TH、干热带TA等。

2. 自耦变压器，升压时“O”列型号之后；降压时“O”列型号之前。

型号下脚数字为设计序号，型号后面分子数为额定容量（kV·A），分母数为高压线圈电压等级（kV）。

例如，SL1-500/10 表示为三相油浸自冷式铝线绕组电力变压器，额定容量为500kV·A，高压线圈电压为10kV，第一次系列设计。

2. 变压器的型号

变压器的型号由两部分构成，前一部分由汉语拼音字母组成，用以表示变压器的类别、结构特征和用途；后一部分由数字组成，表示变压器的容量和高压侧的电压等。变压器型号中的字母含义见表5-2。另外，C代表固体成型，G代表干式，B代表封闭式等。

表5-2 变压器型号中的字母含义

分类项目	代表符号		分类项目	代表符号	
	新型号	旧型号		新型号	旧型号
单相变压器	D	D	强迫油导向循环	D	不表示
三相变压器	S	S	双线圈变压器	不表示	不表示
油浸式	不表示	J	三线圈变压器	S	S
空气自冷	不表示	不表示	自耦（双圈和三圈）变压器	O	O
风冷式	F	F			
水冷式	W	S	无激磁调压	不表示	不表示
油自然循环	不表示	不表示	有载调压	Z	Z
强迫油循环	P	P	铝线圈变压器	不表示	L

例如，某变压器的型号（旧型号）为SZL_7-200/10，其中S表示三相，Z表示有载调压，L表示铝线，脚注7表示第7次设计，200表示容量为200kV·A，10表示高压绕组电压等级为10kV；SC_8表示第8次设计固体成型（干式）三相变压器。

5.1.3 原理与结构

1. 变压器的原理

变压器的电磁部分由铁心和线圈组成，其工作原理是建立在电磁感应原理上的。

变压器空载运行时的情况如图5-2所示。

在原绕组N_1两端接入交流电压U_1，绕组中便流过交流电流I_0，铁心中便会产生交变磁通Φ。设此磁通全部通过铁心（忽略漏磁通），则在原绕组N_1和副绕组N_2中分别产生感应电动势E_1、E_2。若铁心中的磁通按正弦规律变化，则一、

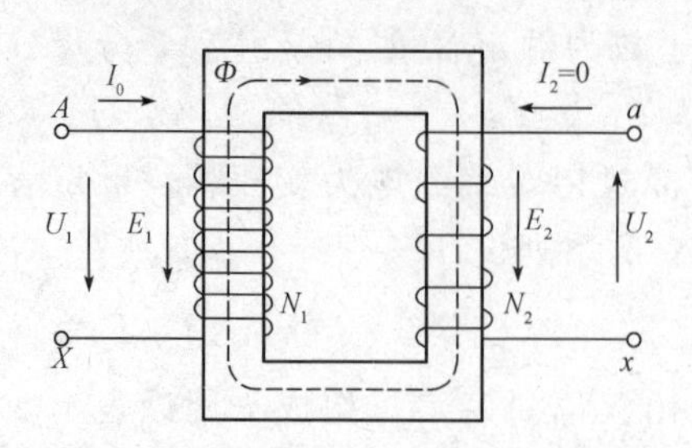

图 5-2 单相变压器空载运行原理

二次绕组中感应电动势的有效值分别为

$$E_1 = 4.44 f_1 N_1 \Phi_m \quad (5-4)$$

$$E_2 = 4.44 f_2 N_2 \Phi_m \quad (5-5)$$

式中：Φ_m为铁心中磁通最大值；N_1、N_2分别为一、二次绕组匝数。

一、二次绕组感应电动势的比值为

$$\frac{E_1}{E_2} = \frac{N_1}{N_2} \quad (5-6)$$

变压器的空载损耗很小，若忽略空载耗损则有

$$\frac{U_1}{U_2} = \frac{E_1}{E_2} = \frac{N_1}{N_2} \quad (5-7)$$

可见，变压器一、二次绕组中电压的比值等于一、二次绕组的匝数比。一次绕组输入电压与副绕组输出电压的比值称作变压器的变比，用 K 表示。即

$$K = \frac{U_1}{U_2} \quad (5-8)$$

变压器空载时原绕组中的电流 I_0称为空载电流，此电流只为额定电流的 5%左右。空载电流 I_0在铁心中建立的磁势称为空载磁势，空载磁势 $I_1 N_1$产生的磁通 Φ_0称为空载磁通（励磁磁通）。

当副绕组接入负载，绕组中流过电流 I_2，I_2建立二次磁势 $I_2 N_2$，并在铁心中产生磁通 Φ_2，此磁通与一次磁势 $I_1 N_1$产生的磁通方向相反，因而使得一次磁通减少，一次磁通的减少使一次绕组中的感应电动势 E_1减小。由于电源电压 U_1不变，E_1的减少使一次电流 I_1增加，一次磁势 $I_1 N_1$随之增加，其结果是一次电势 E_1增加，并与电源电压达到新的平衡。由此可见负载时，铁心里的磁势是一次磁势和二次磁势共同作用的结果。负载电流增加，二次磁势 $I_2 N_2$增加，则一次电流随之增加，一次磁势 $I_1 N_1$增加，以抵消二次磁势，保持铁心中的空载磁势。即

$$I_1 N_1 - I_2 N_2 = I_0 N_0 \quad (5-9)$$

由于 I_0很小，所以可得出

$$\frac{I_2}{I_1} = \frac{U_1}{U_2} \quad (5-10)$$

上式说明，变压器负载运行时，一、二次绕组中的电流与它们的电压成反比。

2. 变压器的结构

变压器由器身、油箱、冷却装置、保护装置和出线装置组成。器身包括铁心、绕组（线圈）、绝缘、引线和分接开关；油箱包括油箱本体和油箱附件（放油阀、接地螺钉、小车、铭牌等）；冷却装置包括散热器和冷却器；保护装置包

括贮油柜、油标、防爆管、吸湿器、测温元件和气体继电器；出线装置包括高、低压套管。电力系统中常用的电力变压器多为油浸式，其结构如图 5-3 所示。

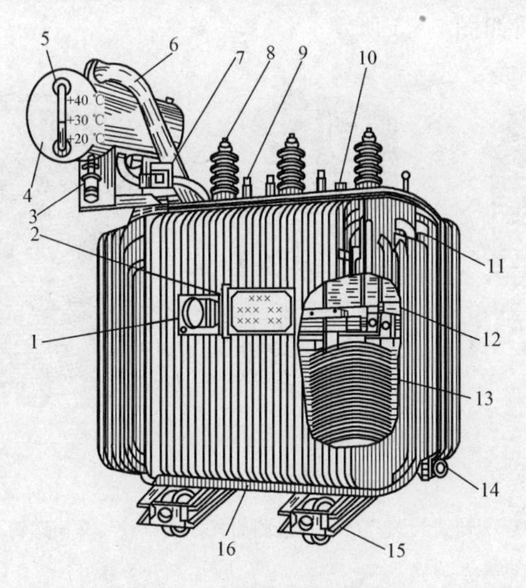

图 5-3　油浸电力变压器

1—温度计；2—铭牌；3—呼吸器；4—贮油柜；5—油标；6—防爆管；7—气体继电器；8—高压套管；9—低压套管；10—分接开关；11—油箱；12—铁心；13—绕组；14—放油阀；15—小车；16—接地端子

（1）铁心。变压器种类繁多，用途不同，因此结构形式多样。但无论何种变压器，其最基本的结构都是由铁心和绕组组成。变压器的铁心和绕组配置有心式和壳式两种基本结构形式。

变压器的铁心是由铁心柱和铁轭组成的闭合磁路，用 0.35～0.5mm 厚的高磁导率的硅钢片叠装而成。硅钢具有良好的导磁性能，是最常用的导磁材料。硅钢片两面涂有绝缘漆，以减少铁心的磁滞损耗和涡流损耗。为减小磁路损耗、硅钢片在叠装时片间接缝每叠装一层交叉一次，使接缝错开，如图 5-4 所示。

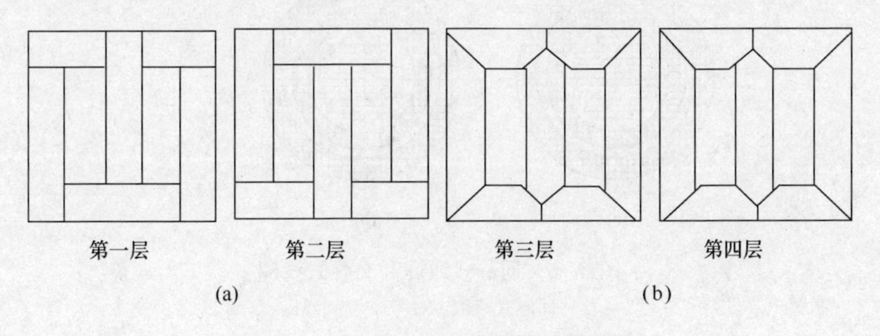

图 5-4　三相心式变压器铁心叠机图

（a）直角接缝；（b）45°斜接缝

(2) 绕组。变压器的绕组是由带有绝缘的圆形或矩形的铜(或铝)导线绕制成一定形状的线圈套在铁心上。变压器的线圈有圆筒式的、螺旋式的、连续式的等。圆筒式线圈如图 5-5 所示。

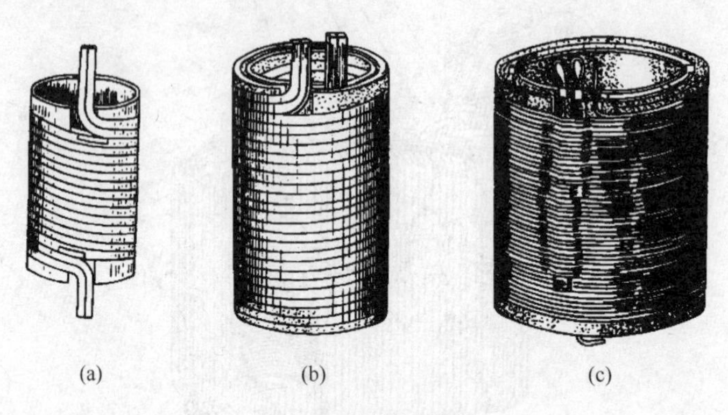

图 5-5 圆筒式线圈

(a) 单层圆筒式线圈;(b) 双层圆筒式线圈;(c) 多层圆筒式线圈

按高、低压绕组之间的排放位置及在铁心柱上的排放方法,变压器的绕组可分为同心式和交叠式,见图 5-6。

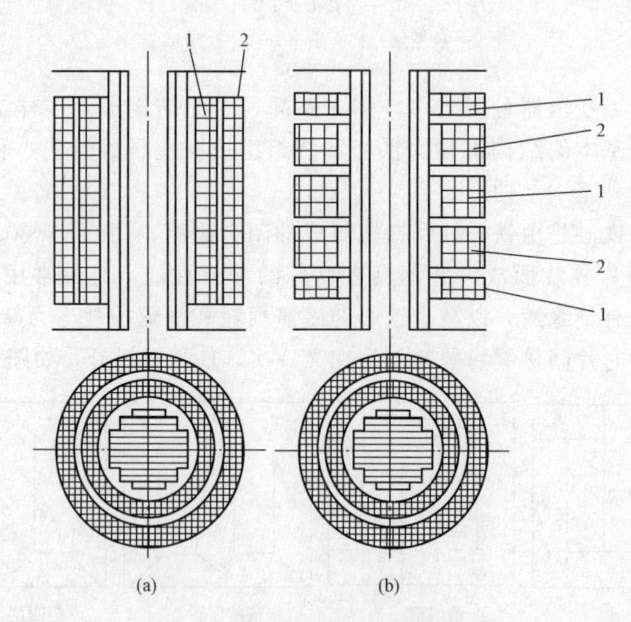

图 5-6 同心式线圈和交叠式线圈

(a) 同心式线圈;(b) 交叠式线圈

1—低压线圈;2—高压线圈

同心式绕组用于心式变压器时，一般低压绕组在内靠近铁心柱，高压绕组在外面。高、低压绕组之间以及低压绕组与铁心之间都必须有一定的绝缘间隙，并以绝缘纸筒分隔开。

交叠式绕组的高压线圈和低压线圈按交替次序安放在铁心柱上。这种绕组高低压之间间隙大、绝缘比较复杂，用于低电压、大电流的变压器如电焊变压器、电炉变压器等。

（3）油箱。电力变压器器身都放在装有变压器油的油箱内，即所谓油浸式。油箱也是变压器的支持部件，在其底部、顶部和侧壁上装有变压器的各个附件。变压器的油箱由钢板焊接而成。

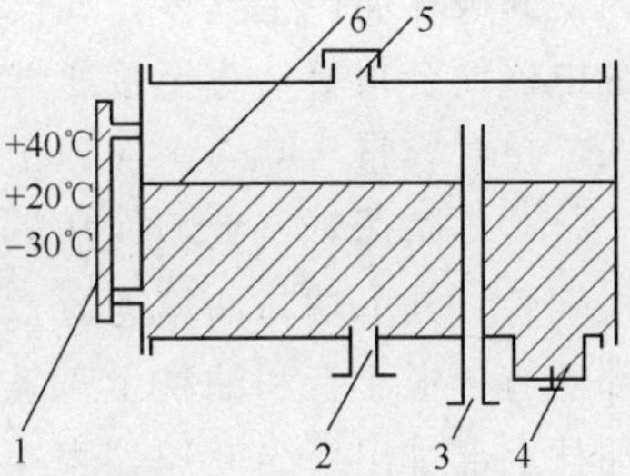

+40℃
+20℃
−30℃
1　2　3　4　5　6

图 5-7　贮油柜

1—油位计；2—接油箱法兰；3—接呼吸器法兰；4—集污盒；5—注油孔；6—油面线

油枕又叫贮油柜，其简图如图 5-7 所示。

（4）油枕和油标。油枕容积为油箱容积的 1/10。油枕位于油箱上部，其下部有油管与油箱连通。油枕的作用是给油的热胀冷缩留有缓冲余地，保持油箱始终充满油；同时，由于有了油枕，减小了油与空气的接触面积，可减缓油的氧化。油枕上有油标，供观察之用。油枕经吸湿器或注油器与外界相通。油枕上还有集污盒、取油样放油阀等附件。

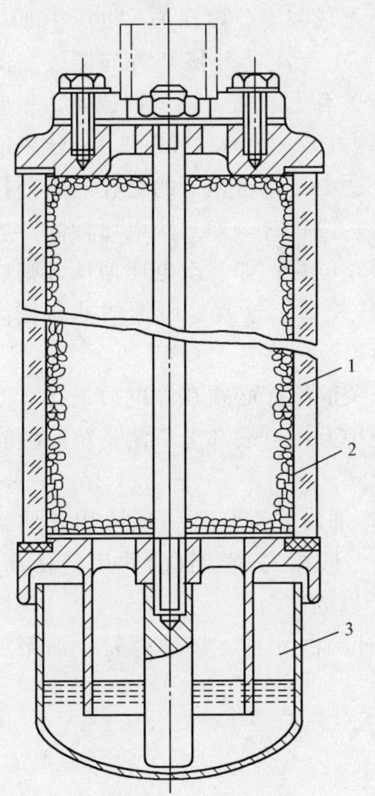

图 5-8　呼吸器

1—玻璃筒；2—硅胶；3—盛油槽

（5）呼吸器。呼吸器又称吸湿器，装设在贮油柜的下方或侧面。呼吸器主要由玻璃筒、干燥剂（硅胶）、底罩（盛油槽）、连接管等组成（见图 5-8）。呼吸器把油枕上部和外界空间连通，内装吸潮硅胶，当油枕内油位下降时，外界空气经硅胶进入油枕，空气中的水分大部分被硅胶吸收。其作用是使油箱内、外压力保持一致；并减缓油箱内变压器油的氧化和受潮，延长其使用期限。干燥剂在干燥情况下呈浅蓝色，吸潮达到饱和状态时呈淡红色。饱和的硅胶在 140℃ 高温下烘焙 8h 后可恢复使用。

（6）气体继电器。变压器的气体继电器安装在变压器油箱与贮油柜之间连接油管的中部。气体继电器主要由上油杯、下油杯、永久磁铁、干簧接点、挡板、连接线、接线盒、橡胶衬垫、放气螺钉等组成。气体继电器的作用是当变压器发生局部击穿短路时，变压器的绝缘物和变压器油会因受到破坏而产生气体，气体集聚在气体继电器的上部，当气体压力足够大时，继电器便会报警，直至接通继电保护装置，把电源切断。

单台容量 400kV·A 以上的变压器一般要求安装气体继电器。

(7) 防爆管。大型变压器或安全要求高的变压器装有防爆管。防爆管是一根铜管，其下端与油箱连通，上端用 3～5mm 厚的玻璃板（安全膜）密封，上部还有一根小管和油枕上部连通。变压器正常工作时防爆管内的少量气体通过油枕上部排出。当变压器发生严重故障时，油被分解产生大量气体，使箱内压力骤增。当油压上升到 50～1000Pa 时安全膜爆破，油气喷出，从而避免油箱破裂，减轻事故危害。

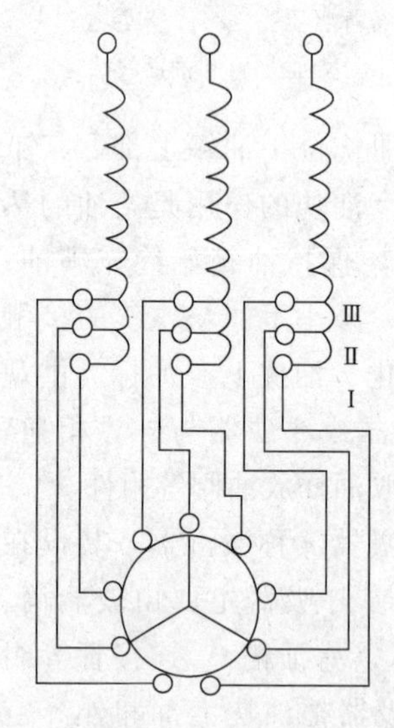

图 5-9　分接开关

(8) 分接开关。分接开关是用于改变变压器一次绕组抽头，借以改变变压比，调整二次电压的专用开关。分接开关分为有载调压和无载调压。中、小型变压器配备的一般都是无载调压分接开关。电压 10kV、容量不超过 6300kV·A 变压器分接开关的接线如图 5-9 所示。该分接开关有Ⅰ、Ⅱ、Ⅲ三挡位置，相应的变压比分别为 10.5/0.4、10/4、9.5/0.4，分别适用于电压偏高、电压适中、电压偏低的情况。当分接开关在Ⅱ挡（10/0.4）位置时，如二次电压偏高，应调到Ⅰ挡（10.5/0.4）位置；如二次电压偏低，则应调到Ⅲ挡（9.5/0.4）位置。这就是所谓的“高往高调，低往低调”的意思。

无载调压分接开关的操作必须在停电后进行。改变挡位前、后均须应用万用电表和电桥测量绕组的直流电阻；线间直流电阻偏差不得超过平均值的 2%。

(9) 绝缘套管。油箱盖上还装有绝缘套管，油浸式变压器一般采用瓷质绝缘套管，干式变压器采用树脂浇铸的套管。高、低压绝缘套管的作用是使高、低压绕组引线与油箱保持良好绝缘，并对引线予以固定。

除上述保护装置和安全配件外，变压器还有测温元件、接地螺钉、油箱放油阀、小车等附件。

5.1.4　自耦变压器

前面讲到的变压器的原绕组与副绕组是两个独立的绕组，它们之间只有磁的耦合、没有电的联系。而自耦变压器只有一个绕组，用原绕组（或副绕组）

的一部分作为副绕组（或原绕组），两者之间既有磁的耦合又有电的联系，如图5-10所示。

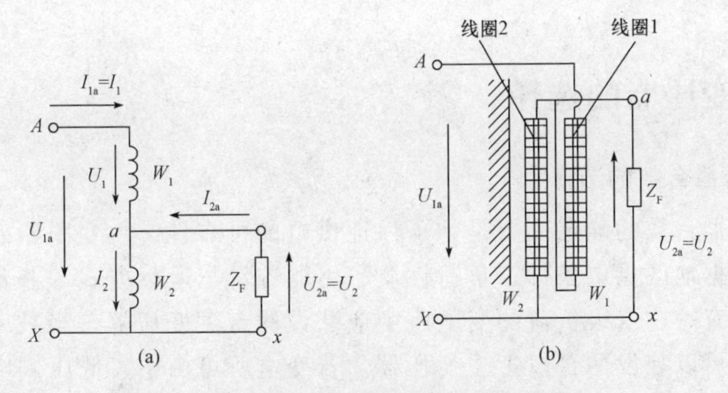

图5-10　自耦变压器的原理图及结构示意图

（a）原理图；（b）结构示意图

自耦变压器的工作原理与普通两绕组的变压器工作原理相同：当原绕组接入交流电压U_1，即有电流I_1流过，并在铁心中产生磁通。此磁通在一、二次绕组中分别产生感应电动势，且感应电动势亦与匝数成正比，因而可得与普通变压器相同的等式

$$\frac{U_1}{U_2}=\frac{E_1}{E_2}=\frac{N_1}{N_2}=K \tag{5-11}$$

若忽略空载电流，则

$$I_1=-\frac{1}{K}I_2 \tag{5-12}$$

式中：负号表示I_1与I_2方向相反。

三相自耦变压器通常接成星形，副方有2～3个分接头，可引出不同的电压。常被用作为三相异步电动机的起动设备，如图5-11所示。

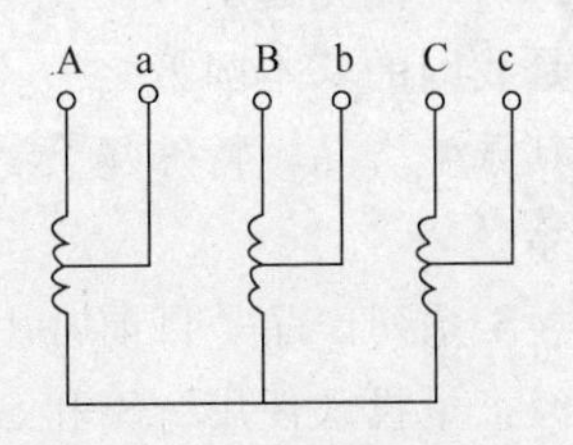

图5-11　三相自耦变压器

若把副绕组的分接头做成能沿线圈自由滑动的触头，便可以平滑地调节副方电压，这种自耦变压器称自耦调压器。

自耦变压器的主要优点有用料少、成本低，构造简单、体积小，损耗小，效率高等。自耦变压器的主要缺点是：副方电路和原方电路有电的联系，一旦变压器的绝缘损坏，高压窜入低压电路，就可能引起事故。为安全起见，一、二次方的绝缘等级要一致，变压比不要超过1.5～2，不要把它用作安全变压器，安全变电器要采用一、二次方绕组分离的双绕组变压器。

5.2 变压器的选择与安装

5.2.1 变压器的选择

1. 变压器台数的选择

主变压器台数的确定主要是为了保证供电的可靠性。主变压器的台数与容量，应当根据地区供电条件、负荷性质、用电容量与运行方式等条件，综合考虑确定。在有一、二级负荷的变电所中应装设两台主变压器，当技术、经济比较合理时，可以装设两台以上主变压器。若变电所可由中、低压侧电力网取得足够容量的备用电源，则可装设一台主变压器。

装有两台及以上主变压器的变电所，当断开一台时，其余主变压器的容量不应小于60%的全部负荷，还应保证用户的一、二级负荷。有大量一级负荷及虽为二级负荷但从保安需要设置时（如消防等），季节性负荷变化较大时或集中负荷较大时，应安装两台变压器。

对于大型枢纽变电站，应根据工程的具体情况，安装2～4台主变压器。当安装两台及以上主变压器时，每台容量的选择应按照其中任何一台停运时，其余的容量至少能保证所供一级负荷或为变电站全部负荷的60%～75%，通常，一级变电站采用75%，二级变电站采用60%。

2. 变压器型号的选择

（1）优先选用节能型产品。节能降耗、提高效益、保护环境是世界性问题，也是我国的基本国策之一。从节能的角度，一般场合应优先选用油浸式S_9系列及其派生产品，特殊场合（如防水要求高）应优先选用干式SC_8系列及其派生产品。

S_7系列产品是目前常用的节能产品。S_9系列是接近世界先进水平的新产品，已经大量投入使用。S_9和S_7相比，其空载损耗平均降低8%，负载损耗平均降低25%。S_9的价格虽然比S_7高，但由于S_9的节能效果更加显著，购买设备多付出的投资一般3年左右即可收回。

世界上最新的节能变压器是非晶合金铁心变压器。非晶合金材料具有良好的磁特性，用这种材料做铁心的变压器与同容量硅钢片铁心变压器相比，空载损耗平均降低70%，有载损耗也有所降低。非晶合金铁心变压器发达国家正在推广应用，我国也已试制成功。

（2）适当选取容量。对于平稳负荷，取负荷率为85%；对于波动较大的负荷，允许适当短时过载运行。容量选得过大会造成浪费，过小会造成温升过高而损坏变压器。

（3）满足防火、防爆等特殊需求。为了节约土地、美化市容、安装维护方便、备战、地下工程等需要，要求供电设备进入建筑物（包括地下构筑物），随之对供电设备提出了防火、防爆、防潮等要求。

环氧树脂浇注干式变压器是目前大量采用的能满足上述要求的变压器。SC_8系列变压器是这类变压器的新品，既节约能源、又符合防火、防爆、防潮的特殊要求，应优先选用。

变压器的线圈在真空状态下浇注环氧树脂，这样生产的变压器称环氧树脂浇注变压器，一般是干式的。这种变压器具有难燃性，来自变压器内部的热量难以使环氧树脂自燃，遇外部明火时环氧树脂的燃烧速度极慢，外部明火熄灭后环氧树脂不会继续燃烧。这种变压器的防潮性能也很好。

能满足特殊要求的新型变压器还有气体绝缘干式变压器和充不燃油变压器。

把变压器的主体部分（铁心和线圈）放入密封的箱体，箱体内充满六氟化硫（SF_6）气体，六氟化硫充当绝缘介质和冷却介质，这样就构成了气体绝缘干式变压器。该类变压器的特点是防火、防爆、防潮、运行可靠和维护简单。

充不燃油变压器只是把普通变压器油更换为高燃点油，其构造和油浸式变压器相同，如硅酮绝缘液（燃点371℃），R—Temp油（燃点312℃）。普通变压器油的燃点是160℃。

3. 变压器容量与数量的选择

（1）车间变电所变压器容量的选择。车间变电所采用1台容量不大于1000kV·A的变压器，采用低压电源联络线作为备用。只有在用电设备容量大、负荷集中、运行合理时，才可选用更大容量的变压器，但1台变压器容量不应超过1800kV·A，以免低压侧短路电流过大。当符合下列条件之一时，可考虑采用两台变压器。

1）从供电可靠性考虑，当无条件采用低压联络或采用低压联络不经济时。

2）从运行和检修的灵活性角度考虑，作为全厂性的车间变电所容量在1000kV·A以上时。

3）从经济性考虑，由于负荷变化大，需要在低负荷状态切除一台变压器以减少变压器电能损耗时。

采用一台或两台不同容量变压器，应当根据具体情况拟订几个方案进行技术和经济上的比较，从中选出最佳方案。

（2）总降压变电所变压器数量及容量的选择。根据变压器过负荷能力、投资、可靠性与灵活性综合考虑结果，总降压变电所中设置两台变压器是有好处的。两台变压器的备用方式有明备用和暗备用两种。

1）明备用。明备用就是一台工作、一台备用。两台变压器均按100%计算负荷选择。

2）暗备用。暗备用的每台变压器都按计算负荷的 70%选择。正常运行时，两台变压器各承担 50%的最大负荷。负荷率为 50%＋20%＝70%，则完全满足经济运行要求。在发生故障时，由于负荷率＜0.75，可以过负荷 1.4 倍，一台变压器可以承担 100%的最大负荷。此种备用方式既能满足正常工作的经济性要求，又能在故障情况下承担全部负荷，因此是比较合理的备用方式，应用较广泛。

(3) 变电站变压器的容量和台数关系。变压器容量与台数与变压器的过载能力、负荷情况（负荷等级、负荷均衡程度）及供电的可靠性、经济性与灵活性等因素有关。

变压器绕组的 A 级绝缘在长期使用过程中，虽然电气性能没有明显的变化，但其机械强度却逐渐降低，因而遇到偶然振动，易发生破裂而被击穿，且随温度升高，绝缘的机械强度与电气性能的损伤与老化更严重。根据试验，当自然循环油冷变压器的绕组温度为 145℃时，变压器仅能工作 3 个月；当温度为 120℃时，变压器工作年限为 2.2 年；当温度为 95℃时，变压器工作年限为 20 年。因此，规定变压器在规定的环境温度下正常工作年限为 20 年。

变压器具有一定的过载潜力。当变压器在昼夜 24h 运行时，负荷不可能完全达到变压器的额定容量，许多时间是在低于额定容量值下工作的。变压器运行时，周围的最高气温为 40℃，最高日平均气温为 30℃。而在实际上，即使我国最热的地区也几乎不可能全年都维持在这个温度上。在选择变压器容量时，通常均考虑了系统发生故障时变压器应能过负荷运行的安全系数，而在正常工作时达不到额定值。

5.2.2 变压器的安装

1. 变压器的安装要求

(1) 变压器本体及附件安装。

1）变压器、电抗器基础的轨道应水平，轮距与轨距应配合；装有气体继电器的变压器、电抗器，应使其顶盖沿气体继电器气流方向有 1%～1.5%的升高坡度（制造厂规定不需安装坡度者除外）。当须与封闭母线连接时，其套管中心线应与封闭母线安装中心线相符。

2）装有滚轮的变压器、电抗器，其滚轮应转动灵活。在设备就位后，应将滚轮用能拆卸的制动装置加以固定。

(2) 密封处理。

1）设备的所有法兰连接处，应用耐油密封垫（圈）密封；法兰连接面应平整、清洁。

2）密封垫（圈）应与法兰面的尺寸相配合；密封垫（圈）必须无扭曲、变形、裂纹和毛刺；密封垫应擦拭干净；其搭接处的厚度应与其原厚度相同，橡胶密封垫的压缩量不宜超过其厚度的1/3。

（3）大中型变压器油箱安装。

1）油箱安装之前应先安装底座。底座推放到变压器基础轨道上以后，应检查滚轮与轨距是否相符合。底座顶面应保持水平，有偏差时可以调整滚轮轴的高低位置，允许偏差5mm。

2）调整油箱的位置，使其方向正确并与基础轨道的中心线一致，然后落放到底座上，插入螺栓和压板组装起来。

（4）油枕（储油柜）安装。

1）油枕安装前应清洗干净，除去污物，并用合格的变压器油冲洗。隔膜式或胶囊式油枕中的胶囊或隔膜式储油柜中的隔膜应完整无破损，并应和油枕的长轴保持平行、不扭偏。胶囊在缓慢充气胀开后应无漏气现象。胶囊口的密封应良好，呼吸应畅通。

2）油枕安装前应先安装油位表；安装油位表时应注意保证放气和导油孔的畅通；玻璃管要完好。油位表动作应灵活，油位表或油标管的指示必须与储油柜的真实油位相符，不得出现假油位。油位表的信号接点应位置正确，绝缘良好。

3）油枕利用支架安装在油箱顶盖上。油枕和支架、支架和油箱均用螺栓紧固。

（5）冷却装置安装。

1）冷却器装置在安装前应按制造厂规定的压力值用气压或油压进行密封试验，应用合格的绝缘油经净油机循环冲洗干净，并将残油排尽。

2）外接油管在安装前，应进行彻底除锈并清洗干净；管道安装后，油管应涂黄漆，水管涂黑漆，并应有流向标志。

3）冷却装置安装完毕后应立即注满油，以免由于阀门渗漏造成本体油位降低，使绝缘部分露出油面。

4）管路中的阀门应操作灵活，开闭位置应正确；阀门及法兰连接处应密封良好。

5）风扇电动机及叶片应安装牢固，并应转动灵活，无卡阻现象；试转时应无振动、过热；叶片应无扭曲变形或与风筒擦碰等情况，转向应正确；电动机的电源配线应采用具有耐油性能的绝缘导线；靠近箱壁的绝缘导线应用金属软管保护；导线排列应整齐；接线盒密封良好。

6）潜油泵转向应正确，转动时应无异常噪声、振动和过热现象；其密封应良好，无渗油或进气现象。

7）差压继电器、流速继电器应经校验合格，且密封良好，动作可靠。

（6）气体继电器安装。

1）气体继电器应做密封试验、轻瓦斯动作容积试验、重瓦斯动作流速试验，各项指标合格后，并有合格检验证书方可使用。

2）气体继电器应水平安装，观察窗应装在便于检查一侧，箭头方向应指向储油箱（油枕），其与连通管连接应密封良好，其内壁应清拭干净，截油阀应位于储油箱和气体继电器之间。

3）打开放气嘴，放出空气，直到有油溢出时，将放气嘴关上，以免有空气进入。

4）当操作电源为直流时，必须将电源正极接到水银侧的接点上，接线应正确，接触良好，以免断开时产生电弧。

（7）防爆管安装。

1）安全气道安装前内壁应清拭干净，防爆隔膜应完整，其材质和规格应符合产品规定。

2）安全气道应按产品要求与储油柜连通，但当采用隔膜式储油器和密封式安全气道时，二者不应连接。

3）安全气道斜装在油箱盖上，安装倾斜方向应按制造厂规定，厂方无明显规定时，宜斜向储油柜侧。

4）防爆隔膜信号接线应正确，接触良好。

（8）套管安装。

1）套管在安装前应确保瓷套管表面无裂缝、伤痕；套管、法兰颈部及均压球内壁应清擦干净；充油套管的油位指示正常，无渗油现象。

2）套管顶部结构的密封垫应安装正确，密封应良好，连接引线时，不应使顶部结构松扣。

3）确保充油管内部干燥。

4）高压套管穿缆的应力锥进入套管的均压罩内，其引出端头与套管顶部接线柱连接处应擦拭干净，接触紧密；高压套管与引出线接口的密封波纹盘结构（魏德迈结构）的安装应严格按制造厂的规定进行。

2. 变压器安装注意事项

安装变压器应注意以下问题。

（1）变压器在安装前，应进行外观检查和必要的测试。检查的要点是：零部件是否齐全，有无渗油、漏油、破损、油漆脱落，高低压套管是否完整，有无损坏、裂纹，连接件是否松动，干燥剂是否变色，油位是否适中等。测试的项目有油压密封试验、绝缘电阻测量、瓦斯继电器特性试验等。

（2）变压器的安装位置应符合表5-3的规定。在装有开关的情况下，操作方向应留有1.2m以上的宽度，操作把手应装在近门处，便于操作。变压器就位后的摆放方向为宽面推进，油枕侧应向外。

表5-3　　变压器外壳与变压器室四壁的最小净距

变压器容量/(kV·A)	1000kV·A及以下	1250kV·A及以上
变压器与后壁、侧壁之间/mm	600	800
变压器与变压器室门之间/mm	800	1000

注　对于就地检修的变压器，室内高度可按吊芯所需的最小高度再加700mm，宽度可按变压器两侧各加800mm确定。

（3）变压器基础的轨道应水平，轨距与轮距应配合良好。在变压器就位后，应加以固定。

（4）变压器的接地一般是其低压绕组中性点、外壳及其阀型避雷器三者共用的接地，并称之为"三位一体"接地，如图5-12所示。变压器的工作零线应与接地线分开，工作零线不得埋入地下；接地必须良好；接地线上应有可断开的连接点。

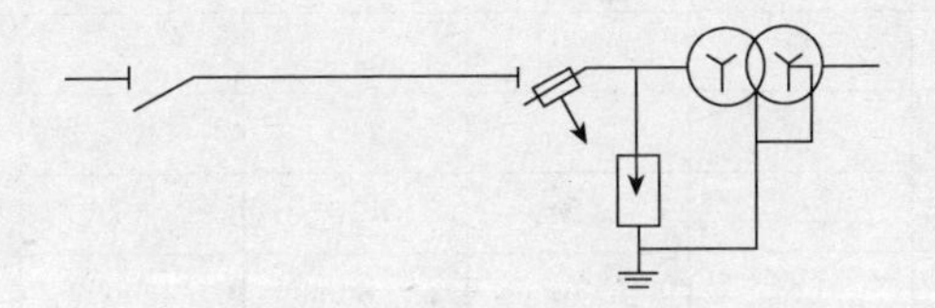

图5-12　变压器接地

（5）变压器的所有法兰连接处，应用耐油橡胶密封垫（圈）密封。

（6）装有瓦斯继电器的变压器，安装时应使其顶盖沿瓦斯继电器气流方向有1%～1.5%的升高坡度。

（7）变压器顶盖上的温度计座内应注入变压器油，并密封良好、无渗油现象。

（8）冷却装置安装前，应用合格的变压器油进行冲洗，安装完毕后应立即注油。水冷却装置停用后，应将水放尽，以防天寒冻裂。

（9）变压器室须是耐火建筑，宜采用自然通风，夏季的排风温度不宜高于45℃，进风和排风的温差不宜大于15℃。变压器的下方应设有通风道，墙上方或屋顶应有排气孔。变压器采用自然通风时，变压器室地面应高出室外地面1.1m。室外变压器台的高度一般不应低于0.5m、其围栏高度不应低于1.7m、变压器壳体距围栏不应小于1m、变压器操作面距围栏不应小于2m。

（10）变压器室的门应上锁，并在外面悬挂"止步，高压危险！"的警告牌。

5.3 变压器的运行与维护

5.3.1 变压器的运行

1. 变压器运行参数

新投入的变压器带负荷前应空载运行 24h。运行中变压器的运行参量应当符合规定。例如，高压侧电压偏差不得超过额定值的±5%、Y，yn0 接法者低压中性线最大电流不得超过额定电流的 25%、温度和温升不得超过规定值；声音不得太大或不均匀；套管应保持清洁、外壳和低压中性点接地应保持完好、接线端子不应过热等。

变压器允许过负荷运行，但允许过载的时间必须与过载前上层油温和过载量相适应。油浸电力变压器的允许过载时间可参考表 5-4 确定。

表 5-4　　油浸电力变压器允许过载时间　　单位：min

过负载量（%）	过载前上层油温/℃						
	18	24	30	36	42	48	54
5	350	325	290	240	180	90	10
10	230	205	170	130	85	10	—
15	170	145	110	80	35	—	—
20	125	100	75	45	—	—	—
25	95	75	50	25	—	—	—
30	70	50	30	—	—	—	—
35	55	35	15	—	—	—	—
40	40	25	—	—	—	—	—
45	25	10	—	—	—	—	—
50	15	—	—	—	—	—	—

油浸电力变压器采用的绝缘纸、木材、棉纱是 A 级绝缘材料。由于 A 级绝缘材料的最高工作温度为 105℃，变压器发热元件温度不得超过 105℃。因此，绕组温升不得超过 65℃；铁心表面温升不得超过 70℃；油箱上层油温最高不得超过 95℃，但为了减缓变压器油变质，上层油温最高一般不应超过 85℃。

2. 变压器运行检查

（1）巡视检查周期。变电室有人值班者，每班巡视检查一次；变电室无人值班者，每周巡视检查一次；对于强迫油循环的变压器，每小时巡视检查一次；

对于室外柱上变压器，每月巡视检查一次；在天气恶劣，或变压器负荷变化剧烈，或变压器运行异常，或线路发生故障后，应增加特殊巡视。

(2) 巡视检查内容。运行中的变压器巡视检查主要包括以下内容。

1) 负荷电流、运行电压是否正常。

2) 油温、油色是否正常，有无渗油、漏油现象。

3) 温度和温升是否过高，冷却装置是否正常，散热管温度是否均匀，散热管有无堵塞迹象。

4) 变压器外壳接地是否良好；接线端子连接是否牢固、接触是否良好，有无过热迹象。

5) 呼吸器内吸潮剂的颜色是否加深、是否达到饱和状态。

6) 通向气体继电器的阀门和散热器的阀门是否处于打开状态。

7) 防爆管的隔膜是否完整；变压器室的门窗、通风孔、百叶窗、防护网、照明灯等是否完好。

8) 套管及整体是否清洁，套管有无裂纹、破损和放电痕迹。

9) 室外变压器基础是否良好、有无下沉，电杆是否牢固、有无倾斜，木杆杆根是否腐朽。

3. 变压器运行问题及其处理

若发现运行中变压器的温度过高，应及时处理。环境温度未发生变化，负荷电流和电源电压也没有变化，运行中变压器温度过高的原因和相应处理方法如下。

(1) 变压器绕组匝间短路或层间短路。如果变压器绕组匝间短路或层间短路使油温上升导致变压器温度过高，可进行如下处理。

1) 根据变压器的声音粗略判断，有时发出“咕噜咕噜”声。

2) 取油样化验，检查绝缘油是否变坏。

3) 检查气体继电器，轻气体是否动作发出信号、重气体是否动作造成掉闸。

4) 停电后测量绕组直流电阻作进一步判断。如确定为变压器绕组匝间短路或层间短路，应卸下铁心，拆开绕组修理。如果短路不严重，可以局部处理好短路部位的绝缘，再将绕组与铁心还原；若短路较严重，漆包线的绝缘损伤较重，则必须更换绕组。

(2) 变压器铁心片间绝缘损伤。如果变压器铁心片间绝缘损坏，造成铁心短路，涡流损失增加导致变压器温度过高，可进行如下处理。

1) 检查气体继电器，轻气体是否频繁动作发出信号、是否导致重气体动作。

2) 取油样化验，检查绝缘油是否变坏、闪点是否下降。如确定为变压器铁心短路，应拆下铁心，检查硅钢片表面绝缘漆是否剥落，若剥落严重甚至有锈斑，可将硅钢片浸泡于汽油中，除去锈斑和陈旧的绝缘漆膜，重新涂上绝缘漆。

(3) 变压器分接开关接触不良。如果变压器分接开关接触不良，接触电阻过大而发热或局部放电导致变压器温度过高，可进行如下处理。

1) 观察是否负荷越大时温度升高越多。

2) 检查气体继电器，观察轻气体是否频繁动作发出信号。

3) 取油样化验，检查绝缘油是否变坏、闪点是否下降。

4) 停电后测量高压绕组的直流电阻是否发生变化。如确定为变压器分接开关接触不良，应吊芯修理分接开关；如系分接开关未就位，应将其就位。

如环境温度过高，通风条件恶化或变压器散热故障，亦可导致变压器温度过高。应根据情况减小负荷、改善通风条件或修理变压器。如变压器负荷电流过大且延续时间过长或三相负荷严重不平衡，或电源电压偏高或电源缺相，也可能造成变压器温度过高。应根据变压器的声音和仪表指示进行判断，并记录、报告上级和做相应的处理。

5.3.2 变压器的维护

1. 变压器的事故处理

(1) 变压器油故障。变压器油位过高将造成溢油；油面过低将造成气体继电器动作及其他危害。随着油温的变化，油位应在允许的范围内变化。如油位固定不变或与油温变化的规律不相符合，可判定为假油面。假油面是由于油标管堵塞、呼吸器堵塞或其他排气孔堵塞造成的。

处理假油面故障前，应将气体继电器跳闸回路解除。如油位过高，可适量放油；如油位过低，可适量补充油。如油位过低是由于大量漏油造成的，应停电修理。

发现变压器油油质变坏（油色加深或变黑、油内含有炭粒等）应停电处理。否则，一旦内部击穿放电，将造成严重事故。变质的油必须过滤、再生后方可重新使用。

变压器油温突然升高可能是由于内部故障或严重过负荷造成的。如果是内部故障，应停电检查、修理；如果是过负荷，可适当减轻负荷。

(2) 内部异常声响。变压器内部发出异常声响时应判断原因，再区别处理。

若发出“吱吱”或“噼啪”的放电声，可判断为接触不良或绝缘击穿；若发出“呱呱”声，可判断为大型设备起动或有较大谐波电流的设备起动及运行；如发出“嘤嘤”类的响声，可判断为紧固件松动或铁心松动；若发出沉重的“嗡嗡”声，可判断为严重的过负荷，或有短路电流流过变压器绕组，或一次电压过高，或一次电压不平衡；若发出强烈的放电声，可判断为铁心接地线断开导致铁心对外壳放电或绕组、引线对外壳过电压击穿放电；如发出忽粗忽细的异常声响，可判断为发生电磁谐振等。

如系变压器内部故障，应停电处理。

（3）变压器喷油或着火。变压器喷油表明变压器内部有十分严重的故障，表明内部发生了强烈的放电。为了防止事故扩大，必须立即切断变压器的电源。变压器内部短路、外部短路、严重过负荷、遭受雷击以及外部火源移近均可能导致着火。变压器着火可能引起变压器爆裂，导致燃着的油喷流，甚至可能酿成空间爆炸。发现变压器着火，必须立即切断电源，并采取紧急灭火措施。

2. 变压器故障及其处理

变压器故障主要发生在绕组、铁心、套管和分接开关等部位。最常见的故障是绕组故障。

（1）绕组绝缘老化。绝缘老化后，只要绕组受到振动或摩擦，绝缘即可能完全受到损坏，导致匝间短路或层间短路；同时，绝缘性能明显降低，遇过电压很容易发生击穿。

为了防止和减缓绝缘老化，应严格管理变压器的负荷，严格控制上层油温和温升。

（2）绝缘油变质和漏油。绝缘油变质表现为吸收水分和生成氧化物。当绝缘油含有0.1‰的水分时，其绝缘性能降低到干燥时的1/8。较高温度的油与空气接触还会产生带有酸性的氧化物，使铜、铝、铁和绝缘材料受到腐蚀，并增大油的介质损耗。为了防止绝缘油变质，呼吸器里的硅胶应保持状态良好；变压器的运行温度不应超过限值；还应定期取油样进行试验。

没有安装气体继电器的变压器漏油可能造成严重后果。如空气进入油箱，油会很快受潮和氧化；如铁心和绕组露出油面，其绝缘很快就会严重损坏；如油面降低至低于散热管上口，油温将急剧上升。对于装有气体继电器的变压器，漏油先导致气体继电器发出信号，继而导致气体继电器动作，断路器掉闸。

（3）分接开关故障。无载调压分接开关可能发生下列故障。

1）开关连接线连接不良或焊接不良。这时，如有大电流通过，将导致烧伤或脱焊。

2）开关接触不良而烧伤。触头弹簧压力不足，滚轮压力不匀使有效接触面积减小，触头镀银层磨损，以及接触处有油泥均可能导致接触不良。这时将导致严重发热乃至放电。

3）开关接线错误。这时，将造成二次边三相电压不平衡，影响用电设备的工作。如果二次绕组为三角形接线，还会在二次绕组里产生有害的环流。

4）开关相间击穿放电。由于开关相间距离不够，在过电压作用下可能发生击穿放电。

(4) 引线及套管故障。内引线焊接不良或外接线端子连接松动均可导致接头发热，严重者会导致接头烧毁和断路。外引线线间距离或对油箱距离不够，或引线固定不牢，在过电压或电磁力或风力的作用下，均可能发生短路。如变压器漏油，内引线暴露在空气中，套管内可能发生闪络。

套管损伤或套管过分脏污，沿套管外表面可能发生闪络。

(5) 磁路故障。变压器磁路有以下 3 种常见故障。

1) 铁心未接地或接地不良。这时，在绕组的作用下铁心上将产生一定的感应电压，并在铁心与油箱之间发生断续的火花放电，在油里产生炭质，致使绝缘油变质。

2) 铁心硅钢片之间的绝缘损坏或绝缘电阻降低。这时，将产生较大的涡流使铁心发热，加速绝缘的老化，严重的也会导致铁心局部熔化。

3) 铁心压紧螺栓、压板与硅钢片之间的绝缘损坏。这时，可能产生很大的涡流，导致铁心发热，严重的还会导致压板、铁心熔化，并使绝缘起火。这种故障的直接原因是螺栓的绝缘垫圈、绝缘套管损坏或压板与铁心之间的绝缘板损坏。

6.1 三相异步电动机概述

电动机是根据电磁感应原理，将电能转换为机械能的一种动力装置。现代的生产机械大都是由电动机来拖动的。可以说，电动机的应用十分广泛、种类异常繁多。掌握电动机的基本原理、懂得电动机的工作特性、熟悉电动机的使用与维护基本知识，确保电动机安全运行，是电工的重要职责之一。

6.1.1 主要技术参数

1. 额定电流 I_N

电动机的工作电流，指电动机额定运行时定子绕组的线电流值。实际的工作电流不能超过额定电流，否则电动机会过热烧毁。有时会给出两个 I_N 值，如10.6/6.2A，这分别表示△联结和Y联结时的 I_N 值。

2. 额定电压 U_N

电动机的使用电压，指电动机额定运行时应加在定子绕组上额定频率下的线电压值。一般3kW以下电动机为220V或380V，4kW以上电动机为380V。实际的电源电压不能偏高或偏低额定电压太多。电压偏低时，电动机力图保持转矩不变而使电流增加。电压允许波动的范围为−5%～+10%。

3. 额定功率 P_N

额定功率指电动机在额定运行条件下转轴上输出的机械功率（保证值），其单位为kW。

4. 额定转速 n_N

额定转速指电动机在额定频率、额定电压和输出额定功率时的转速。在额定电压和额定电流工作状态下电机应达到的转速，单位是转/分（r/min），如

1440r/min，2880r/min 等。

5. 额定温升 τ_N

额定温升指电动机在额定运行状态下运行时，电动机绕组的允许温度与周围环境温度之差，单位为摄氏度（℃）。国家标准规定环境温度为40℃。

6. 功率因数 $\cos\varphi$

电动机的有功功率和视在功率之比，Y系列电动机为0.7～0.9。

7. 效率 η

电动机满载运行时，其输出的机械功率与输入的电功率之比，Y系列电动机为75%～90%。

8. 绝缘等级

绝缘等级指电动机内部所有绝缘材料所具备的耐热等级。它规定了电动机绕组和其他绝缘材料可承受的允许温度。绝缘材料的耐热分级见表6-1。

表6-1　绝缘材料的耐热分级

级别	Y级	A级	E级	B级	F级	H级	C级
允许工作温度	90℃	105℃	120℃	130℃	155℃	180℃	180℃以上
主要绝缘材料举例	纸板、纺织品、有机填料、塑料	棉花、漆包线的绝缘	高强度漆包线的绝缘	高强度漆包线的绝缘	云母片制品、玻璃丝、石棉	玻璃、漆布、硅有机弹性体、石棉布	电磁石英

目前，我国按新标准生产的电动机，如Y系列等均已采用B级绝缘材料。

6.1.2　分类与型号

1. 分类

电动机的种类很多，可以有多种不同的分类方法。按电流的性质分，有直流电动机和交流电动机两大类。交流电动机可分为同步电动机和异步电动机，其中异步电动机又称为感应电动机，根据其结构的不同又分为笼型和绕线型；根据其所接电源相数的不同，还可分为单相电动机和三相电动机。

由于异步电动机具有结构简单、运行可靠、维护方便、坚固耐用、价格便宜，并且可以直接接于交流电源等一系列优点，所以，在各行各业的应用极为广泛。虽然其功率因数较低、调速性能较差，但大多数生产机械对调速性能要求不高，而功率因数又可采用适当的方法予以补偿。本章主要介绍最为常见的三相异步电动机。

2. 型号

异步电动机已经过三次全国统一设计，1953 年统一设计 J、JO 系列，1958 年统一设计 J2、JD2 系列，1980 年统一设计 Y 系列，目前正在统一设计 YZ 系列。

三相异步电动机型号的表示格式如图 6 - 1 所示。

部分字母的含义如下。

电动机种类代号：Y——小型三相异步电动机，YB——隔爆型，YX——高效率型，YR——绕线式三相异步电动机，YZ、YZR——冶金、起重用鼠笼、绕线异步电动机。

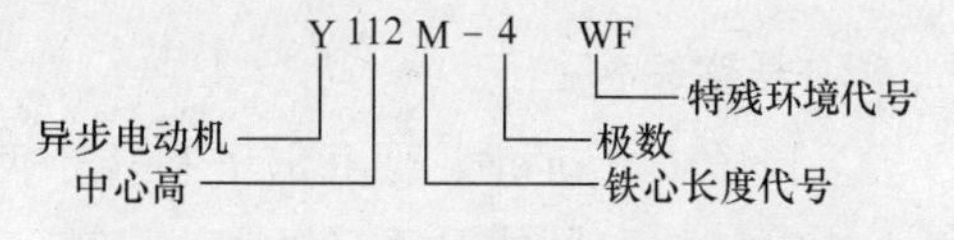

图 6 - 1 三相异步电动机型号的表示格式

铁心长度代号：S、M、L——分别表示短、中、长。

特殊环境代号：W——户外型，F——防腐蚀型。

6.1.3 原理与结构

1. 工作原理

为了使电动机旋转起来，异步电动机也需要建立磁场，异步电动机定子三相绕组建立的磁场是旋转的，称旋转磁场。

与直流电动机一样，异步电动机的转子绕组中也必须有电流流过转子才能旋转起来。不同的是，直流电动机转子绕组中的电流是外加电压产生的，而异步电动机转子绕组中的电流是由旋转磁场感应产生的。

异步电动机的工作原理是这样的：给定子的三相绕组加上三相交流电压，绕组中的三相电流产生了旋转磁场。设旋转磁场顺时针方向旋转，则转子相对于磁场沿逆时针方向旋转。故转子绕组切割了磁力线，闭合的绕组内产生了感生电流。这时转子相当于载流导体，载流导体在磁场中会受到力（安培力）的作用，力矩使转子转动起来。

当三相异步电动机正常运行时，转子转速行将永远小于旋转磁场的同步转速 n_1。因为如果 $n=n_1$ 时，转子转速与旋转磁场的转速相同，转子导体将不再切割旋转磁场的磁力线，因而不会产生感应电动势，也就没有电流，电磁转矩为零，电动机将不能转动。由此可见，n 与 n_1 的差异是产生电磁转矩，确保电动机持续运转的重要条件。因此称其为异步电动机。由于三相异步电动机的转动是基于电磁感应原理而工作的，所以又称其为三相感应电动机。

旋转磁场转速 n_1 与转子转速 n 之差（n_1-n），叫作转差。

转差与同步转速之比的百分数就称为转差率。三相异步电动机的转差率一

般用S来表示，即

$$S=\frac{n_1-n}{n_1}\times 100\% \qquad (6-1)$$

转差率是分析三相异步电动机运行特性的一个重要数据。电动机起动时，$n=0$，$S=1$；同步时，$n=n_1$，$S=0$；电动机在额定条件下运行时，其转差率$S_e=0.02\sim0.06$。

2. 基本结构

三相异步电动机主要由定子和转子两大部分组成。定子和转子之间有一个很小的空气隙。另外，还有机座、端盖、风扇等部件。

常用的三相异步电动机的外形及其零部件如图6-2所示。

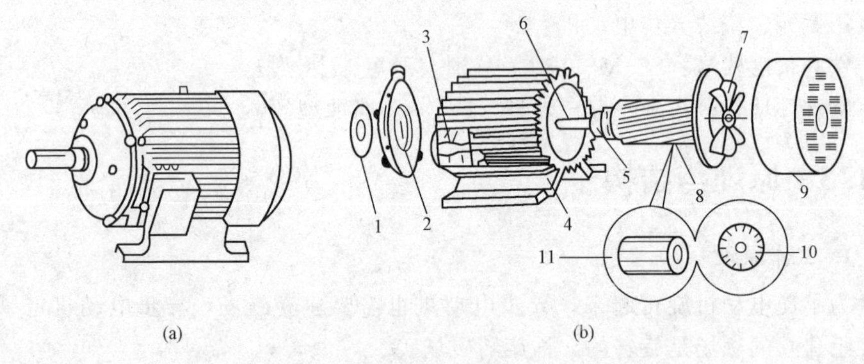

图6-2　三相异步电动机的结构

(a) 外形图；(b) 结构部件图

1—轴承盖；2—端盖；3—接线盒；4—机座；5—轴承；6—转子轴；
7—风扇；8—转子；9—风扇罩壳；10—转子铁心；11—笼型绕组

(1) 定子部分。定子由定子铁心、定子绕组和机座三部分组成。

定子铁心是电动机磁路的一部分，由0.35～0.5mm厚的硅钢片叠成，片之间有绝缘，以减少涡流损耗。定子铁心的内绝缘开有凹槽，以嵌放定子绕组。较大容量的电动机，其定子铁心沿轴向分段，段和段间设有径向通风沟，以利于铁心的散热。

定子绕组是电动机的电路部分，由绝缘的漆包线或丝包线（圆线或扁线）绕制，并嵌放于定子铁心的凹槽内，以槽楔固定。绕组间以一定规律连接并构成三相绕组。三相的引出线分别用U1、U2、V1、V2、W1、W2来标注，下角注1、2分别为各相的首、末端。这六根引线引至接线板上，根据使用需要，通过联接片可将三相绕组作“Y”形或“△”形连接，如图6-3所示。机座是用来固定并保护定子铁心和定子绕组、安装端盖、支撑转子及其他零部件的固定部分。另外，机座还能起到热量传导和散发热能的作用。它一般由足够强度和刚度的铸铁制造。

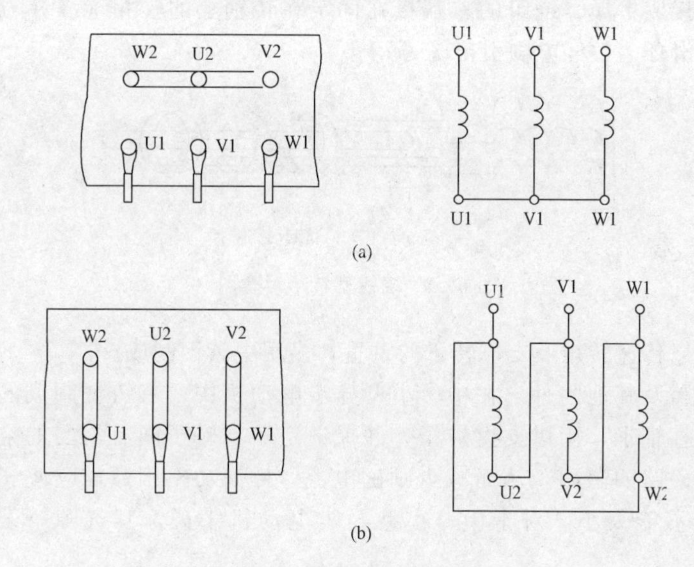

图 6-3　三相绕组引出线接法

(a)“Y”联结；(b)“△”联结

(2) 转子部分。三相异步电动机的转子有笼型和绕线型两种形式。它们都是由转子铁心、转子绕组和转轴三部分组成。

转子铁心也是由硅钢片叠成的，是电动机磁路的一部分。转子铁心用厚0.5mm 的硅钢片叠压而成。硅钢片外圆冲有均匀分布的槽孔，用来安置转子绕组。小型异步电动机的转子铁心直接压装在转轴上，而大、中型异步电动机(转子直径 300～400mm 以上) 的转子铁心则借助于支架装在转轴上。为了改善电动机的性能，笼型异步电动机转子铁心都采用斜槽结构 (转子槽与电动机转轴的轴线扭斜了一个角度)。

转子绕组的作用是切割定子磁场，产生感应电动势和电流，并在旋转磁场的作用下受力使转子转动。按照构造，转子分为笼型转子和绕线型转子。

笼型转子在槽内嵌放裸导体，其两端分别焊接在两个铜环上 (端环)，这种转子绕组状似鼠笼，故称之为笼型转子。中、小型笼型电动机采用铸铝转子。这种转子采用的是离心铸铝法，用熔化了的铝水将转子笼条、短路环、内风扇叶片浇铸成一个整体。大、中型电动机常采用铜条转子。这种转子是在转子铁心槽内放置没有绝缘的铜条，并将铜条的两端用短路环焊接成一个整体。为了提高电动机的起动转矩，大容量异步电动机采用双笼转子或深槽转子。双笼转子的外笼采用电阻率较大的黄铜，内笼采用电阻率较小的紫铜条。深槽转子的导条为狭长的导体。

绕线型转子的绕组是与定子绕组类似的对称三相绕组。如图 6-4 所示，三相转子绕组接成星形。绕组的首端接在固定在转轴上的互相绝缘并与转轴绝缘的三个铜制滑环上，经电刷引出。

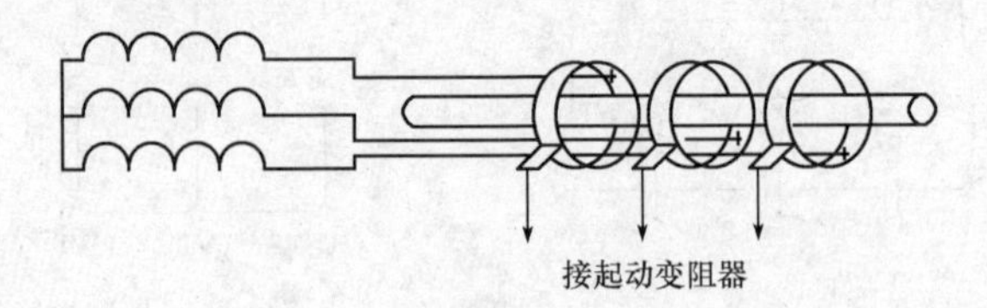

图 6-4　绕线型转子示意图

转轴用以传递转矩及支撑转子的重量，多用中碳钢制成。

(3) 端盖及其他附件。在中、小型异步电动机中，有铸铁制成的端盖，内装滚珠或滚柱轴承，用以支撑转子，并保证定子与转子间有均匀的空气隙。为了减少电机磁路的磁阻，从而减少励磁电流，提高功率因数，应使气隙尽可能的小，但也不能太小。对于中、小型异步电动机来说，其气隙一般为 0.2～2mm。

为使轴承中的润滑脂不外溢和不受污染，在前后轴承处均设有内外轴承盖。

封闭式电动机后端盖外，还装有风扇和外风罩。当风扇随转子旋转时，风从风罩上的进风孔进入，再经散热筋片吹出，以加强冷却作用。

6.1.4　工作特性与机械特性

1. 工作特性

异步电动机的工作特性是指在额定电压和频率下，电动机的转速 n、定子电流 I_1、电磁转矩 T、功率因数 $\cos\varphi$、效率 η 和输出功率 P_2 的关系，关系曲线如图 6-5 所示。

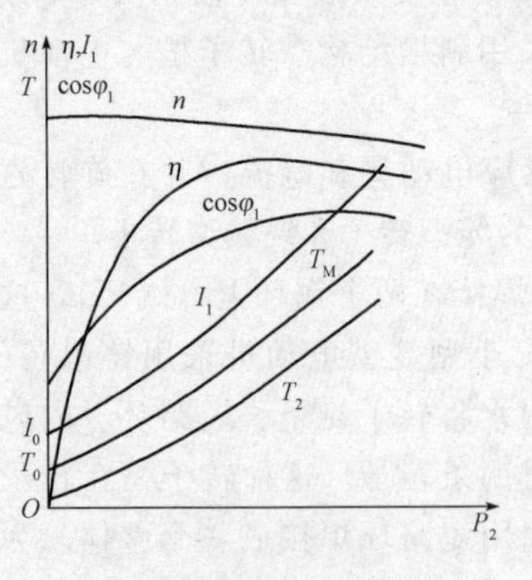

图 6-5　异步电动机的工作特性

(1) 转速特性。电动机的转速 n 在空载时最高，在从空载到满载的过程中下降不多，转速特性是一条略微向下倾斜的曲线。

(2) 定子电流和电磁转矩特性。定子电流 I_1 和电磁转矩 T 在电动机空载时最小，分别为 I_0 和 T_0，在从空载到满载的过程中几乎随输出功率 P_2 成正比增加。

(3) 功率因数特性。电动机空载时，定子电流基本上是励磁电流，功率因数 $\cos\varphi$

很低、小于0.2；负载增加后 $\cos\varphi$ 逐渐提高、在接近额定负载时最大；之后又缓慢下降。

(4) 效率特性。电动机效率 η 在空载时为零；负载增加后 η 逐渐提高，最大效率发生在（0.7～1.0）P_N 范围内；之后又缓慢下降。

2. 机械特性

机械特性是转速与转矩的关系。可以证明，异步电动机转速与转矩的关系近似为

$$T \approx C_m U^2 \frac{sr_2}{r_2^2 + (sx_{20})^2} \tag{6-2}$$

式中 T——异步电动机转矩；

C_m——取决于电动机结构的常数；

U——电源电压；

s——转差率；

r_2——转子绕组每相电阻；

x_{20}——转子堵转时的每相电抗。

按上式绘制的异步电动机的机械特性如图6-6所示。

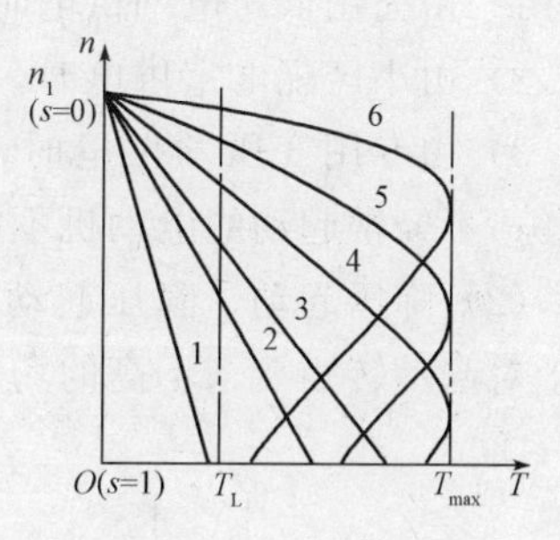

图6-6　异步电动机的机械特性

其特点是：转矩与电压的平方成正比；s 很小时，T 大致与 s 成正比，s 接近于1时，T 大致与 s 成反比。转矩的最大值 T_{max} 称最大转矩，相应的转差率 s_m 称临界转差率。$s=1$ 时的转矩称堵转转矩。还可以证明，异步电动机的最大转矩与转子电阻无关，但随着转子电阻增大，临界转差率也增大。

图6-6中，第1条曲线转子电阻最大；第6条曲线转子电阻最小。图中，T_L 是负载转矩。绕线型电动机就是利用改变转子外接电阻来实现平稳起动和调速的。

6.2　三相异步电动机的起动与制动

6.2.1　三相异步电动机的起动

三相异步电动机接通三相交流电源后，转速由零逐渐加速到稳定转速的过程称为起动。下面介绍笼型异步电动机和绕线式异步电动机的起动。

1. 笼型异步电动机的起动方式

笼型异步电动机的起动方式有两类：一类是直接起动；另一类是降压起动。

（1）直接起动。直接起动又称为全压起动，是将电动机的定子绕组直接接到额定电压的电源上起动。

直接起动的优点是方法简单、操作方便、设备简单、起动转矩较大、起动快；其缺点是起动电流大、造成电网电压波动大，从而影响同一电源供电的其他负载的正常运行。影响的程度取决于电动机的容量与电源（变压器）容量的比例大小。一台异步电动机能否直接起动与以下因素有关。

1）供电变压器容量的大小。

2）电动机起动的频繁程度。

3）电动机与供电变压器间的距离。

4）同一变压器供电的负载种类及允许电压波动的范围。

综合上述因素，各地电业部门对允许直接起动的电动机容量均有相应的规定。《北京地区电气安装标准》中规定如下。

1）由公用低压电网供电时，容量在10kW及以下者，可直接起动。

2）由小区配电室供电时，容量在14kW及以下者，可直接起动。

3）由专用变压器供电时，经常起动的电动机起动瞬时电压损失值不超过10%；不经常起动的电动机不超过15%，可直接起动。

（2）降压起动。降压起动减小了起动电流，但起动转矩也减小了，故只适用于对起动转矩要求不高的场合。降压起动有下列几种方法。

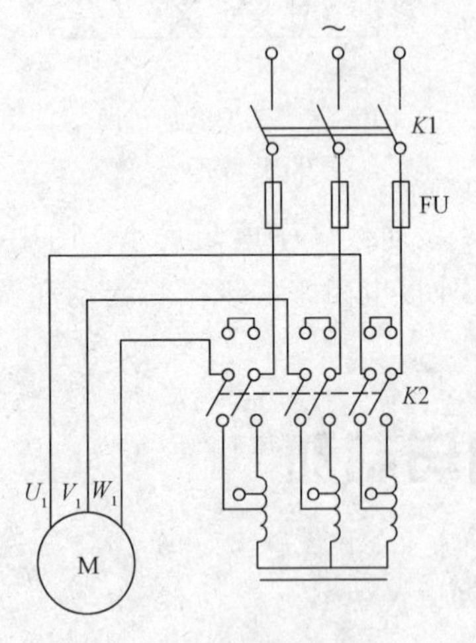

图6-7 自耦减压起动电路原理图

1）电阻或电抗法。起动时在定子电路中串入电阻或电抗器，起动后将其切除。电阻法消耗电能，电抗法功率因数低，均较少采用。

2）自耦减压起动。自耦减压起动即通常所说的补偿起动器。它实际上就是利用自耦变压器降压起动，如图6-7所示。起动时，先合上开关K1，再将开关K2合在“起动”位置，通过自耦变压器把电压降低，使电动机在较低电压下起动，待转速接近额定转速时，再将开关K2合向“运转”位置。这时，电动机与自耦变压器脱离，在额定电压下工作。

自耦变压器备有不同的电压抽头，如80%、65%的额定电压，以供用户选择不同的起动电压。

自耦减压起动方式的优点是起动电压的大小可通过改变自耦变压器的抽头来调整。正常运行时Y接法或△接法的电动机均可采用，其缺点是结构复杂、价格昂贵，不允许频繁起动。自耦减压起动一般适用于起动转矩要求较大的场合。

常用的自耦减压起动器有：QJ2、QJ3系列。QJ2自耦减压起动器通常有3个抽头，电压等级为73%、64%和55%，控制电动机的容量为40～130kW；QJ3自耦减压起动器抽头有80%和65%两种，控制电动机的容量为10～75kW。

3）Y—△减压起动。起动时将SA置于起动位置，此时电动机作Y联结，绕组承受的电压较低，自然起动电流较小。电动机转速升高后将SA倒向运行位置，使电动机作△联结。如图6-8所示，适用于正常运转时作△联结的电动机。

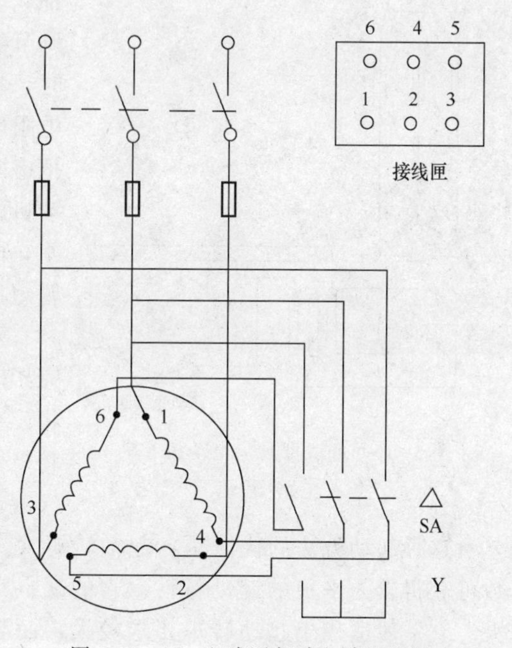

图6-8　Y—△减压起动电路原理图

Y—△起动方法的优点是起动设备的费用小，起动过程中没有电能损失，但起动转矩只有直接起动的$\frac{1}{3}$，是常采用的方法。现在，Y系列、4kW以上的三相异步电动机都设计成Y联结，以便采用Y—△法起动。能够采用Y—△起动的电动机另外一个优点是：当负载不超过额定值的30%～40%时，可以将电动机改为Y接法，这样励磁电流和铁损都能大大降低，节省了电能。

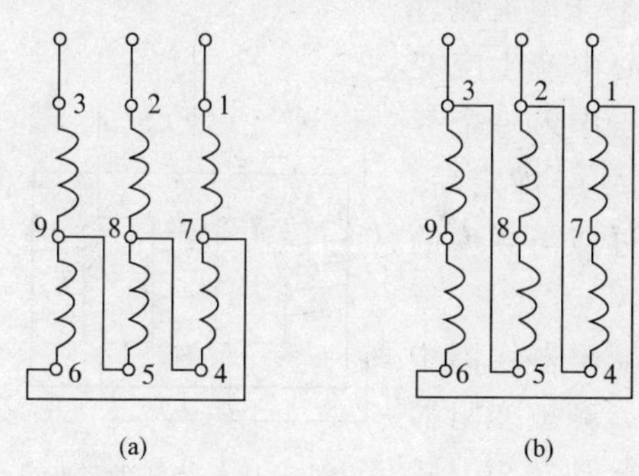

图6-9　延边三角形减压起动电路原理图

(a) 起动；(b) 运行

常用的Y—△起动器有：QX2、QX3和QX4系列，QX2是手动型，后两种由交流接触器、热继电器、时间继电器等组成，能实现自动操作，并有过载延时、失电压、欠电压保护作用。

4）延边三角形减压起动。笼型电动机介于Y—△起动和直接起动之间的减压起动方式。如图6-9所示，起动时三相绕组接成局部三角形，运行时接成全三角形。这种电动机的每相绕组必须引出 3 个端子。

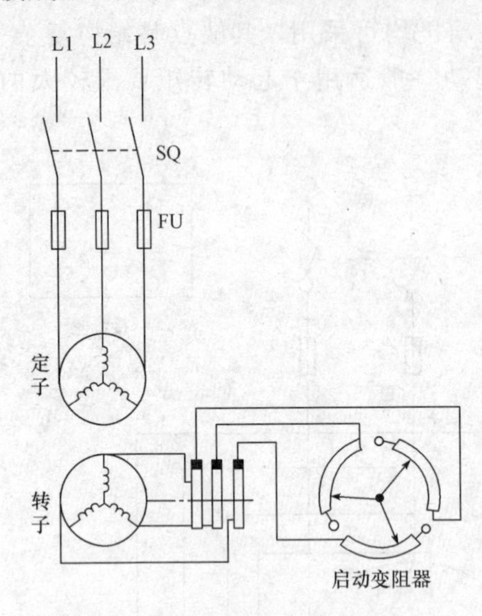

图 6-10 绕线型异步电动机起动电路图

2. 绕线型异步电动机的起动方式

（1）转子电路中串联变阻器起动。这种起动方式是在转子电路中串联一组可以调节的电阻器（又称起动变阻器）。起动时，将电阻调整到最大值，也就是将全部电阻串入转子电路中，然后再通过控制器把电阻逐级短接以减小电阻值，来增加电动机的转速。起动终了时，电阻器全部切除，此时电动机的转子绕组可通过短接装置短接，如图 6-10 所示。

对于具有提刷装置的电动机，在起动完毕时应扳动手柄，将电刷提离滑环，并将三个滑环短接。停机后，应扳动手柄，将电刷放下，接入全部起动电阻，以备下次起动。

这种起动方法的优点是：起动转矩大、起动电流小，通过增加电阻的分段数可获得较为平稳的起动特性。它的缺点是控制线路较为复杂、维护工作量较大。它一般适用于起动转矩要求较大，而起动电流要求比较小的生产机械的拖动场合。

（2）转子电路中串联频敏变阻器起动。频敏变阻器的外形和一个无副边绕组的三相变压器相似。它由几片或几十片较厚的钢板叠成的铁心和绕在铁心上的线圈组成。三相线圈接成星形，起动时串联在转子电路中，如图 6-11 所示。电动机起动时，转子电流流过频敏变阻器的线圈，在频敏变阻器的铁心中产生交变磁通和铁损，铁损反映到转子电路相当于串入一个等效电阻。铁心的材料、几何形状和尺寸一经确定后，铁损的大小就决定于转子电流的频率，近似与频率的平方成正比。

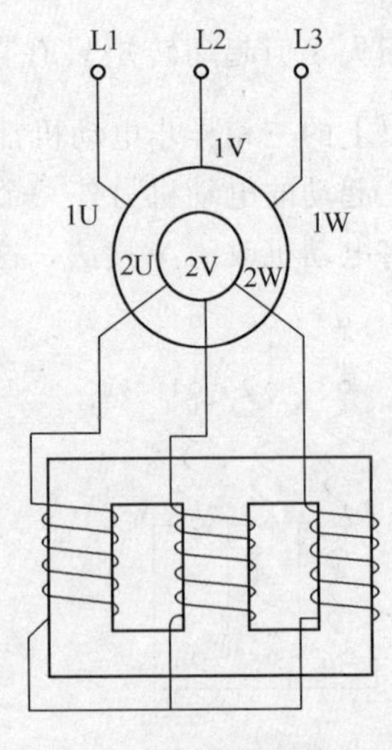

图 6-11 绕线型异步电动机

电动机开始起动时转子电流（频敏变阻器线圈中通过的电流）频率最高，等于电源频率，频敏变阻器的阻抗最大，限制了起动电流，提高了起动转矩。随着电动机转速的升高，转差率减小，转子电流频率逐渐降低，频敏变阻器的阻抗也逐渐降低，这样做的效果在电阻起动法中逐段把起动电阻切除一样。起动完毕后频敏变阻器从转子电路中被切除，使转子绕阻短接。

这种起动方式有接近于恒力矩的起动特性，其优点是可实现无触点起动，减少控制元件，简化控制线路，降低初投资，减轻维护工作量，起动平稳以及加速均匀等。其缺点是频敏变阻器的电抗增加了转子电路的漏电抗，使 $\cos\varphi_2$ 减小，故起动转矩较串电阻起动方式起动时要小。它可以在很多场合代替转子串电阻的起动方式，应用极为广泛。常用的频敏变阻器是 BP 系列产品。

3. 三相异步电动机的起动注意事项

（1）电动机的起动与停机均应严格遵守操作规程，操作步骤不得颠倒。

（2）新安装或检修后初次投入运行的电动机，应检查电动机的转向是否正确。对要求固定转向的设备，应先将电动机的转向试好，再安装设备。

（3）合闸起动后，如电动机不转或转速过低时，应迅速切断电源，查找原因、排除故障。

（4）电动机起动后，应检查电动机、传动装置及生产机械有无异常现象，电压表、电流表的读数应正常。

（5）几台电动机由一台变压器供电时，不得同时起动，应按照由大到小一台一台起动的原则来进行。

（6）必须严格限制电动机的连续起动次数。

6.2.2　三相异步电动机的制动

交流电动机断电以后，由于惯性作用仍要运转一段时间才能停转。某些生产机械要求电动机能迅速停转，以提高生产率和防止事故，为此需要对电动机进行制动。制动的方法有能耗制动、发电制动和反接制动。

1. 能耗制动

能耗制动的过程是，电动机电源切断——给定子绕组通直流电流——在直流电流产生的静止磁场的作用下，仍在旋转的转子绕组中产生感应电流，转子成为了载流导体——载流导体在静止磁场的作用下产生旋转力矩，力矩的方向与转子按惯性转动的方向相反，所以起到了制动作用，如图 6-12（a）和（b）所示分别为绕线型和笼型电动机能耗制动的接线图。

在定子绕组接通直流电源时，直流电流就在定子铁心内产生一个固定方向的磁场，转子因惯性在磁场内旋转，并在转子导体中产生感应电动势，从而有感应电流流过，其方向由右手定则判定，如图 6-13 所示。

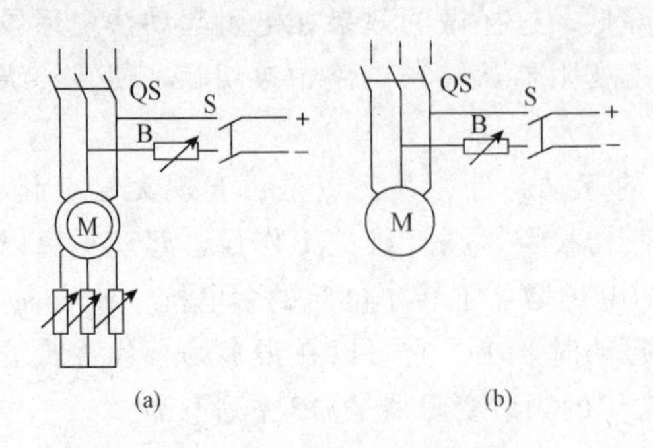

图 6-12　异步电动机能耗制动接线图
（a）绕线型；（b）笼型

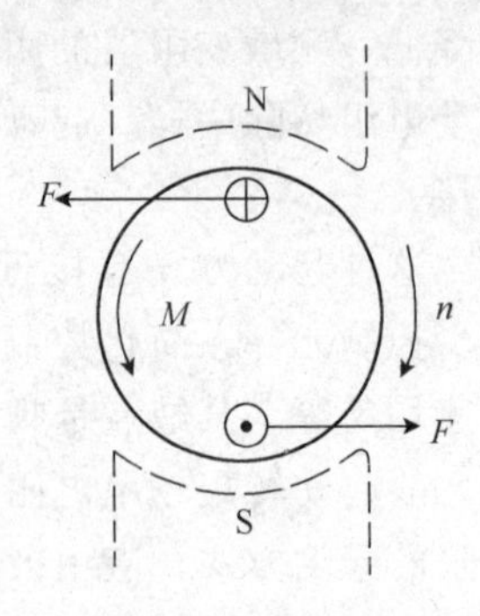

图 6-13　能耗制动原理图

这种制动方法的优点是能耗小，可以准确停车。其缺点是需要另设直流电源。这种方法一般适用于容量较大、制动频繁或要求准确停车的场合。

2. 发电制动

发电制动又可称为再生制动，当电动机的转速高于其定子产生的旋转磁场转速时，起重机吊起的重物下降时就会产生这种情况，此时电动机处于发电机状态，转子成为载流导体，载流导体受旋转磁场的作用产生反旋转方向的制动力矩，对电动机起到了制动作用。

3. 反接制动

反接制动分为转速反向和电源反接两种方式。

（1）转速反向的反接制动。转速反向的反接制动方式一般用于绕线型电动机。当放下重物时，保持电源相序不变，也就是使旋转磁场和电磁转矩方向仍为提升重物方向。但应加大转子回路电阻，改变其机械特性。当电动机 $n=0$ 时的转矩小于负载转矩时，电动机在重物的位能下逆转，转速为负，重物下放。当下放速度达到一定时，电磁转矩与负载转矩平衡，转速稳定，以匀速下放重物。改变转子电路所串电阻的大小，就可以改变下放速度，电阻越大，下放速度越快。

这种制动方式的优点是可低速下放重物，而其缺点是能耗大。常用于采用绕线型电动机且需要匀速下放重物的场合。

（2）电源反接的反接制动。电动机有制动要求时，将电源的任意两相对调，就可以立即使电动机的旋转方向改变，转子由于惯性仍保持原来的转动方向。这时转子感应电动势和电流方向改变，因此电磁转矩的方向也随之改变，变为与转子旋转方向相反，起到制动作用，从而使电动机迅速停车。

这种制动方式对于两种不同结构的电动机都适用。当用于笼型电动机时，为限制制动转矩和电流，常用定子绕组两相串联电阻的方法。当用于绕线型电动机时，在制动时在转子回路串联一定的电阻，可以使得制动迅速且平稳。这种制动方式的优点是制动转矩大、制动迅速；其缺点是转速接近于零时应迅速切断电源，否则电动机会反转。当然，这可由速度继电器来控制。当速度接近于零时，继电器动作，使电路断开。常用于需要正反转的机械。

6.3 三相异步电动机的选择与运行

6.3.1 三相异步电动机的选择

1. 结构的选择

笼型电动机的转子绕组是笼状短路绕组，结构简单、工作可靠、维护方便，但起动性能和调速性能差。笼型电动机广泛用于各种机床、泵、风机等多种机械的电力拖动，是应用最多的电动机。

绕线型电动机转子结构比笼型电动机较为复杂，加之有电刷与滑环的接触使得可靠性较低，但绕线型电动机的起动及调速性能较好。绕线型电动机主要用于起动频繁，控制要求较高场合，如起重机、电梯、空气压缩机及一些冶金机械。

2. 功率的选择

电动机的功率选择，应考虑到机械传动时的功率损失，并留有一定余地。配用电动机的功率应略大于机械负载的功率。

电动机功率选择得太小，会导致电动机电流过大，绝缘会过热损坏；电动机功率选择得太大，不仅增加投资费用和电动机空载损耗，而且电动机功率因数和效率均降低。一般感应电动机的效率和功率因数随负载率的变化情况，见表6-2。可以看出电动机轻载运行时，效率和功率因数均会降低。

表6-2　感应电动机负载率和功率因数、效率的关系

电动机负载率	空载	0.25	0.5	0.75	1
功率因数	0.20	0.50	0.77	0.85	0.89
效率	0	0.78	0.85	0.88	0.875

3. 转速的选择

电动机的转速，要与它拖动的机械转速相匹配，电动机的转速越低，起动转矩越大，体积也越大，价格就越贵。一般情况下以4极电动机用得较多，它的转速在1500r/min左右，适应性强，功率因数和效率都较高。

4. 防护等级的选择

应当根据环境条件选用相应防护等级的电动机。例如，多尘、水土飞溅或火灾危险场所应选用封闭式电动机；爆炸危险场所应选用防爆型电动机等。

5. 防护形式的选择

电动机按安装位置的不同，分为卧式和立式两种。卧式电动机的轴是水平安装的，这种方式应用的比较普遍，只有极少数采用轴垂直于地面的立式电动机。

(1) 防护式。防护式电动机外壳有通风孔，两侧通风孔上有遮盖，可防止水滴、铁屑、砂粒等物从上面或与垂直方向成45°以内掉入电动机内部，但不能阻止灰尘、潮气入侵。它通风良好、价格便宜，又有一定防护能力，凡是干燥、灰尘不多及没有腐蚀性和易爆性气体的地方均可以选用。

(2) 开启式。开启式电动机带电部分和旋转部分没有任何遮盖。散热条件好，但使用时不安全，故很少使用。

(3) 封闭式。封闭式电动机的定转子绕组都装在一个封闭的机壳内，机壳上有散热的片状凸起，轴的另一端上装风叶，用罩子从一端罩住，电动机旋转时带动风叶，风吹拂散热片冷却电机。它能防止水滴和杂物侵入电动机，潮湿空气和灰尘也不易侵入，适于在尘埃较多、水土飞溅及潮湿环境下选用。

6.3.2 三相异步电动机的运行

1. 三相异步电动机的保护

(1) 短路保护。短路保护应满足下述要求：当电动机端子处发生相间短路或在中性点直接接地系统中发生单相接地短路时，保护装置应尽快切断故障电路；对电动机正常工作引起的过电流，如起动过电流保护装置不应误动作。

原则上，每台电动机都应单独装设保护电器，只有在总电流不超过20A时才允许多台电动机共用一套保护电器；每相主回路中及控制回路中都应装设保护电器。

能实现短路保护的电器有熔断器、装有瞬时动作脱扣器的断路器和过流继电器。500V以下的低压电动机一般采用熔丝或断路器进行短路保护。采用熔丝时，如果只有一项电路的熔丝熔断则会造成电动机缺相运行，采用断路器实行无熔丝保护能避免这个缺点，但是费用稍高。对于功能较大的重要电动机可采用过流继电器作用于断路器或接触器，作用于接触器时要注意接触器的最大分断电流应大于短路电流。

对于短路保护电器的参数选择应遵循以下几点。

1) 单台直接起动的笼型电动机，取熔丝的额定电流等于电动机额定电流的

2～3.5 倍。

2）多台直接起动的笼型电动机，取总熔丝额定电流等于最大一台电动机额定电流的2～3 倍，再加上其余电动机额定电流的总和。

3）绕线型电动机，取熔丝的额定电流大于或等于电动机额定电流的1.25 倍。

4）降压起动的笼型电动机，取熔丝的额定电流等于电动机额定电流的1.5～2 倍。

5）取断路器和过电流继电器的整定电流为电动机起动电流的 1.35 倍（脱扣器的动作时间大于 20ms 时）或 1.7～2 倍（脱扣器的动作时间小于 20ms 时）。

（2）过电流保护。运行中的电动机有时会出现过电流现象。其主要原因有：电网电压太低；机械负荷过重；起动时间过长或电动机频繁起动；电动机缺相运行；机械方面故障。

短时间的过载不会造成电动机的损坏，较长时间的持续过载会损坏电动机的绝缘以致将电动机烧毁。因此，必须采取过载保护措施。对过载保护装置通常采用热继电器来实现。用来对电动机进行过载保护的热继电器，其动作电流值一般按电动机的额定电流整定。在室温为 35℃条件下，过载 120％时热继电器在 20min 内动作，过载 150％时 3min 内动作，过载 600％～1000％则瞬时动作。断路器的动作电流整定为电动机额定电流的 1.1 倍。过流继电器的动作电流整定为电动机的额定电流。

（3）失电压保护。运行中的电动机电压过低时，由于电动机的电磁转矩与电压的平方成正比，所以，电动机的转速将下降，而电流必然大大增高，长期运行电动机也将因过热而烧毁。因此，在电网电压过低时，应及时切断电动机的电源。同时，当电网电压恢复时，也不允许电动机自行起动，以防发生设备事故和人身事故。为此，电动机通常应配有失电压保护装置。

使用接触器控制电动机时，即具有失电压保护功能。

2. 三相异步电动机的故障

（1）温升过高。

1）电动机绕组匝间短路、相间短路、端子短路或接地短路时，短路电流使绕组发热剧增造成温升过高。

2）电动机铁心短路，涡流损耗使铁心发热剧增。

3）电动机起动过于频繁由于起动电流大而使发热增加。

4）电动机严重过载由于电流过大。

5）电动机电气接触不良或接触压力不够或接线端子松动使连接部位发热增加。

6）电源电压过高或过低使电动机发热增加。

7）电动机散热机构故障或环境温度过高。

8）轴承损坏或缺油、转动部分与固定部分摩擦或撞击、风扇故障或电动机机械性堵转使轴承等部位发热增加。

9）三相电动机缺相运行时另两相电流增大使发热增加，如处在堵转状态则电流剧增。

（2）运行声音异常。

1）若电动机发出较大的低沉的“嗡嗡”声，可初步判断为电动机缺相运行；如声音较小，则可能是电动机过载运行。

2）若轴承部位发出“咝咝”声，可能是轴承缺油。

3）若轴承部位出现“咕噜”声，可能是轴承损坏。

4）若电动机发出较易辨别的撞击声，一般是机盖与风扇间混有杂物或风扇故障。

5）若电动机出现刺耳的碰擦声，说明电动机可能有扫膛现象。

6）若电动机出现低沉的吼声，可能是电动机的绕组有故障，或出现三相电流不平衡。

（3）内部冒烟起火。

1）电源电压过高或过低。当电源电压过高时，可能导致定子铁心磁饱和，电流激增，从而使电动机过热，严重时有可能起火冒烟；当电源电压过低时，也会引起电动机过热，严重时也会起火冒烟。

2）当电动机过载时，电流增大，导致电动机绕组过热，绝缘受到损害。

3）星形接法的电动机将会使得其两相电流增加；而三角形接法的电动机也将造成一相电流的增加，使绕组过热，甚至起火冒烟。

4）电动机转子与定子相擦（扫膛），这时有部分绕组将发热甚至冒烟，在绕组上可看到有楔子烧焦的现象或定子与转子之间有火花迸出。

5）转子铜条松动或接地，会使转子发热比较严重，甚至有可能引起冒烟起火。

6）在接线时误将星形接法的绕组接成了三角形。这时不论负载大小，电动机均会出现过热现象，甚至起火冒烟；如将三角形接法的电动机误接成星形时，在空载的状态下电动机不会出现过热，而一旦加上负载后，电动机温度将迅速升高，甚至起火冒烟；如果将电动机的一相绕组反接，那么电动机温度将急剧升高，甚至起火冒烟。

7）定子绕组短路或一相接地，转子绕组接头松脱机械卡阻时，电动机就会出力不足，转速下降，甚至起火冒烟。

（4）电刷冒火或滑环烧损。

1）电刷牌号不符。

2）电刷选择不当或质量低劣。

3）电刷的压力过大或过小。

4）电刷与引线的接触不良。

5）滑环表面不平，有砂眼、麻点。

6）检修质量不高或刷握调整不当。

7）维护不当，长期未清扫，滑环表面有污垢。

（5）不能起动或转速下降。

1）电源缺相或电压过低。

2）电动机选择不当，如笼型电动机就不能用来起动惯性大或静阻力矩大的机械。

3）定子绕组有短路故障，可能导致电动机起动转矩过小。

4）接线错误。误将三角形接法的电动机接成了星形或一相绕组的首末端反接，这时电动机就会出现发热的现象，也可能会起动困难甚至起火冒烟。

5）绕线型电动机的转子断线或接头松脱，还有滑环与电刷接触不良，因为这时电动机的起动转矩过小。

6）机械阻力矩过大或有卡阻、转动不灵活或根本不能转动。

7）联轴器校正不好或皮带过紧。

8）选用自耦减压起动时其抽头选得太低。

9）转子断条或者是定子与转子相擦，起动困难甚至不能起动。

（6）三相电流不平衡。

电源电压不平衡、定子绕组匝数错误、接线错误或有短路故障均会造成三相电流不平衡。

1）电源电压不平衡，会导致电动机三相电流不平衡。

2）熔断器、接触器或起动器的主触头以及主回路的连接点接触不良或有断开点。

3）当电动机每相绕组的几条并联支路的一条或几条断路，将造成三相阻抗不相等，从而引起三相电流的不平衡。最为严重的断线是一相断线或一相熔丝熔断所造成的电动机缺相运行。这时其余两相绕组电流增加很多，转速下降，一旦停机便不能再次起动，因此必须停机检查。

4）如单相绕组短路或相间短路时，短路电流很大，熔丝将熔断，但如不熔断时就有可能使得绕组过热而烧毁。一般只有在匝间短路情况下，熔丝才不熔断。应当引起注意的是，三相电流不平衡，被短路部分的绕组会发热，长期下去有可能使故障扩大，因此必须停机检查处理。

（7）外壳带电。

1）电动机漏电或绝缘电阻大幅度降低。

2）电动机的相线碰壳。

3）电动机未接保护线。

（8）电动机振动。

1）电动机基础不平或稳固不好。

2）联轴器装配不正或机械平衡不良。

3）轴弯曲、转子不直或轴承损坏等引起扫膛。

4）风扇叶损坏或松脱。

5）所拖动负载的振动传递给电动机。

运行中的电动机，当发生上述情况时，应立即断开电源，找出具体问题所在，及时进行处理。

3. 三相异步电动机的维护

搞好电动机的维护对减少故障、延长寿命和保障安全使用有重要意义，不可忽视。三相异步电动机的维护可从以下几个方面入手。

（1）注意防潮，特别是雨季。电动机受潮后，其绝缘性能会明显降低。确定电动机是否受潮可用兆欧表（摇表）测量各相之间和各相与外壳之间的绝缘电阻，一般不应低于0.5MΩ，否则要进行烘干处理。

（2）注意防止灰尘、油污和水滴等进入电动机，经常保持电动机的内外清洁。绕组上有油污时可用布蘸四氯化碳擦洗。

（3）要防止杂物堵塞电动机风道，保持电动机通风良好。不要让电动机在阳光下曝晒。

（4）注意传动装置的工作情况。随时注意胶带轮或联轴器是否松动，传动胶带有无打滑现象（打滑是因为胶带太松），胶带接头是否完好。

（5）注意轴承的保养。经常注意轴承的声音和发热情况。当用温度计测量时，滚动轴承的发热温度不得超过95℃，滑动轴承不得超过80℃。轴承声音不正常或过热，表明轴承润滑不良或严重磨损。对于经常运行的电动机，根据使用情况每隔3～4个月换油一次。换油时先除去旧油，用汽油洗净轴承并晾干，再添新油。不经常运行的电动机每年换油一次。如发现轴承磨损过大要及时更换。

（6）对于绕线式电动机，要经常检查维护其滑环和整流子。保证它们不偏心、不摆动，表面光滑无伤痕、无烧伤。要保证电刷接触良好，运行时火花正常。电刷磨损超过1/3时要及时更新。

临时用电安全管理

7.1 管理制度

在全部停电或者部分停电的电气设备上工作，需要遵循以下管理制度：工作票制度、工作许可制度、工作监护制度、工作间断和转移制度、不停电检修制度、工作终结和送电制度等。

7.1.1 工作票制度

1. 工作票样式

工作票制度一般有两种。

(1) 第一种工作票制度。变、配电站（室）停电第一种工作票样式见表7-1。

表7-1 变电站第一种工作票

1. 工作负责人（监护人）：________班组：________________
2. 工作班组人员：____________________共________人
3. 工作内容和工作地点：____________________
4. 计划工作时间：自________年___月___日___时___分至________年___月___日___时___分
5. 安全措施

工作票签发人填写	工作许可人（值班员）填写
应拉开断路器和刀开关（包括填写前已拉开断路器和刀开关），并注明编号	已拉开断路器和刀开关，并注明编号
应装临时接地线，并注明确实地点	已装临时接地线，并注明编号和装设地点
应设遮栏和应挂标示牌	已设遮栏和已挂标示牌，并注明地点
	工作地点保留带电部分和补充安全措施

续表

工作票签发人签名：________ 收到工作票时间：____年__月__日__时__分 值班负责人签名：____	工作许可人签名：____ 值班负责人签名：____

值班长签名：____

6. 许可开始工作时间：____年__月__日__时__分
   工作负责人签名：________工作许可人签名：____
7. 工作负责人变动
   原工作负责人____离去；变更____为工作负责人
   变更时间：____年__月__日__时__分工作票签发人签名：____
8. 工作延期
   有效期延长到：____年__月__日__时__分。工作负责人签名：________值班长或值班负责人签名：____
9. 工作结束工作班人员已全部撤离，现场已清理完毕。全部工作于____年__月__日__时__分结束。工作负责人签名：________工作许可人签名：____
   临时接地线共____组已撤除。　值班负责人签名：____
10. 备注：______________

变电站第一种工作票使用的场合如下。

1）在高压设备上工作需要全部停电或部分停电时。

2）在高压室内的二次回路和照明回路上工作，需要将高压设备停电或采取安全措施时。

(2) 第二种工作票制度。变、配电站（室）停电第二种工作票样式见表7-2。

表7-2　　变电站第二种工作票

1. 工作负责人（监护人）：____班组：____
   工作人员：______________共____人
2. 工作任务：______________
3. 计划工作时间：自____年__月__日__时__分至____年__月__日__时__分
4. 工作条件（停电或不停电）：____
5. 注意事项（安全措施）：____
   工作票签发人签名：____
6. 许可开始工作时间：____年__月__日__时__分
   工作许可人（值班员）签名：____工作负责人签名：____
7. 工作结束时间：____年__月__日__时__分
   工作许可人（值班员）签名：____工作负责人签名：____
8. 备注：____

变电室第二种工作票使用的场合如下。

1）在带电作业和带电设备外壳上的工作。

2）在控制盘和低压配电盘、配电箱、电源干线上工作。

3）在高压设备无须停电的二次接线回路上工作等。

2. 工作票制度注意事项

（1）工作票签发人必须对工作人员的安全负责，应在工作票中填明应拉开开关、应装设临时接地线及其他所有应采取的安全措施。工作负责人（检修班长）应在工作票上填写检修项目、工作地点、停电范围、计划工作时间等有关内容，必要时应绘制简图。所以，工作票签发人应由熟悉情况的生产领导人担任。

（2）工作许可人（值班员）应按工作票停电，并完成所有安全措施；然后，工作许可人应向工作负责人交代并一起检查停电范围和安全措施，并指明带电部位，说明有关安全注意事项，移交工作现场，双方签名后才许可工作。

（3）工作完毕后，工作人员应清理现场、清查工具；工作负责人应清点人数，带领撤出现场，将工作票交给工作许可人，双方签名后检修工作才算结束。值班人员送电前还应仔细检查现场，并通知有关单位。

（4）工作票应编号，每次使用一式两份。工作完毕后，一份由工作许可人收存；一份交回给工作票签发人。已结束的工作票，保存3个月。

紧急事故处理可不填用工作票，但应履行工作许可手续，并执行监护制度及其他有关安全工作制度。无须填用工作票的检修工作应执行口头命令或电话命令。口头或电话命令必须清楚、准确。值班员应将发令人、负责人及工作任务详细记入记录簿，并向发令人复诵核对一遍。

7.1.2 工作许可制度

工作许可人完成检修现场的有关安全措施后，还应完成下列事宜。

第一，与工作负责人一起到现场再次检查所实施的安全措施。

第二，给工作负责人指明带电设备的位置和注意事项。

第三，与工作负责人一起在工作票上分别签名。

完成上述许可手续后，工作班人员方可开始工作。工作负责人、工作许可人的任何一方不得擅自变更安全措施；值班人员不得变更被检修设备的运行接线方式；工作中遇到特殊情况需要变更时，必须先征得有关方面的同意。

7.1.3 工作监护制度

工作监护制度是保证人身安全及操作正确的主要措施。监护人应由技术级别较高、熟悉现场的人员担任。带电作业或在带电设备附近工作时，应设专责监护人。工作人员应服从监护人的指挥，监护人不得离开现场。监护人在执行监护时，不应兼做其他工作。监护人或专责监护人因故离开现场时，应由工作负责人事先指派了解有关安全措施的人员接替监护，使监护工作不致间断。

1. 监护人所监护的内容

（1）部分停电时，应始终对所有工作人员的活动范围进行监护，使其与带电设备保持安全距离。

（2）带电作业时，应监护所有工作人员的活动范围不应小于与带电部位的安全距离，并监护其工具使用是否正确、工作位置是否安全、操作方法是否正确等。

（3）监护人发现某些工作人员中有不正确的动作时，应及时纠正，必要时令其停止工作。

2. 监护人可监护人数的规定

（1）设备（线路）全部停电，一个监护人所监护的人数不予限制。

（2）在部分停电设备的周围，没有全部设置可靠的遮栏进行防触电时，一个监护人所监护的人数不应超过两人。

（3）其他工种（如油漆工、建筑工等）人员进入变（配）电室内，在部分停电的情况下工作时，一个监护人在室内最多可监护三人。

3. 监护人可参加班组工作的条件

（1）全部停电时。

（2）在变（配）电站内部分停电时，只有在安全措施可靠，工作人员集中在一个工作地点，工作人员连同监护人不超过三人时。

（3）所有室内外带电部分均有可靠的安全遮栏，足以防止触电的可能时。

全部停电检修时，监护人可以参加检修工作；部分停电检修时，只有在安全措施可靠，工作人员集中在一个工作地点，不会因过失酿成事故的情况下，监护人才可以参加检修工作；不停电检修时，监护人不得参加检修工作。

7.1.4 工作间断和转移制度

工作间断时，工作人员应从检修现场撤出，所有安全措施应保持不动，工作票仍由工作负责人收执。间断后继续工作，无须通过工作许可人。每日收工应清理检修现场，开放被封闭的通道，并将工作票交值班人员收执。次日复工时应得到值班人员许可，取回工作票。复工前，工作负责人还应检查各项安全措施是否与工作票相符，确实相符时方可开始工作。若无工作负责人带领，工作人员不得进入检修现场。

在同一电气连接部分用同一工作票依次在几个工作地点转移检修工作时，全部安全措施应由值班人员在开工前一次做好，无须办理转移手续；但转移工作地点前，工作负责人应向工作人员再次交代带电范围、安全措施和注意事项。

7.1.5　不停电检修制度

第一，检修人员应经过严格培训，要能熟练掌握不停电检修技术与安全操作知识。

第二，不停电检修工作时间不宜太长，对不停电检修所使用的工具应经过检查与试验。

第三，不停电检修工作必须严格执行监护制度，保证有足够的安全距离。

第四，低压系统的检修工作，一般应停电进行，如必须带电检修时，应制订出相应的安全操作技术措施和相应的操作规程。

7.1.6　工作终结和送电制度

全部工作完毕后，工作人员应清扫整理现场，清点工具，检查临时接地线是否拆除，被检修的断路设备、隔离开关等应做拉合试验，试验后应处于检修前的位置。

工作负责人应在工作范围内做周密检查，正确无误后，召集全体工作人员撤离工作地点；宣布工作终结后，方可办理送电手续。

在变（配）电站内工作，工作结束后，工作负责人应会同值班员共同对设备进行检查，特别是断路设备、隔离开关的分合位置应与工作票所写相符。各项检查无误后，在工作票上填好终结时间，经双方签字后，方可宣布工作终结。

在未办理工作票终结手续前，值班员严禁将检修设备合闸送电。

检修工作中如需对部分设备（线路）先恢复送电时，工作票应收回。如对未完成工作需继续进行时，应重新填写工作票。

工作终结，送电前应检查的工作主要有以下几项。

（1）所装的临时遮栏、标示牌是否已拆除，永久安全遮栏和标示牌等安全措施是否已恢复。

（2）拆除的接地线组数与挂接组数是否相同，确认接地刀闸是否断开。

（3）所有断路设备及隔离开关的分合位置是否与工作票规定的位置相符，设备上有无遗漏工具和材料。

（4）线路工作应检查弓子线的相序及断路设备、隔离开关的分、合位置是否符合检修前的情况，交叉跨越是否符合规定。

（5）送电后，值班员对投入运行的设备应进行全面检查，正常运行后报告工作负责人、工作人员方可离开现场。

7.2 技术措施

在全部停电或部分停电的电气设备及线路上作业，保证安全的技术措施包括停电制度、验电制度、放电制度、设置接地线制度、悬挂标志牌和装设遮栏制度。

7.2.1 停电制度

1. 停电的设备范围

（1）作业地点必须停电的设备及范围。

1）被检修的设备及线路。

2）在进行作业中若作业人员正常作业活动最大范围的距离小于规定的带电设备。

3）在35kV及以下的设备上进行作业时，作业人员工作时正常活动范围与带电设备的安全距离，虽然大于规定，但设备部停电时的安全距离小于规定值，且无安全遮栏的设备。

4）当带电设备的安全距离大于规定数值，可不予停电，但带电体在作业人员的后侧或左右侧时，即使距离略大于规定数值，也应将该带电部分停电。

（2）线路上作业停电的范围。

1）被检修线路的出线开关及联络开关必须断开。

2）可能将电源返至检修线路的所有开关必须断开，包括设备发动机的联络开关等。

3）在被检修线路作业范围内，可能导致检修作业人员触电的其他带电线路。

2. 停电操作注意事项

（1）设备或线路停电，必须将各方面的电源断开，而各方至少有一个明显的断开点（如隔离开关）；为了防止有反送电源的可能，应将与停电设备有关的变压器、电压互感器从高低压两侧断开；对于柱上变压器等，应将高压熔断器的熔体管取下。

（2）根据需要取下断路器控制回路的熔体管；若断路器和相应的继电保护装置同时进行检修时，应将跳闸线圈在断路器处解开，以防由于继电保护装置试验时断路器动作而伤害检修人员。

（3）停电操作时，应执行操作票制度；必须先拉断路器，再拉隔离开关；

严禁带负荷拉隔离开关；计划停电时，应先将负荷回路拉闸，再拉断路器，最后拉隔离开关。正常操作时，人身与带电体间的安全距离见表7-3。

表7-3 工作人员与带电设备间的安全距离 单位：mm

设备额定电压/kV	10kV及以下	20～35	44	60	110	220	380
设备不停电时的安全距离	700	1000	1200	1500	1500	3000	4000
工作人员工作时正常活动范围与带电设备的安全距离	350	600	900	1500	1500	3000	4000
带电作业时人体与带电体间的安全距离	400	600	600	700	1000	1800	2600

（4）被检修的电气设备和线路停电，必须将各方面的电源和用户完全断开，任何运行中星形连接的电气设备的中性点，必须视为带电设备，禁止只在经开关断开电源的电气设备上作业。

3. 停电后注意事项

（1）停电后断开的隔离开关操作手柄必须锁住，且挂标志牌。

（2）停电后应认真检查设备和线路是否已具备不可能返送电的条件。

7.2.2 验电制度

第一，检修的电气设备及线路停电后，或安装调试中通电试验的设备及线路停电后，在悬挂接地线之前必须进行验电，以便明确证明设备及线路是否有电，以防发生带电装接地线、带电合刀开关及在设备或线路上进行试验中触电或接地短路等恶性事故。

第二，验电时所用验电器的额定电压，必须与电气设备（线路）的电压等级相适应，且事先在有电设备上进行试验，证明是良好的验电器。如果在木杆、木梯或木构架等绝缘体上进行验电，对于不接地线不能指示者，可在验电器上接地线，但必须经值班负责人或电气负责人同意。

第三，电气设备的验电，必须在进线和出线两侧逐相分别验电，防止某种不正常原因导致出现某一侧或某一相带电而未被发现。

第四，高压验电必须戴绝缘手套。35kV及以上的电气设备或线路，在没有专用验电器的特殊情况下，可使用绝缘棒代替验电器，并使绝缘棒由远到近渐渐接近设备端子或线路的导线，然后根据棒端有无放电火花及其大小来判断有无电压及电压的高低，操作时必须有人监护。

第五，线路（包括电缆）的验电，应逐相进行。同杆塔架设的多层电力线路进行验电时，应先低压后高压，先下层后上层。架空线路上的避雷线和工作零线、保护地线均应进行验电，以防不测。

第六，表示设备断开或是否通电的信号或仪表、表示允许进入间隔的闭锁装置信号以及电压表无指示或其他无压信号指示，只能作为参考，不能以此作为无电的依据。如果停电后信号及仪表仍有残压指示，未查明原因前，禁止在该设备上作业。

第七，当对停电的电缆线路进行验电时，如线路上未连接有能构成放电回路的三相负载，由于电缆的电容量较大，剩余电荷较多，一时不易将电荷泄放完，因此刚停电后即进行验电，验电器仍会发亮。出现这种情况，必须过几分钟再进行验电，直至验电器指示无电为止。切记决不能凭经验办事，当验电器指示有电时，盲目认为是剩余电荷作用所致并进行接地操作，是十分危险的。

7.2.3 放电制度

第一，经验电后确认已停电的大型电气设备和线路应进行放电操作，目的是将剩余的电荷或停电时感应的电荷放掉，以防止在设备及线路上操作的作业人员受到意外的电击伤害。

第二，应放电的设备及线路主要有：电力变压器、油断路器、高压架空线路、电力电缆、电力电容器、大容量电动机及发电机等。

第三，放电应使用专用的导线，并用绝缘杆或开关进行。首先，将导线的接地端与接地网的端子接好；然后，把另一端与绝缘棒顶端的金属工作部分接好；最后，手持绝缘棒，将其工作部分分别与电气设备的进线和出线接线端子、线路的各相、电缆的各相接触，即可将电荷放掉。

第四，电力电容器一般都设置专用的放电装置，电容器停电后即可自行放电。

第五，放电操作时，人体不得与放电导线接触或靠近；与设备端子接触时不得用力过猛，以免撞击端子导致损坏；放电的导线必须良好可靠，一般应使用专用的接地线；接地网的端子必须是已做好的接地网，并在运行中证明是接地良好的接地网；与设备端子、线路相的接触，应和验电的顺序相同；放电操作时，应穿绝缘靴、戴绝缘手套，特别是35kV以上更应注意。

第六，放电操作必须认真、仔细且必不可少，因为麻痹大意或怕费事在验电后不放电而直接进行作业导致的触电事故并不在少数，所以作业负责人必须进行监督，以防万一。

7.2.4 装设临时接地线制度

为了防止给检修部位意外送电和可能的感应电，应在被检修部分的外端

（开关的停电侧或停电的导线上）装设临时接地线。临时接地线应将三相导体接地并予短接。装设临时接地线应注意以下要求。

第一，凡可能给检修区间（或设备）突然送电的方面或可能产生感应电压的装置，均应在适当部位挂临时接地线。

第二，先验明无电后方可挂装临时接地线。临时接地线应挂接于明显可见之处；临时接地线与带电体之间的距离应符合安全距离的要求。

第三，挂装临时接地线时应先接接地端（接地必须良好），后接相线导体端；拆除时顺序相反；对于同杆架设的多层线路，应先装低压、后装高压，先装下层、后装上层，拆时顺序相反。

第四，在硬母线上挂临时接地线时，相线端应接在没有相色漆覆盖的专用位置；挂装好的临时接地线不得承受自重以外的拉力。

第五，临时接地线与检修的线路或设备之间不得接有断路器或熔断器；接地线与检修部分之间不得连接开关或熔断器；接线夹应完好，连接应牢固，不得用缠结短路法代替临时接地线或接线。

第六，装、拆临时接地线应使用绝缘杆操作或戴绝缘手套操作；应设有接地网的引出端子，以便接地线的接地端在此良好连接，该端子的接地电阻值必须合格。

第七，装设接地线必须先接接地端，后接已停电的带电端；拆地线时，先拆已停电的带电端，后拆接地端；装拆接地线均应使用绝缘棒或戴绝缘手套。

第八，接地线应用多股软铜导线，其截面应符合短路电流热稳定的要求，最小截面积不应小于 25mm^2。其线端必须使用专用的线夹固定在导体上，禁止使用缠绕的方法进行接地或短路。

第九，变配电站内，每组接地线均应按其截面积编号，并悬挂存放在固定地点。存放地点的编号应与接地线的编号相同。

第十，高压回路上的作业，需要拆除全部或一部分接地线后才能进行工作时（如测量母线或电缆的绝缘电阻等），应得到值班员的许可（根据调度员命令装设的接地线，必须得到调度员的许可）后，方可进行作业；作业完毕后，应立即恢复。

同时，需要注意的是，变配电站（室）内装、拆接地线必须做好记录，交接班时要交代清楚。

7.2.5　悬挂标志牌和装设临时遮栏制度

第一，在变（配）电站内的停电作业，一经合闸即可送到作业地点的开关或隔离开关的操作手柄上，均应悬挂“禁止合闸，有人工作!”的标志牌。

第二，在开关柜内悬挂接地线以后，应在该柜的门上悬挂“已接地”的标志牌。

第三，在变配电所外线路上作业，其电源控制设备在变配电所室内的，则应在控制线路的开关或隔离开关的操作手柄上悬挂“禁止合闸，线路上有人工作!”的标志牌。

第四，在室内部分停电的高压设备上作业，应在作业地点两旁带电间隔固定遮栏上和对面的带电间隔固定遮栏上，以及禁止通行的过道上悬挂“止步，高压危险!”的标志牌。

第五，在室外高压设备上作业，应在作业地点四周用红绳做好围栏，围栏上悬挂适当数量的小红三角旗或“止步，高压危险!”的标志牌。标志牌的字必须朝向围栏内侧。为了避免非作业人靠近高压电气设备或者事故地点，临时围栏上悬挂的标志牌的字则应朝向围栏的外侧。

第六，在室外构架上作业，应在作业地点邻近带电部位的横梁上，悬挂“止步，高压危险!”的标志牌。在作业人员上、下用的铁架或铁梯上，应悬挂“由此上下!”的标志牌。在邻近其他可能误登的构架上，应悬挂“禁止攀登，高压危险!”的标志牌。

第七，在作业地点装妥接地线后，应悬挂“在此工作!”的标志牌。

第八，在停电设备或线路的电源开关手柄上悬挂标志牌时，如果停电设备或线路有两个开关串联使用时，标志牌应挂在靠近电源侧的开关手柄上；对于远动操作的开关，标志牌应挂在控制盘上的转换开关操作手柄上；对于能远动及就地均可操作的开关或隔离开关，则应分别挂标志牌。

第九，临时遮栏、标志牌、围栏是保证作业人员人身安全的安全技术措施。标志牌和临时遮栏的设置及拆除，应按调度员的命令或作业票的规定执行。严格禁止作业人员在作业中移动、变更或拆除临时遮栏及标志牌。

7.3 电工人员

7.3.1 电工人员的要求

电工作业，是指发电、送电、变电、配电和电气设备的安装、运行、检修、试验等作业。

1. 电工作业人员的基本条件

(1) 年满 18 周岁，身体健康，无妨碍从事本职工作的疾病、生理缺陷和其他规定条件。

(2) 具有初中及以上文化程度，工作认真负责，具有本作业所需的文化程度和安全、专业技术知识及实践经验。

2. 培训考核

对从事电工作业的人员（包括工人、工程技术人员和管理人员），必须进行安全教育和安全技术培训。培训的时间和内容，根据国家（或部）颁发的电工作业《安全技术考核标准》和有关规定进行。

电工作业人员经安全技术培训后，必须进行考核。经考核合格取得操作证者，方准独立作业。考核的内容，由发证部门根据国家（或部）颁发的电工作业《安全技术考核标准》和有关规定确定。

考核分为安全技术理论和实际操作两部分，理论考核和实际操作考核都必须达到合格要求。考核不合格可进行补考，补考不合格者须重新培训。

电工作业人员的考核发证工作，由地、市级以上劳动行政部门负责；电业系统的电工作业人员，由电业部门考核发证。无证人员严禁进行电工作业。

新从事电工作业的人员，必须在持证人员的现场指导下作业。见习或学徒期满后，方可准许考核取证。取得操作证的电工作业人员，必须定期（通常是两年）进行复审。未经复审或复审不合格者，不得继续独立作业。

3. 电工职业道德

人在社会中生活与工作，必须遵循一定的准则，这种准则是人人所公认的，又是人人应自觉遵守的，这就是社会的道德标准。如果人与人、工种与工种、行业与行业之间都符合这一道德标准，则生产与工作就能协调、有序地进行。道德是人的行为准则，是不容破坏的。为防止个别人的行为破坏这一准则，所以又产生了法令、法律对不遵守道德标准的人进行惩罚，以维护社会的健康。

对于从事某种具体工作的人，都离不开与其他人之间的相互服务，作为一名电工，其工作性质就是为生产、生活服务的。其职业道德是否良好，影响面往往很大。因此，我们应有严于律己的精神。

电工职业道德规范的具体内容如下。

（1）忠于职业责任。做好本职工作，对于自己的工作质量负责；运行人员认真巡视检查，不使设备“带病坚持工作”；维修人员除应排除设备已发生的故障外，对可能发生故障的隐患部位也要妥善处理好。

（2）遵守职业纪律。需要注意以下几种情况：第一，严禁以电谋私；第二，严禁窃电或指导他人窃电；第三，严禁故意制造故障；第四，严禁以电击作为取笑手段或以电击作为某种防范措施。

（3）不断学习巩固。交流电工的专业技术和安全操作技术知识仍在不断地发展和创新，因此应不断地学习与巩固。

（4）团结协作。电工作业往往不是一个人能独立操作的。在共同完成一项工作时，必须相互协调。尤其是带电作业，没有良好的配合还可能造成重大事故。

电工素质的高低，不仅体现在知识的全面、技能的纯熟，职业道德风范是否优良也是一个重要方面。

4. 电工作业人员的从业要求

(1) 身体健康，经医师鉴定，无妨碍电气工作的病症。具有良好的精神素质，包括为人民服务的思想、忠于职守的职业道德、精益求精的工作作风。

(2) 电工作业人员应熟悉《电工安全操作规程》及相应的现场规程有关内容并经考试合格才允许上岗。

(3) 电工作业人员应具备必要的电工理论知识和专业技能及其相关的知识和技能。

(4) 电工作业人员必须熟悉本厂或本部门的电气设备和线路的运行方式、装设地点位置、编号、名称，各主要设备的运行维修缺陷、事故记录。

(5) 电工作业人员必须掌握触电急救知识，学会人工呼吸法和胸外心脏挤压法。一旦有人发生触电事故，能够快速、正确地实施救护。

5. 用电人员要求

各类用电人员应掌握安全用电基本知识和所用设备的性能，并应符合下列规定。

(1) 严格按照施工用电安全技术操作规程、机械设备安全技术要求进行施工作业。

(2) 使用电气设备前，必须按规定穿戴和配备好相应的劳动防护用品。

(3) 作业前应检查电气装置和保护设施，严禁设备带“缺陷”运转。

(4) 妥善保管和维护所用设备，发现问题及时报告解决。

(5) 暂时停用设备的开关箱必须分断电源隔离开关，并应关门上锁。

(6) 移动电气设备时，必须经电工切断电源并做妥善处理后进行。

7.3.2 电工人员的职责与义务

1. 电工人员的职责

电工是特殊工种，又是危险工种。首先，其作业过程和工作质量不但关联着自身的安全，而且关联着他人和周围设施的安全；其次，专业电工工作点分散、工作性质不专一，不便于跟班检查和追踪检查。因此，专业电工必须掌握必要的电气安全技能，必须具备良好的电气安全意识。

专业电工应当了解生产与安全的辩证统一关系，把生产和安全看作一个整体，充分理解“生产必须安全，安全促进生产”的基本原则，不断提高安全意识。

就岗位安全职责而言，专业电工应做到以下几点。

（1）严格执行各项安全标准、法规、制度和规程。包括各种电气标准、电气安装规范和验收规范、电气运行管理规程、电气安全操作规程及其他有关规定。

（2）遵守劳动纪律，忠于职责，做好本职工作，认真执行电工岗位安全责任制。

（3）正确使用各种工具和劳动防护用品，安全地完成各项生产任务。

（4）无证不得上岗操作，发现非电气工作人员或无证上岗者应立即制止，并报告上级主管部门。

（5）努力学习安全规程、电气专业技术和电气安全技术；参加各项有关的安全活动；宣传电气安全；参加安全检查，并提出意见和建议等。

专业电工应树立良好的职业道德。除前面提到的忠于职责、遵守纪律、努力学习外，还应注意互相配合，共同完成生产任务。应特别注意杜绝以电牟私、制造电气故障等违法行为。

2. 电工人员的义务

（1）遵章守规，服从管理。从业人员必须严格依照生产经营单位制定的规章制度和操作规程进行生产经营作业。安全生产规章制度和操作规程是从业人员从事生产经营，确保安全的具体规范和依据。生产经营单位的负责人和管理人员有权依照规章制度和操作规程进行安全管理，监督检查从业人员遵章守规的情况。从业人员必须接受并服从管理。

（2）接受培训，掌握安全生产技能。从业人员的安全生产意识和安全技能的高低，直接关系到生产经营活动的安全可靠性。

要保障安全生产，生产经营单位必须对从业人员进行相应的安全生产教育和培训。

从业人员应当接受安全生产教育和培训，掌握本职工作所需的安全生产知识，提高安全生产技能，增强事故预防和应急处理能力，进而有效预防安全事故的发生。

（3）佩戴和使用劳动防护用品。劳动防护用品是保护从业人员在劳动过程中的安全与健康的一种防御性装备，是生产经营单位为保护从业人员在生产劳动过程中的安全和健康而提供给从业人员个人使用的防护用品。不同的劳动防护用品有其特定的佩戴和使用规则、方法，只有正确佩戴和使用，方能真正起到防护作用。

正确佩戴和使用劳动防护用品是从业人员必须履行的法定义务，也是保障从业人员人身安全的必要条件。

(4) 发现事故隐患及时报告。从业人员直接承担具体的作业活动，更容易发现事故隐患或其他不安全因素。从业人员一旦发现事故隐患或其他不安全因素，应当立即向现场安全管理人员或本单位负责人报告，不得隐瞒不报或拖延报告。从业人员及时报告，生产经营单位能够及时采取必要的安全防范措施，消除事故隐患和不安全因素，从而避免事故发生和降低事故损失。

7.3.3 电工人员应遵守的安全规章制度

第一，岗位责任制。

第二，岗位安全责任制。

第三，电气设备、线路运行和安全技术操作规程。

第四，安全技术培训教育制度。

第五，安全技术交底制度。

第六，交接班制度。

第七，巡视检查制度。

第八，隐患排查治理制度。

第九，检查验收制度。

第十，作业许可制度。

第十一，维修保养制度。

第十二，值班制度。

第十三，事故报告及处理制度。

第十四，生产安全事故应急救援制度。

第十五，其他有关安全用电和电气作业的制度。

项目8 电气基本安全知识

8.1 电气事故

电气事故包括人身事故和设备事故。人身事故和设备事故都可能导致二次事故，而且两者很可能是同时发生的。电气事故是与电相关联的事故。从能量的角度看，电能失去控制将造成电气事故。按照电能的形态，电气事故可分为触电事故、雷击事故、静电事故、电磁辐射事故和电路事故。

8.1.1 触电事故

触电事故是由电流形式的能量造成的事故。当电流流过人体，人体直接接受局外电能时，人将受到不同程度的伤害，这种伤害叫做电击。电流转换成热能、机械能等其他形式的能量作用于人体造成的伤害，叫做电伤。在触电伤亡事故中，尽管85%以上的死亡事故是电击造成的，但其中大约70%的含有电伤成分。

8.1.2 雷击事故

雷电是大气电，是由大自然的力量在宏观范围内分离和积累起来的正电荷和负电荷。也就是说，雷击是由自然界中正、负电荷形式的能量造成的事故。

雷电放电具有电流大、电压高、冲击性强的特点。其能量释放出来可表现为极大的破坏力。

雷击除可能毁坏设施和设备外，还可能伤及人、畜，引起火灾和爆炸，造成大规模停电。因此，电力设施、建筑物，特别是有火灾和爆炸危险的建筑物，均应考虑防雷措施。

8.1.3 静电事故

静电事故是宏观范围内相对静止的正、负电荷形式的能量造成的事故。这里所说的静电是指生产过程中和人们行动过程中，随着物料货物之间的相对运动、快速接触与分离等过程积累起来的正电荷和负电荷。这些电荷周围的电场中储存的能量不大，不足以直接使人致命。但是，静电电位高达数万伏至数十万伏，可能发生放电，产生静电火花。在爆炸危险环境，静电是一个十分危险的因素。

在石油化工、粉末加工、橡胶、塑料等行业，必须充分注意静电的危险性。生产工艺过程中的静电还可能使人遭到电击，妨碍生产。

8.1.4 电磁辐射事故

电磁辐射事故是电磁波形式的能量造成的事故。辐射电磁波指频率 100kHz 以上的电磁波。

在一定强度的高频电磁波照射下，人体所受到的伤害主要表现为头晕、记忆力减退、睡眠不好等神经衰弱症状。严重者除神经衰弱症状加重外，还伴有心血管系统症状。电磁波对人体的伤害有滞后性，并可能通过遗传因子影响到后代。除对人体有伤害外，高频电磁波还能造成高频感应放电和电磁干扰。

除无线电设备外，高频金属加热设备（如高频淬火设备、高频焊接设备）和高频介质加热设备（如高频热合机、绝缘材料干燥设备）也是有辐射危险的设备。

为防止电磁辐射的危险，应采取屏蔽、吸收等专门的预防措施。

8.1.5 电路事故

电路事故只在电能传递、分配、转换失去控制或电器元件损坏时产生，如断线、短路、接地、漏电、误合闸、误掉闸、电气设备损坏等。

电气线路或电气设备故障可能发展成为事故，并影响人身安全。例如，油断路器爆炸本身虽然只是设备事故，但完全可以带来严重的人身伤亡；又如，电气设备故障接地或漏电虽然也属于设备事故，但却因此改变了配电网的正常运行状态或直接使外壳带电，从而留下隐患或构成电击的危险条件等等。

异常停电也可能带来极为严重的安全问题。例如，排放有毒气体的风机事故停电或排放爆炸性气体的风机事故停电都将带来十分严重的后果。总之，从系统的角度考虑，同样应当注意各种不安全状态可能造成的事故。

应当指出，电气火灾和电气爆炸都是电气事故。火灾和爆炸只是事故表现的形式，而不是造成事故的基本因素。因此，在这里不把电气火灾、爆炸单独列出来。

另外，雷击、静电、电磁辐射事故很可能与用电无关。也就是说，电气事故可能发生在不用电的场合，电气事故也不等于用电事故。

8.2 人体触电

8.2.1 人体触电的种类

1. 电击

电击是电流通过人体，直接对人体的器官和神经系统造成的伤害。它是低压触电造成伤害的主要形式。轻者有麻木感；稍重可造成呼吸困难；严重者可造成神经麻痹、呼吸停止；最严重时可能引起心室发生纤维性颤动，进而导致死亡。

电击触电的形式有直接接触电击和意外接触电击两种。

（1）直接接触电击。直接接触电击是人体直接触及带电导体或人体经由其他导体触及了带电导体而造成的电击。

（2）意外接触电击。意外接触电击是人体（或经由其他导体）触及了在正常运行时不带电，而在意外情况下带电的金属部分（通常是电气设备的金属外壳或金属架构）所造成的电击。

2. 电伤

电伤是电能转化为其他形式的能作用于人体所造成的伤害。它是高压触电造成伤害的主要形式。

电伤包括电烧伤、电烙印、皮肤金属化、机械损伤、电光眼等多种伤害。

（1）电烧伤。电烧伤是最常见的电伤。大部分触电事故中都含有电烧伤成分，电烧伤可分为电流灼伤和电弧烧伤两种。

1）电流灼伤。电流灼伤是人体与带电体接触，电流通过人体由电能转换成热能造成的伤害。电流越大、通电时间越长、电流途径上的电阻越大，则电流灼伤越严重。由于人体与带电体接触的面积一般都不大，加之皮肤电阻又比较高，使得皮肤与带电体的接触部位产生较多的热量，受到比体内严重很多的灼伤。当电流较大时，可能灼伤皮下组织。电流灼伤一般发生在低压设备或低压线路上。

2）电弧烧伤。电弧烧伤是由弧光放电引起的烧伤，分为直接电弧烧伤和间接电弧烧伤。前者是带电体与人体之间发生电弧，有电流流过人体的烧伤，是与电击同时发生的；后者是电弧发生在人体附近对人体的烧伤，包含熔化了的炽热金属溅出造成的烫伤。

(2) 电烙印。在人体与带电体接触的部位留下的永久性斑痕。斑痕处皮肤失去原有弹性、色泽，表皮坏死，失去知觉。

(3) 皮肤金属化。在电弧高温的作用下，金属熔化、气化，金属微粒渗入皮肤，造成皮肤粗糙而张紧的伤害，可使皮肤局部变为黄色至褐色，伤害部位不易痊愈。皮肤金属化多与电弧烧伤同时发生。

(4) 机械性损伤。电流作用于人体时，由于中枢神经反射和肌肉强烈收缩等作用导致的机体组织断裂、骨折等损伤。

(5) 电光眼。发生弧光放电时，由红外线、可见光、紫外线对眼睛的伤害，表现为角膜炎或结膜炎。

统计资料说明，在触电伤亡事故中，纯电伤性质和带有电伤性质的占75%。其中，电烧伤占40%，电烙印占7%，皮肤金属化占3%，机械损伤占0.5%，电光眼占1.5%，综合性的占23%。由于电伤的电流比较大，电伤会在机体表面留下明显的伤痕，而且其伤害作用也可能深入人体。电伤的危险程度取决于受伤面积、深度、部位等因素。

8.2.2 人体触电的方式

按人体触及带电体的方式和电流通过人体的路径，触电方式分为单相触电、两相触电、跨步电压触电以及其他形式的触电。

1. 单相触电

人体的某部分在地面或其他接地导体上，另一部分触及一相带电体的触电事故称单相触电。这时触电的危险程度决定于三相电网的中性点是否接地。一般情况下，接地电网的单相触电比不接地电网的危险性大。

图8-1(a)表示供电网中性点接地时的单相触电，此时人体承受电源相电压；图8-1(b)表示供电网无中线或中线不接地时的单相触电，此时电流通过人体进入大地，再经过其他两相对地电容或绝缘电阻流回电源，当绝缘不良时会有危险。

2. 两相触电

人体两处同时触及两相带电体，称为两相触电，如图8-2所示。这时加到人体的电压为线电压，是相电压的$\sqrt{3}$倍。通过人体的电流只决定于人体的电阻和人体与两相导体接触处的接触电阻之和。两相触电是最危险的触电。

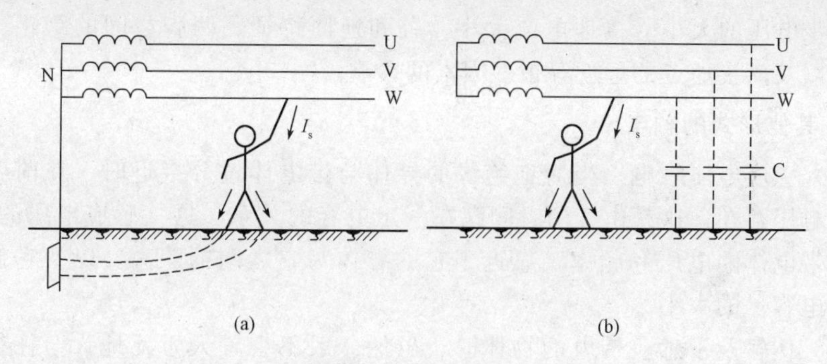

图 8-1 单相触电

(a) 供电网中性点接地时的单相触电；(b) 供电网无中线或中线不接地时的单相触电

图 8-2 两相触电

3. 跨步电压触电

跨步电压触电多发生在故障设备接地体附近。正常情况下，接地体只有很小的电流，甚至没有电流流过；在非正常情况下，接地体电流很大，使散流场内地面上的电位严重不均匀。当人在接地体附近跨步行走时，两只脚处在不同的电位下，这两个电位的电位差称为跨步电压。

下列情况和部位都可能发生跨步电压电击。

(1) 带电导体，特别是高压导体故障接地处，流散电流在地面各点产生的电位差造成跨步电压电击。

(2) 接地装置流过故障电流时，流散电流在附近地面各点产生的电位差造成跨步电压电击。

(3) 正常时有较大工作电流流过的接地装置附近，流散电流在地面各点产生的电位差造成跨步电压电击。

(4) 防雷装置承受雷击时，极大的流散电流在其接地装置附近地面各点产生的电位差造成跨步电压电击。

(5) 高大设施或高大树木遭受雷击时，极大的流散电流在附近地面各点产生的电位差造成跨步电压电击。

跨步电压的大小受接地电流大小、鞋和地面特征、两脚之间的跨距、两脚的方位以及离接地点的远近等很多因素的影响。

4. 其他形式的触电

(1) 感应电压触电。当对地绝缘的导体与带电体过分接近时，在前者上会有感应电压存在，这是由于两者间存在一定电容的关系。这一感应电压的大小，取决于带电体的电压和频率，靠近于它的导体与它之间的距离，以及它们之间形成的电容量的大小。

当人体触及了感应带电的物体时，虽然一般不会置人于死地，但往往由于事出意外，在精神上无准备，容易出现二次伤害。

以下几种情况可能引起较高的感应电压，作业时应特别注意。

1) 靠近高压带电设备，未做过接地的金属门、窗和金属遮栏。

2) 多层架空线路中，未停电线路在已停电但未做接地的线路上感应出电压。

3) 单相设备的金属外壳、有单相变压器的仪器仪表的金属外壳。

4) 在高电压等级线路上方的孤立导体。

5) 在强电场（不论是交变电场还是静电场）中的孤立导体。

感应电压不仅使人触电，还可能对弱电线路或某些高输入阻抗的仪器仪表产生干扰。例如，与电力线路同杆架设的通信电路，常因感应电压的作用而出现讨厌的交流声。解决这种干扰的方法是采用电缆或绞合线敷设弱电线路。若弱电线路是用裸导线分开敷设的，只要换位做得好，也可以大大减轻这种影响。

(2) 剩余电荷触电。电容器和具有一定电容的设备，都有“存储”电荷的能力。当它们存储的电荷达到一定数量，具有足够高的电压时，对操作者的人身安全是一个潜在的威胁。如果注意不到这点，可能在操作、维修、测量时发生人身事故或仪表的损坏。

对于下述几种设备，在刚退出运行时、刚做过绝缘测试后、刚做过耐压试验后，其相间或相对地（金属外壳）间所存在的残余电荷是不容忽视的。

1) 电容器。它的极间电容即相当于它的标称容量，极与外壳间也有一些电容。

2) 电力电缆。它的线间、任一条芯线与铅（铝）包之间、任一线芯对铠装（无铅、铝包时）之间都存在较大的电容。电缆越长，其电容量也越大。一般10kV的铅（铝）包电缆，每千米的电容量为0.9～1.1pF。低压电缆每千米的电容量约为0.2pF。

3) 容量较大的电动机、发电机、变压器等，它们的各相绕组间及绕组对金属外壳间均有不可忽视的电容量。

这些设备的工作电压越高，电容量越大。在它们刚退出运行或刚做完上述的试验后，其残存的电荷量很大，在检修及测试时要特别小心。

8.2.3　电流对人体的作用

1. 电流对人体的伤害

电流作用于人体时，可能造成的伤害是多方面的。大体上可分为生理性伤害、化学性伤害及热伤害几种。

(1) 生理性伤害。

1) 当流过人体的电流在10mA以下时，可有针刺、麻痹、颤抖、痉挛以至疼痛感，一般不会丧失自主摆脱电源的能力。

2) 当流过人体电流在10～50mA时，可有强烈的颤抖、痉挛、呼吸困难、心跳不规律等症状，如果触电时间加长，可能引起昏迷、血压升高甚至出现心室纤维性颤动。在这种情况下，有可能丧失自主摆脱电源的能力，在无人发觉或发觉过晚时，有可能造成触电人的死亡。

3) 当流过人体电流超过50mA时，往往会引起心室纤维性颤动，通常在接触电源的部位有烧伤或灼伤的痕迹。一般认为引起心室纤维性颤动会迅速导致死亡。

(2) 化学性伤害。人体活动组织是靠具有一定成分及浓度的电解质维持的。当电流作用于人体后，可对组织内的电解质产生电解作用，从而改变了组织的电解质的成分及浓度，可使人体功能失常，这就是化学性伤害。

(3) 热伤害。

1) 烧伤。通过人体的电流，在人体接触电源处的电流密度非常大，因此产生的热量在这一局部相对集中而造成灼伤。轻者可出现类似于烫伤后出的水泡，严重时可使局部炭化。

2) 灼伤。在电压等级高的系统上触电时，在触及带电体前可引起带电体与人体之间的空气被电离，出现弧光放电。这种电弧光的本质是高温离子流，能量很大，作用于人体时可引起灼伤。

2. 影响因素

人体触电后，其后果的严重程度与很多因素有关。这些因素主要有：通过人体的电流大小、电流通过人体的持续时间、通过人体的电流种类、电流通过人体的途径以及个体特征等。各影响因素之间，特别是电流大小与通电时间之间有着十分密切的关系。

(1) 电流大小的影响。通过人体的电流越大，人的生理反应和病理反应就越明显，引起心室颤动所用的时间越短，致命的危险性越大。按照人体呈现的状态，可将预期通过人体的电流分为三个级别。

1）感知电流。一定概率下通过人体引起人有任何感觉的最小电流（有效值），称为该概率下的感知电流。

人对电流最初的感觉是轻微麻感和微弱针刺感。大量试验资料表明，对于不同的人，感知电流是不相同的。感知电流与人体生理特征、人体与电极的接触面积等因素有关。感知电流概率为50％时，成年男子平均感知电流约为1.1mA，成年女子约为0.7mA。最小感知电流为0.5mA，且与时间无关。

感知电流一般不会对人体造成伤害。但当电流增大时感觉增强，反应变大，可能导致坠落等二次事故。

2）摆脱电流。当通过人体的电流超过感知电流时，肌肉收缩增加，刺痛感觉增强，感觉部位扩展。当电流增大到一定程度，触电者将因肌肉收缩发生痉挛而紧抓带电体，不能自行摆脱电极。

一定概率下人体触电后能自行摆脱电极的最大电流，称为摆脱电流。摆脱电流的最小值称为摆脱值。对于不同的人，摆脱电流也不相同，摆脱电流与人体生理特征、电极形状、电极尺寸等因素有关。摆脱电流概率曲线如图8-3所示。

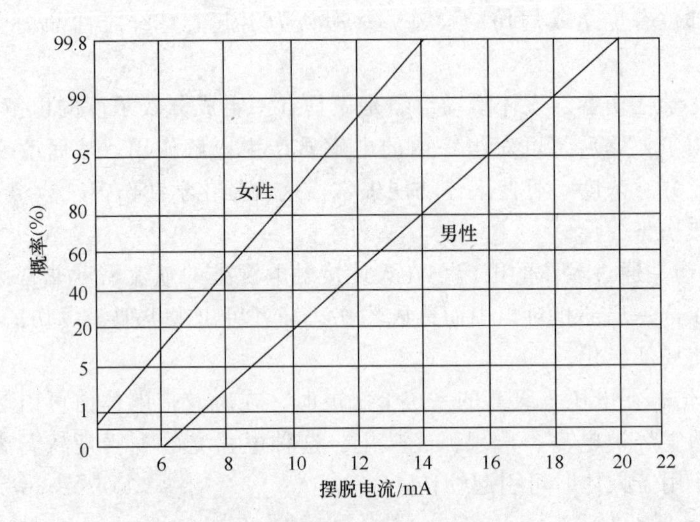

图8-3　摆脱电流概率曲线

对应于概率50％的摆脱电流成年男子约为16mA，成年女子约为10.5mA。摆脱概率99.5％的摆脱电流则分别为9mA和6mA。同时，试验资料表明，儿童的最小摆脱电流较成人要小。

摆脱电流是人体可以忍受但一般尚不致造成不良后果的电流。电流超过摆脱电流后，人会感到极度痛苦、恐慌和难以忍受，触电时间过长，则可能昏迷、窒息，甚至死亡。

也有事例表明，当电流略大于摆脱电流，触电者中枢神经麻痹、呼吸停止时，立即切断电源，则可恢复呼吸并无不良影响。应当指出，摆脱电源的能力随触电时间的延长而减弱。也就是说，一旦触电后不能摆脱电源时，后果将是严重的。

3）室颤电流。室颤电流又称为致命电流。通过人体引起心室发生纤维性颤动的最小电流或在较短时间内危及生命的最小电流，称为室颤电流或致命电流。

电击致死的原因比较复杂。例如，高压触电事故中，可能因为强电弧或很大的电流导致的烧伤使人致命；低压触电事故中，可能因为心室颤动，也可能因为窒息时间过长而使人致命。一旦发生心室颤动，数分钟内就可导致人死亡。

在小电流（数百毫安）的作用下，电击致命的主要原因是电流引起的心室颤动。因此，室颤电流是最小致命电流。

（2）电流持续时间的影响。电流持续时间越长，越容易引起心室颤动，电击危险就越大。其原因如下。

1）能量的影响。电流持续时间越长，则体内积累局外电能越多，伤害越严重，表现为室颤电流越小。

2）易损期的影响。从心电图中可以看出，约0.2s的T波时间对电流最敏感，敏感的特定时间称为心脏易损期（易激期）。

电流持续时间越长，与易损期重合的可能性越大，电击的危险性就越大；当电流持续时间在0.2s以下时，与易损期重合的可能性较小，电击的危险性也较小。

3）人体电阻的影响。电流持续时间加长，人体电阻相应降低，导致流过人体的电流进一步增大，电击的危险性也相应加大。

（3）电流种类的影响。不同种类的电流对人的危险程度不同，但各种电流都有致命的危险。

当人体触及直流电源时，感知电流平均约为4mA；摆脱电流平均约为60mA；引起心室颤动的电流，当持续时间为30s时约为1.3A，当持续时间为3s时约为500mA，大大高于工频时的各值。

工频50～60Hz时摆脱电流为最小，即危险性为最大。摆脱电流为最小的频率范围是20～200Hz；低于20Hz或高于200Hz时摆脱电流增大，在2000Hz以上时，触电死亡的危险性相对减小，但易造成皮肤的灼伤。

（4）电流途径的影响。人体在电流的作用下，没有绝对安全的途径。电流通过心脏会引起心室颤动，较大的电流还会使心脏停止跳动从而导致死亡；电流通过中枢神经及有关部位，会引起中枢神经强烈失调而导致死亡；电流通过头部会使人昏迷，若电流较大，会对脑产生严重损害，致人不醒而死亡；电流通过脊髓会使人截瘫；电流通过人的局部肢体，也可能引起中枢神经强烈反射而导致严重后果。

在这些伤害中，以心脏伤害的危险性最大。因此，通过心脏的电流越多，电流线路越短的途径，是电击危险性越大的途径。通常情况下，可以用心脏电流因数粗略估计不同电流途径的危险程度。心脏电流因数是表明电流途径影响的无量纲数。若通过人体某一途径的电流为 I，通过左手至脚途径的电流为 I_0，且两者引起心室颤动的危险性相同，则心脏电流因数为

$$K = \frac{I_0}{I} \tag{8-1}$$

（5）个体特征的影响。同样的电流作用于不同的人其伤害程度也往往不同。影响其后果的因素大致有以下几项。

1）性别。一般女性对电的敏感度高，其感知电流及摆脱电流均比男性低1/3左右。

2）健康状况。身体健康、肌肉发达者摆脱电流较大；体重较重者，一般心脏较大，室颤电流也较大；患有心脏病、肺病、神经系统疾病的人触电后，后果往往比较严重。

3）年龄。儿童受电击往往比成年人更易受到伤害。相比之下，成年健壮的男性，尤其是皮肤角质层厚的人群，触电受到的伤害相对较小。

此外，精神状态和心理因素也对触电的后果有一定影响。

3. 人体电阻

人体触电时，当触电的电压一定时，流过人体的电流大小决定于人体电阻的大小。人体电阻越小，流过人体的电流就越大，也就越危险。通常所指的人体电阻，实际上不是纯电阻。

人体电阻的构成可分为两部分：一部分是人体内部组织的电阻，平均约为1000Ω；另一部分是皮肤电阻，平均约为几十千欧（皮肤干燥时）。皮肤电阻之所以这样大是因为在皮肤表面有一种角质层，这一层虽然很薄，为0.05～0.2mm，但电阻值较高。人体触电时，电压高到一定程度，角质层可被击穿。薄的角质层在50V以上就开始被破坏；电压在500V时，角质层可迅速被击穿。角质层被击穿后，流过人体电流的大小，取决于触及电压的大小及人体组织的电阻大小。

需要注意的是，人体电阻不是固定不变的，它与诸多因素有关，主要有以下几项。

（1）皮肤状况。人体电阻的大小与皮肤的干湿、角质层的厚薄、皮肤温度的高低（皮肤温度高时电阻小）有关。参见表8-1。

表 8-1　不同条件下的人体电阻

接触电压/V	人体电阻/Ω			
	皮肤干燥	皮肤潮	皮肤湿	皮肤浸入水中
10	7000	3500	1200	600
25	5000	2500	1000	500
50	4000	2000	875	440
100	3000	1500	770	375
250	1500	1000	650	325

（2）皮肤与带电体接触面积的大小和压力大小。人体电阻的大小与皮肤与带电体接触面积的大小和压力大小有关，接触面大或压力大都可能降低人体的电阻。

（3）通过人体的电流持续时间长短。人体电阻的大小与通过人体的电流持续时间长短有关，持续时间越长，人体电阻越小。

（4）触电时接触电压的大小。人体电阻的大小与触电时接触电压的大小有关，接触电压高可使角质层迅速被穿透，大大降低人体电阻。

8.3　触电预防与急救

8.3.1　触电事故的原因

根据以往部分统计资料分析表明造成触电死亡的主要原因如下。

1. 违反操作规程

低压方面，有带电换杆架线路；带电拉临时线；带电修电动工具、换行灯变压器、移动用电设备；火线误接在电动机械的外壳上、误接在螺口灯泡的螺纹部分；用湿手拧灯泡；用普通 220V 灯泡代替行灯；线路检修完没有全部撤离现场就送电等。高压方面，有带电拉隔离开关或跌落式保险器；在高电压杆架设路线的电杆上检修电线或广播线；在高压杆上不停电刷漆等。

2. 缺乏电气安全知识

低压方面，有用手摸破损的胶盖闸刀开关；架空线折断后不停电用手去捡火线；有人触电后不首先停电而直接去拉触电者等。高压方面，有带电拉高压隔离开关；用手直接推跌落式保险器；少年孩童上高压杆掏鸟巢等。

3. 维护保养不善

设备在运行中能否安全、可靠运行与维修保养关系极大。很多企业维修制度不完善，不少设备处于无人管理状态，维修只满足于坏了才修、平时不保养。设备零件损坏没有及时更换，如胶壳闸刀开关胶盖破损，瓷插保险器零件断裂或丢失，引出线绝缘破损，机床软管配线接头处导线外露，运行中的电动机泡入水中或被雨淋等。

4. 设备质量差、安全性能不合格

低压方面，有的电器设备绝缘不合格，有的新设备漏电破壳；设备进线处未包扎好，裸露在外，绝缘破损；线路架设距离树木或建筑物太近；架空线路下垂太大，被汽车、拖拉机撞断；临时线架设不符合要求等。高压方面，有高压架空线架设高度或距离不符合规程要求；同杆架设线路误设在高压线上面；二线一地系统缺乏安全措施等。

5. 意外因素

天灾，如大风刮断架空线路而落地等。

据统计上述前四项约占触电事故的95%以上，这也是预防触电事故的重点所在，同时也说明绝大部分事故是可以避免的。

8.3.2 触电事故的规律

触电事故的特点是事故突然发生，时间极短，后果严重。但是，触电事故不是无法防止的，研究触电事故的规律，可以帮助我们制定有效的安全防范措施。

根据对已发生过的触电事故的分析，触电事故的发生大致有以下一些规律。

1. 多发于夏季

在6～9月份发生的触电事故占全年的80%；高压触电事故占全年的46%。在高压、低压触电事故中，均以七、八月份为全年的最高事故发生月。主要原因有以下几点。

（1）夏季气温高，工作人员所穿的衣服单薄，人体皮肤外露的面积大，有衣服遮护的部分，由于人体出汗而潮湿，或因空气湿度大使衣服潮湿，都会使触电的机会增大，后果也较严重。

（2）由于炎热或蚊虫影响等因素，夏季晚间休息不好，造成工作中精神不集中或操作失误导致触电。

（3）夏季也是电气设备故障率较高的季节。往往因高温、潮湿、大雨、雷电等因素的影响，设备及线路等出现故障，使得维修的工作量加大，也使触电机会增加。

2. 多发于使用手持式及移动式电气设备时

使用手持式电动工具及移动式电气设备时发生的触电故障率多于使用固定式电气设备时。其原因有以下几点。

(1) 手持式电动工具在使用时往往振动较大，易造成绝缘的损坏或结构上的损坏引起触电事故。

(2) 手持式电动工具的电源线在引出部位易磨损，一旦芯线导体外露或碰到金属外壳都会引起触电事故。

(3) 金属外壳的接地（接零）保护未能真正起作用，如插头部位有保护接线，在插座部位没有接保护线，或保护线本身断线或从接线端脱开都易引起触电事故。

(4) 工具停用未切断电源或移动式电气设备在移动时未切断电源，该电源线被拉断或碾伤后引起触电事故。

(5) 这些工具或设备在使用时往往握持很紧，一旦触电则后果更为严重。

(6) 设备本身无缺陷，使用时由于对施工部位情况不明，造成工具触及带电导线而造成触电事故。如墙面打孔，打到暗敷设的配线或楼板打孔到板孔内敷设的导线上，都可造成触电事故。

3. 多发于非电工

非电工的触电事故多于电工。其原因有以下几点。

(1) 直接操作电设备的大多是非电工，因其人数众多而使触电机会增多。

(2) 家用电器设备的增多与儿童好奇触摸造成触电机会增多。

(3) 非电工的电气知识、安全意识相对不足使触电的后果更趋严重。

4. 多发于农村

农村的触电事故多于城市。其原因主要如下。

(1) 线路的安全性差。如架空线路导线距地高度不足、导线弧垂过大、线间距离不足、木杆糟朽、以活树代替电杆、树木距线路过近、线路下方堆放物料过高等。

(2) 电气知识不足，安全意识差。

(3) 触电急救知识不足，造成救护人的触电。

(4) 安全用电制度未建立或已建立但不健全。

5. 多发于低压触电

低压触电事故多于高压触电事故。主要是因为低压设备的使用与维修的机会大大多于高压，使用以电为动力的机器的人数众多，且使用低压设备的人往往对安全防护工作重视不够，因此使触电机会增加。

6. 多发于错误操作和违章作业

错误操作和违章作业造成的触电事故多。主要是由于教育不够、安全措施不完备、操作者有章不循、违章操作等原因所造成。

8.3.3 触电的预防

主要有使用安全电压、保护接地、保护接零和使用漏电保护装置等。

1. 使用安全电压

安全电压是指人体较长时间接触带电体而不致发生触电危险的电压。我国对安全电压的规定：两导体间或任一导体与地之间均不得超过的工频电压有效值为50V。安全电压的额定值为36V、24V、12V、6V（工频有效值）。手持电动工具可采用42V安全电压；无特殊防护的局部照明灯可以采用36V或24V安全电压；金属容器内等特别危险环境的携带式照明灯可以根据危险程度，采用12V安全电压。

（1）除采用独立电源外，安全电压的供电电源的输入电路与输出电路必须实行电气上的隔离。

（2）工作在安全电压下的电路，必须与其他电气系统和任何无关的可导电部分实行电气上的隔离。

当电气设备采用了超过36V的安全电压时，应采取防止使用者直接接触带电体的保护措施。

注意，安全电压不适用于水下等特殊场所以及带电部分能伸入人体内的医疗设备。

2. 保护接地和保护接零

（1）保护接地。保护接地，就是将电气设备的金属外壳或构架与大地可靠连接，以防止因漏电而可能发生的触电。

在三相三线制中性点不接地电网中，当某一设备如电动机因内部绝缘损坏而使机壳带电时，如果人体触及机壳，则将有电流通过人体与电力网的分布电容构成回路，造成人体触电危险，如图8-4（a）所示。同样的情况下，当电气设备绝缘损坏，人体触及带电外壳时，由于采用了保护接地，人体电阻和接电电阻并联，人体电阻远远大于接地体电阻。通过人体的电流小了并且在安全范围内，从而避免了触电危险，如图8-4（b）所示。

（2）保护接零。在1000V以下的中性点接地的三相四线制低压系统中，为了防止触电事故，把电气设备的外壳或构架与系统的零线（中性线）相连，即保护接零。如图8-5（a）所示。

采取了保护接零措施后，如有电气设备发生单相碰壳故障时，形成一个单

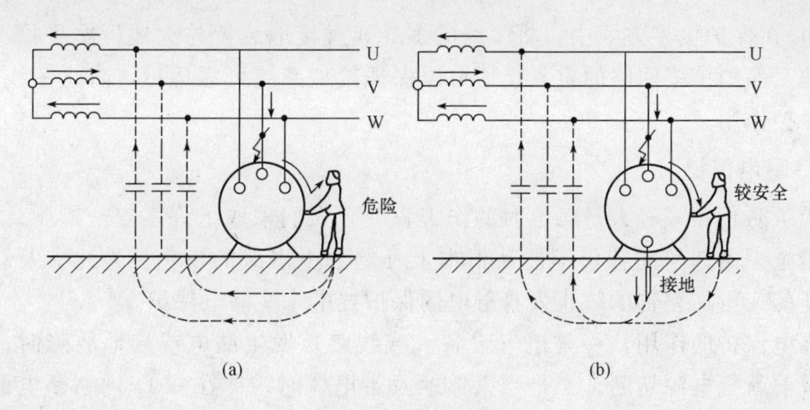

图 8-4　保护接地

相短路回路。由于短路电流极大，使熔丝快速熔断，保护装置动作，从而迅速切断电源，防止了触电事故的发生。

对于各种单相用电设备，如各种家用电器（电冰箱、洗衣机等）常用三眼插座和三脚插头与电源连通，如图 8-5（b）所示。使用时，应将用电设备外壳用导线连接到三脚插头中间那个较长、较粗的插脚上；然后，通过插座连接到电源的零线，以实现保护接零。

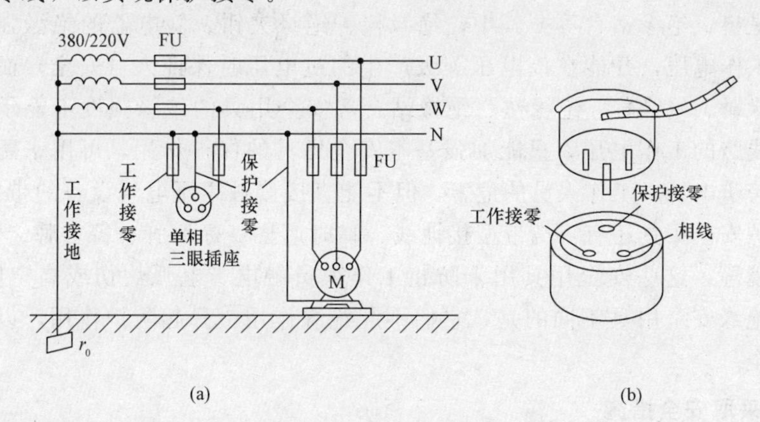

图 8-5　保护接零
（a）保护接零电路；（b）插座上的接零

这里需要特别注意的有以下几点。

1）保护接地或接零线不得串联。

2）保护零线上不准装设熔断器。

3）同一台变压器供电系统的电气设备不允许一部分采用保护接地，另一部分采用保护接零。

4）在保护接零方式中，将零线的多处通过接地装置与大地再次连接，叫重复接地。保护接零回路的重复接地可以保证接地系统可靠运行，防止零线断线，失去保护作用。

3. 漏电保护

为了防止和减轻人身触电时的伤害程度，人们采取了许多安全措施。然而，这些措施无论如何完善仍不能从根本上杜绝触电事故的发生。为此，人们又研究出新的、更加完善的防止人身触电的保护技术——漏电保护。

漏电保护的作用，一是电气设备（或线路）发生漏电或接地故障时，能在人触及前就把电源切断；二是当人体触及带电体时，能在0.1s内切断电源，从而减轻电流对人体的伤害程度。此外，还可以防止漏电引起的火灾事故。漏电保护作为防止低压触电伤亡事故的后备保护，已被广泛地应用在低压配电系统中。

4. 正确使用电气安全用具

电气安全用具是用来防止电气工作人员在工作中发生触电、电弧灼伤、高空摔跌等事故的重要工具。电气安全用具分绝缘安全用具和防护安全用具两大类。绝缘安全用具有：绝缘棒、绝缘夹钳、验电器、绝缘手套、绝缘靴、绝缘鞋、绝缘垫、绝缘站台等。其中，绝缘棒、绝缘夹钳、验电器的绝缘强度能长期承受工作电压，并能在该电压等级产生的过电压时保证人身安全，而绝缘手套、绝缘靴、绝缘鞋、绝缘垫、绝缘站台等安全用具的绝缘强度不能承受电气设备和线路的工作电压，只能加强基本安全用具的保护作用，可用来防止接触电压、跨步电压对工作人员的危害，但不能直接接触高压电气设备的带电部分。一般防护安全用具还有：携带型接地线、临时遮栏、标示牌、警告牌、安全带、防护目镜等，这些安全用具用来防止工作人员触电、电弧灼伤或高空坠落等。与上述绝缘安全用具不同的是，它们不起绝缘作用，只起防护作用，以保证人员的安全。

5. 采取安全措施

为了更好地使用电能，防止触电事故的发生，必须采取一些安全措施，具体如下。

（1）使用各种电气设备时，应严格遵守操作规程和操作步骤。

（2）各种电气设备，尤其是移动式电气设备，应建立经常或定期的检查制度，如发现故障或与有关规定不符合时，应及时加以处理（如采用保护接地和保护接零等安全措施）。

（3）禁止带电工作。如必须带电工作时，应采取必要的安全措施（如站在橡胶皮上、干燥的绝缘物上或穿上橡胶绝缘靴）。带电操作必须遵循有关的安全规定，由经过培训、考试合格的人员进行，并派有经验的电气专业人员监护。

(4) 具有金属外壳的电气设备的电源插头一般使用三极插头，其中带有“⏚”符号的一极应接到专用的接地线上。禁止将地线接到水管、煤气管等埋于地下的管道上使用。

8.3.4 触电的急救

触电急救的基本原则是动作迅速、方法正确。当触电人出现神经麻痹、呼吸中断、心脏停止跳动等征象，外表上呈现昏迷不醒的状态时，不应认为是生物性死亡，而应看作诊断性死亡，并且迅速而持久地进行抢救。有资料指出，从触电 1min 开始救治者，90%有效果；从触电 6min 开始救治者，10%有效果；从触电 12min 开始救治者，救活的可能性极小。所以，动作迅速非常重要。

1. 脱离电源

人触电以后，可能由于痉挛、失去知觉或中枢神经失调而紧抓带电体，不能自行脱离电源。帮助触电人尽快脱离电源，是救活触电人的首要因素。帮助触电人脱离电源的方法如下。

(1) 如果触电地点附近有电源开关或电源插销，可立即拉开开关或拔出插销。应注意拉线开关和平开关只控制一根线，如错误地安装在工作零线上，则断开开关只能切断负荷而不能断开电源。

(2) 如果触电地点附近没有电源开关或电源插销，可用有绝缘柄的电工钳或用有干燥木柄的斧头等切断电线。

(3) 当电线搭落在触电人身上或被压在身下时，可用干燥的衣服、手套、绳索、木板、木棒等绝缘物件作为工具，拉开触电人、拉开或挑开电线。

(4) 如果条件许可，可用干木板等绝缘物插入触电人身下，以隔断电流回路。

(5) 如果触电人的衣服是干燥的，又没有紧缠在身上，可以用一只手抓住其衣服拉离电源。但因触电人的身体是带电的，其鞋的绝缘也可能遭到破坏，救护人不得直接接触触电人的皮肤，也不能抓其鞋。

(6) 如果事故发生在线路上，可以采用抛掷临时接地线使线路短路并接地，迫使速断保护装置动作，切断电源。注意抛掷临时接地线前，其接地端必须可靠接地；一旦抛出，立即撒手；抛出的一端不可触及触电人及其他人。

(7) 尽量尽快通知前级停电。

选用上列方法时，务必注意高压与低压的差别。例如，拉开高压开关必须佩戴绝缘手套等安全用具，并按照规定的顺序操作；高压设有拔插销的方法等。各种方法的选用，应以快速为原则，并应注意以下几点。

(1) 救护人不可直接用手或其他导电性物件作为救护工具，而必须使用适当的绝缘工具；救护人最好用一只手操作，以防自己触电；对于高压，应注意保持必要的安全距离。

(2) 防止触电人脱离电源后可能的摔伤，特别是当触电人在高处的情况下，应考虑防摔措施；即使触电人在平地，也应注意触电人倒下的方向有无危险。

(3) 若事故发生在夜间，应迅速解决临时照明问题，以利于抢救。

(4) 实施紧急停电应考虑到事故扩大的可能性。

2. 现场急救方法

当触电人脱离电源后，应根据触电人的具体情况，迅速地对症救治。现场应用的主要方法是人工呼吸法和胸外心脏挤压法。

(1) 对症救护。对于需要救护者，应按下列情况分别处理。

1) 如果触电人伤势不重、神志清醒，但有些心慌、四肢发麻、全身无力，或触电人曾一度昏迷，但已清醒过来，应使触电人安静休息，不要走动；注意观察并请医生前来治疗或送往医院。

2) 如果触电人伤势较重，已经失去知觉，但心脏跳动和呼吸尚未中断，应使触电人安静地平卧；保持空气流通，解开其紧身衣服以利呼吸；如天气寒冷，应注意保温；并严密观察，速请医生治疗或送往医院。如果发现触电人呼吸困难、稀少或发生痉挛，应准备心脏跳动或呼吸停止后立即作进一步抢救。

3) 如果触电人伤势严重，呼吸停止或心脏跳动停止，或两者都已停止，应立即施行人工呼吸和胸外挤压急救，并速请医生治疗或送往医院。

应当注意，急救应尽快开始就地进行，不能等候医生的到来。

(2) 人工呼吸法。人工呼吸前要清理病人口腔、鼻腔里的痰涕和异物，摘掉活动的假牙，使呼吸道通畅。让触电者仰卧、头向后仰，抢救者一手托起下巴（或托在颈后），另一只手捏住鼻翼，深吸一口气，紧对触电者的口吹气，约2s，吹气不必过于用力，（尤其是对儿童，过度用力容易吹破肺泡）以胸部微微鼓起为限。吹完气后，嘴马上离开，同时松开鼻翼，让病人的胸部回缩呼气，约3s，反复进行，每分钟吹气15次左右。如发现触电者胃部充气膨胀可一面进行人工呼吸，一面用手轻轻压在其上腹部。对牙关紧闭者可以对其鼻孔吹气，触电者开始自行呼吸后，还应仔细观察呼吸是否再次停止。进行人工呼吸时，如果触电者本来就有或经过抢救有了微弱呼吸，要注意和触电人自主呼吸的规律保持一致。人工呼吸法如图8-6所示。

(3) 胸外心脏挤压法。使触电者平躺下，头向后仰。救护人跪在触电者一侧或跨在其腰部两侧，两手交叉相叠，用掌根（对于婴儿只用拇指）对准心窝处（两乳中间）向下按压，注意不是慢慢用力，要有一定的冲击力，但也不要用力过猛，此时心脏收缩（对于成人，压陷胸骨3～4cm，儿童酌减）。然后，

(a)　　(b)

图 8-6　人工呼吸法

(a) 吹气；(b) 呼气

突然放松（但不要离开胸壁），让胸部自动恢复原状，此时心脏扩张，如此反复做，每分钟约 60 次。胸外心脏挤压法如图 8-7 所示。

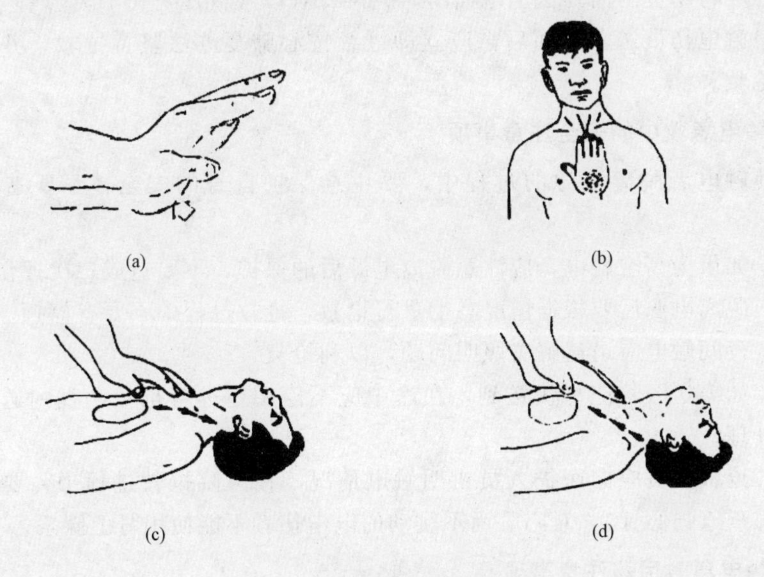

(a)　　(b)

(c)　　(d)

图 8-7　胸外心脏挤压法

(a) 心脏挤压的手势；(b) 心窝位置；

(c) 向下挤压、心脏收缩；(d) 收回挤压、心脏扩张

3. 杆上或高处触电急救

第一，发现杆上或高处有人触电，应争取时间及早在杆上或高处开始进行抢救。救护人员登高时应随身携带必要的工具、绝缘工具以及牢固的绳索等，并紧急呼救。

第二，救护人员应在确认触电者已与电源隔离，且救护人员本身所处环境在安全距离内无危险电源时，方能接触伤员进行抢救，并应注意防止发生高空

坠落的可能性。

第三，高处抢救时需要注意以下问题。

(1) 触电伤员脱离电源后，应将伤员扶卧在适当地方躺平，并注意保持伤员气道通畅。

(2) 救护人员迅速按照有关规定判定反应、呼吸和循环情况。

(3) 如伤员呼吸停止，立即口对口（鼻）吹气 2 次，再测试颈动脉；如有搏动，则每 5s 继续吹气 1 次，如颈动脉无搏动时，可用空心拳头叩击心前区 2 次，促使心脏复跳。

(4) 高处发生触电，为使抢救更为有效，应及早设法将伤员送至地面。在完成上述措施后，应立即用绳索迅速将伤员送至地面，或采取可能的迅速有效的措施送至平台上。

(5) 在将伤员由高处送至地面前，应再口对口（鼻）吹气 4 次。

(6) 触电伤员送至地面后，应立即继续按心肺复苏法坚持抢救，并迅速送往医院抢救。

4. 触电急救中的安全注意事项

在使触电者脱离电源的过程中，要注意保护自身的安全，不要造成再次触电。

(1) 如果为高空触电，应注意脱离电源后的保护，不要造成二次摔伤。

(2) 脱离电源后要根据情况马上进行抢救，抢救过程中不要有停顿。

(3) 夜间触电应迅速解决照明问题，以利抢救。

(4) 如需送医院应尽快送到，在途中应不停顿地进行抢救，直到送至医院交医生处理。

(5) 抢救人员应向医护人员讲明触电情况，在医院抢救过程中，要慎重使用肾上腺素（强心针），对心脏尚不跳动的电击伤者不能使用肾上腺素。

5. 触电急救用药注意事项

触电急救的用药应注意以下两点。

(1) 任何药物都不能代替人工呼吸和胸外心脏挤压的抢救。人工呼吸和胸外心脏挤压是最基本的急救方法，是第一位的急救方法。

(2) 应慎重使用肾上腺素。肾上腺素有使停止跳动的心脏恢复跳动的作用，即使出现心室颤动，也可以使细的颤动转变为粗的颤动而有利于除颤；另一方面，肾上腺素可能使衰弱的跳动不正常的心脏变为心室颤动，并由此导致心脏停止跳动而死亡。因此，对于用心电图仪观察尚有心脏跳动的触电人不得使用肾上腺素。只有在触电人已经经过人工呼吸和胸外心脏挤压的急救，用心电图仪鉴定心脏确已停止跳动，又具备心脏除颤装置的条件下，才可考虑注射肾上腺素。

此外，对于与触电同时发生的外伤，应分情况酌情处理。对于不危及生命的轻度外伤，可放在触电急救后处理；对于严重的外伤，应与人工呼吸和胸外心脏挤压同时处理；如伤口出血应予以止血，为了防止伤口感染，最好给予包扎。

项目9 保护接地与接零

接地和接零在工程上应用极为广泛，是防止电气设备意外带电造成触电事故的基本安全技术措施。

电气设备（包括装置）因绝缘劣化甚至完全损坏或其他原因，会造成设备外壳带电，最高能达到相电压。这种故障如不能及时排除，一会造成人体触电事故；二会造成泄漏电流。泄漏电流产生的热量、电火花会造成火灾、爆炸等灾害。为了保护人的生命安全和电力系统的可靠工作，需要对变电、配电和用电设备采取接地或接零的措施。采用了保护接地或接零以后，一般能及时使保护装置动作而切断电源、减轻或避免上述危害。这就是保护接地或接零的功能。

9.1 保护接地与接零概述

9.1.1 保护接地

保护接地，就是把在故障情况下，可能呈现危险的对地电压的金属部分同大地紧密地连接起来。

1. 分类

（1）工作接地。电力系统中，为了运行的需要而设置的接地为工作接地，如变压器中性点的接地。与变压器、发电机中性点连接的引出线为工作零线，将工作零线上的一点或多点再次与地可靠的电气连接为重复接地。从中性点引出的专用保护零线的PE线为保护零线。低压供电系统中，工作零线与保护零线应严格分开。

（2）保护接地。电气设备的金属外壳、钢筋混凝土电杆和金属杆塔，由于绝缘损坏可能带电，为了防止这种电压危及人身安全而设置的接地为保护接地。电气设备金属外壳等与零线连接为保护接零。

（3）防静电接地。防静电接地是为了消除生产过程中产生的静电及其危险影响而设置的接地。

（4）防雷接地。防雷接地是为了消除雷击和过电压的危险影响而设置的接地。

（5）屏蔽接地。屏蔽接地是为了防止电磁感应而对电气设备的金属外壳、屏蔽罩、屏蔽线的金属外皮及建筑物金属屏蔽体等进行的接地。

2. 原理

在IT或TT系统中，为防止因电气设备绝缘损坏或带电部分碰及外露可导电部分，使人身遭受触电危险，将电气设备外露可导电部分通过保护导体与电力系统无关的接地体进行电气连接，叫保护接地。

（1）IT系统的保护原理。IT系统的保护原理如图9-1所示。先设A点断开，即没有接地保护。当用电器M的外壳和火线相碰时，接地电流 I_E 经人体、大地和阻抗 Z 构成回路。Z 可以看作线路对地电容（分布电容）的容抗和对地绝缘电阻的并联值，以容抗为主。当电网对地绝缘良好时，Z 非常大而 I_E 很小，不足以对人体构成伤害；但当电网对地绝缘遭到破坏时，Z 降低、I_E 增大，就可能危及人的生命。有了接地保护后，I_E 流过接地装置和人体两条支路，由于人体电阻 R_2、再加上人体同大地和用电器外壳的接触电阻比接地装置的电阻 R_1 大得多，故 I_E 不会危及人的安全。

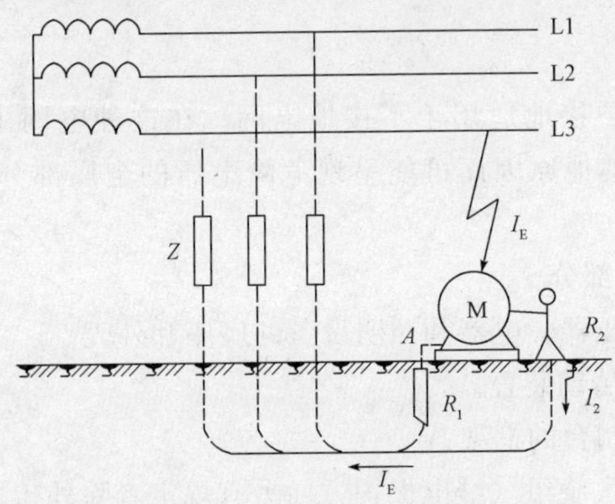

图9-1 IT系统的保护原理

（2）TT系统的保护原理。TT系统的保护原理如图9-2所示。当机壳漏电时，接地电流经电动机的接地装置、大地和供电变压器的接地装置回到零点。一般情况下，接地电流能使保护装置动作而切断电源。

以下是对于TT系统可靠性的分析。设变压器和电动机的接地电阻分别为 R_1 和 R_2，则接地电流 I 为

$$I_E=\frac{U}{R_1+R_2}=\frac{220\text{V}}{(4+4)\Omega}=27.5(\text{A}) \tag{9-1}$$

我们知道，流过普通熔体的实际电流等于或大于其额定电流的 2.5 倍时，才能保证熔体很快熔断。流过低压断路器的实际电流等于或大于其整定电流的 1.25 倍时，才能使断路器很快跳闸。所以，27.5A 的故障电流只能保证额定电流为 11A 的熔体和整定电流为 22A 的断路器很快动作。若电气设备的功率大，所用的熔丝和自动开关的整定电流大于上述数值，则保护装置不能及时动作，此时机壳和零点均有 110V 的电压。显然，TT 系统的保护性能不如 TN 系统好，但接地比接零应用方便。

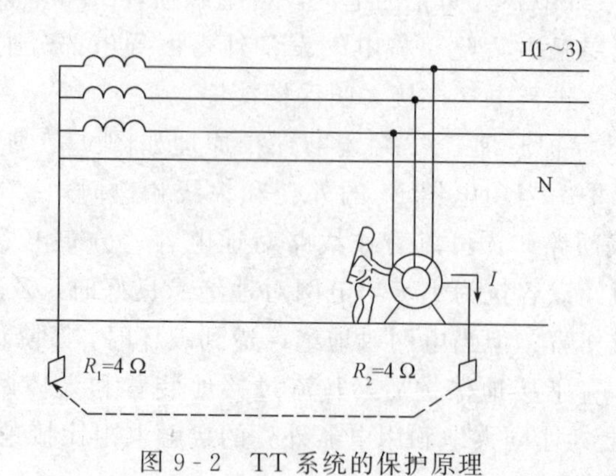

图 9-2　TT 系统的保护原理

3. 应用

（1）范围。保护接地适用于不接地电网。在这种电网中，无论环境如何，凡由于绝缘破坏或其他原因而可能呈现危险电压的金属部分，除另有规定者外均须接地。

1）需要接地的部分。

a. 电动机、变压器、电器和照明设备的底座和外壳。

b. 电气设备的传动装置。

c. 配电屏与控制台的框架。

d. 互感器的二次绕组（继电保护方面另有规定者除外）。

e. 室内外配电装置的金属和钢筋混凝土构架以及靠近带电部分的金属遮栏和金属门。

f. 交直流电力电缆接线盒、终端盒外壳和电缆护套、布线钢管等。

g. 安装在配电线路杆塔上的电气设备，如熔断器、电容器等。

h. 安装控制电缆的金属护套。

i. 安装有避雷线的电力线路杆塔。

j. 居民区无避雷线不接地短路电流架空电力线路的金属和钢筋混凝土杆塔。

k. 电除尘器的构架。

l. 封闭母线的外壳及其他裸露的金属部位。

m. 六氟化硫封闭式组合电器和箱式变电站的金属箱体。

2）不需要另接地的部分。

a. 在不良导电地面（木制、沥青）的干燥房间内，当交流额定电压为380V及以下和直流额定电压为400V及以下时，电气设备金属外壳不需要接地，但当维护人员因某种原因同时可能触及其他电气设备中已接地的其他物体时，则仍应接地。

b. 在干燥场所，当交流电压为36V及以下和直流额定电压为110V及以下时，电气装置不需要接地，但有爆炸危险的设备除外。

c. 电力线路的木杆塔和屋外变电所木构架上的悬式和针式绝缘子金属附件（污积地区除外）以及照明灯具。

d. 安装在控制盘、配电屏及配电装置间隔上的电气测量仪表、继电器及其他低压电器等的外壳，以及当发生绝缘损坏时，在支持物上不会引起危险电压的绝缘子金属附件。

e. 已接地的金属构架上和配电装置间隔上，可以拆卸和打开的部分。

f. 安装在已接地的金属构架上的设备，如套管及两端已接地的铠装电力电缆的构架。

此外，木结构或木杆塔上方的电气设备的金属外壳一般不应接地。

（2）要求。

1）电气设备一般应接地或接零，以保证人身和设备的安全。一般，三相四线制供电系统应采用保护接零，重复接地。但由于三相负载不易平衡，零线会出现电流，而导致触电事故。因此，三相四线供电系统的电气设备应采用保护接地。

2）不同电压、不同用途的电气设备，一般应使用一个总的接地体，接地电阻应符合设备中最小值的要求。

3）当受条件限制，接地有困难时，允许设置操作和维护电气设备用的绝缘台，其周围应尽量使操作人员没有偶然触及外物的可能。

4）低压电网的中性点可直接接地或不接地。380/220V低压电网的中性点应直接接地，但应装设能迅速自动切除接地短路故障的保护装置。

5）中性点直接接地的低压电网中，电气设备的外壳应采用保护接零；中性点不接地的电网，电气设备的外壳应采用保护接地。由同一发电机、同一变压器或同一段母线供电的低压线路，不应有同时接地和接零两种保护。当全部采用接零保护有困难时，也可同时采用接地和接零，但不接零的电气设备或线段，应装设能自动切除接地故障的保护装置。在潮湿场所或条件特别恶劣场所的电网，电气设备的外壳应采用保护接零。

6）中性点直接接地的低压电网中，一般零线应在电源进户处重复接地。在架空线路的干线和分支线的终端及沿线每1km处，零线应重复接地。电缆和架空线在引入车间或大型建筑物入口处，零线应重复接地，或在屋内将零线与配电屏、控制屏的接地装置相连。高低压线路同杆架设时，在终端杆上，低压线路的零线应重复接地。在中性点直接接地的低压电网中及高低压同杆的电网中，钢筋混凝土杆的铁横担和金属杆应与零线连接，钢筋混凝土杆的钢筋应与零线连接。

9.1.2 保护接零

保护接零，就是把电气设备在正常情况下，不带电的金属部分与电网的保护零线紧密地连接起来。

在中性点接地的380V/220V三相四线制的供电系统中，如果用电设备不采取任何安全措施，则当电气设备漏电或绝缘击穿时，触及设备的人体就会承受将近220V的相电压，显然对人体的安全是很危险的。

在采用保护接零的电力系统中，所有用电设备的金属外壳都与零线有良好的连接。当电气设备绝缘损坏，发生碰壳短路时，能迅速自动切断故障设备的电源，从而保证了人体的安全。即使在熔断器熔断前的时间内，人体如果接触到带电体的外壳时，由于线路的电阻远小于人体的电阻，大量的电流将沿线路通过，而通过人体的电流极其微小，也是很安全的。

一般在变压器的低压侧中性点直接接地的380V/220V三相四线制电网中，不论环境条件如何，凡由于绝缘损坏而可能出现危险的对地电压的金属部分都应接零。

1. 原理

TN系统中的字母N表示电气设备在正常情况下不带电的金属部分与配电网中性点之间金属性的连接，即与配电网保护零线（保护导体）的紧密连接。这种做法就是保护接零。或者说，TN系统就是配电网低压中性点直接接地、电气设备接零的保护接零系统。

在三相四线配电网中，应当区别工作零线和保护零线。前者即中性线，用N表示；后者即保护导体，用PE表示。如果一根线既是工作零线又是保护零线，则用PEN表示。

保护接零的原理如图9-3所示，当某相带电部分碰连设备外壳（即外露导电部分）时，通过设备外壳形成该相对零线的单相短路，短路电流促使线路上的短路保护元件迅速动作，从而把故障部分设备断开电源，消除电击危险。

TN系统分为TN-S、TN-C-S、TN-C三种方式。如图9-4所示，TN-S系

图 9-3　TN系统的保护原理

统是保护零线与工作零线完全分开的系统；TN-C-S系统是干线部分的前一段保护零线与工作零线共用，后一段保护零线与工作零线分开的系统；TN-C系统是干线部分保护零线与工作零线完全共用的系统。

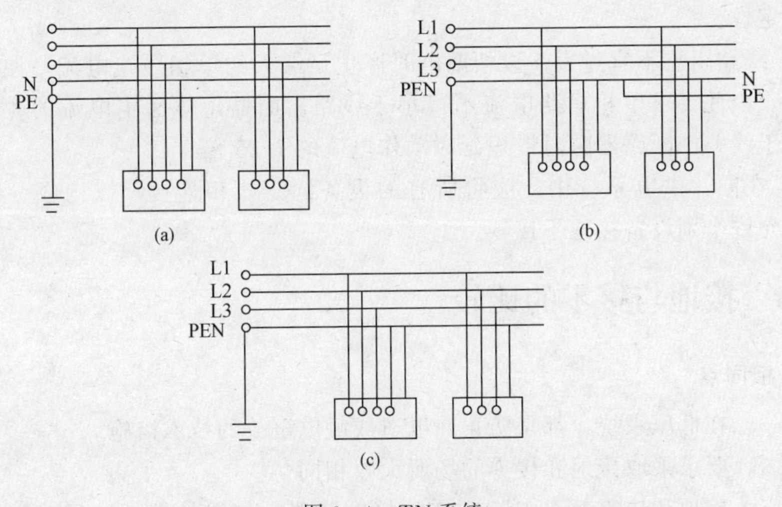

图 9-4　TN系统

(a) TN-S系统；(b) TN-C-S系统；(c) TN-C系统

2. 应用

(1) 范围。保护接零用于中性点直接接地的220V/380V三相四线配电网。在这种配电网中，接地保护方式（TT系统）难以保证充分的安全条件，不能轻易采用。在接零系统中，凡因绝缘损坏而可能呈现危险对地电压的金属部分均应接零。要求接零和不要求接零的设备和部位与保护接地的要求大致相同。

TN-S系统可用于有爆炸危险，或火灾危险性较大，或安全要求较高的场所；宜用于有独立附设变电站的车间。

TN-C-S 系统宜用于厂内设有总变电站，厂内低压配电的场所及民用楼房。

TN-C 系统可用于无爆炸危险、火灾危险性不大、用电设备较少、用电线路简单且安全条件较好的场所。

(2) 要求。

1) 中性点直接可靠接地，接地电阻应不大于 4Ω。

2) 工作零线、保护零线应可靠重复接地，重复接地的接地电阻应不大于 10Ω，重复接地的次数应不少于 3 次。

3) 接零的导线截面一般不得小于相应相线导线截面的 1/2。而机床在接地或接零时，按 IEC 技术条件，在主导线截面小于 $16mm^2$ 情况下，其接地或接零导线的截面应与主导线的截面相同；当主导线截面大于 $25mm^2$ 时，接地或接零导线的截面至少应为主导线截面的 50%，但不得小于 $16mm^2$，而且导线必须是多股胶合软铜线，电线的颜色必须用黄绿双色的绝缘线。

4) 保护零线和工作零线不得装设熔断器或开关，必须具有足够的机械强度和热稳定性。

5) 线路阻抗不宜过大，以便漏电时产生足够大的单相短路电流，使保护装置动作。因此要求单相短路电流不得小于线路熔断器熔体额定电流的 4 倍，或不得小于线路中断路器瞬时或短延时动作电流的 1.25 倍。

6) 在同一供电系统中，应将所有的设备同零线相连接，以构成一个零线网，不允许个别设备接地不接零。

9.1.3 接地与接零的比较

1. 相同点

第一，在低压系统，都是防止漏电造成触电事故的技术措施。

第二，要求采取接地和接零的场所大致相同。

第三，接地和接零都要求有一定的接地装置，如保护接地装置、工作接地装置和重复接地装置，而且各接地装置接地体和接地线的施工、连接基本相同。

2. 不同点

(1) 保护原理不同。低压系统保护接地的基本原理是限制漏电设备的对地电压，使其不超过某一安全范围。保护接零是借接零线路使设备漏电时形成单相短路，促使线路上保护装置迅速动作。同时，保护接零系统中的保护零线和重复接地也有一定的降压作用。

(2) 线路结构不同。保护接地系统只有保护地线。保护接零系统中必须有工作零线，有工作接地和重复接地，必要时保护零线和工作零线还应分开。

(3) 适用范围不同。保护接地适用于一般的低压中性点不接地电网。保护接零适用于中性点直接接地的低压电网。

9.2 工作接地与重复接地

9.2.1 工作接地

在电力系统中，由于运行和安全的需要，在系统中某些点进行的接地叫工作接地，如变压器和互感器的中性点接地，两线一地系统的一相接地等，都属于工作接地。

在接零系统中，变压器低压侧中性点直接接地的工作接地有以下作用。

1. 能迅速切断故障设备

在不接地系统中，当某相接地时，接地电流很小，因此，保护设备不能迅速动作切断电流，从而会使故障长期持续下去。

而在中性点接地系统中当一相接地时，接地电流将成为很大的单相短路电流，使保护设备能准确而迅速地动作切断故障线路，以保证其他线路和设备能正常运行。

2. 减轻一相接地的危险

如图9-5所示，发生一相接地事故时，接零设备对地电压为

$$U_0 \approx I_d R_d = \frac{R_0}{R_0 + R_d} U \quad (9-2)$$

减小 R_0 可以把 U_0 限制在某一范围内，同时另外两相对地电压也能控制在一定范围内。当取工作接地电阻 $R_0 \leqslant 4\Omega$，一般可以限制另外两相对地电压不超过250V。

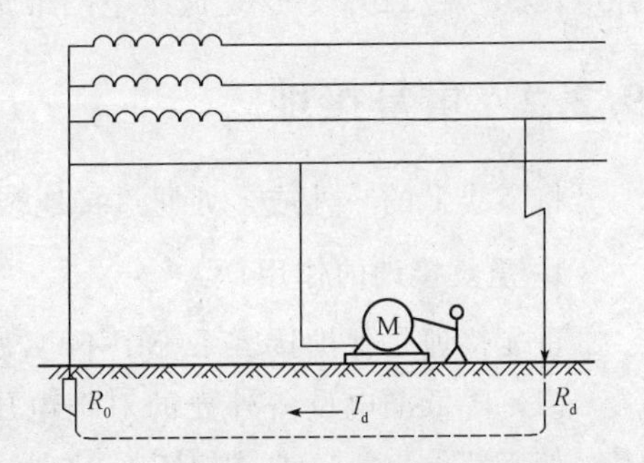

图9-5 变压器中性点接地时一相接地

3. 减轻高压窜入低压的危险

工作接地能稳定系统的电位，限制系统对地电压不超过某一范围，减轻高压窜入低压的危险。如图9-6所示，当高压窜入低压时，低压零线对地电压为

$$U_0 = I_{gd} R_0 \quad (9-3)$$

式中 I_{gd}——高压系统单相接地电流。

对于不接地的高压电网，单相接地电流通常不超过30A，$R_0 \leqslant 4\Omega$ 是能满足要求的。

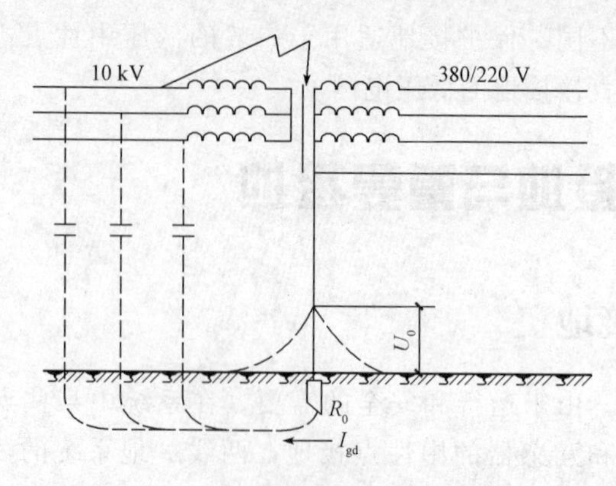

图 9-6 中性点接地时高压窜入低压

4. 可降低对电气设备和电力线路绝缘水平的要求

由于中性点接地系统中一相接地时，其他两相的对地电压不会升高至线电压，而是近似或等于相电压，所以在中性点接地系统中，电气设备和线路的绝缘水平可只根据相电压考虑，从而降低了对设备和线路绝缘水平的要求。

变压器中性点采用工作接地后，为相电压提供了一个明显可靠的参考点，对稳定电网的电位起着重要作用。并为单相设备提供了一个回路，使系统有两种电压 380V/220V，这是低压电网最常用的接线方式。

9.2.2 重复接地

将零线上的一处或多处通过接地装置与大地再次连接，称为重复接地。

1. 重复接地的作用

重复接地是保护接零系统中不可缺少的安全措施，它有以下的安全作用。

(1) 降低漏电设备外壳的对地电压。电气设备外露可导电部分采用保护接零，如未装设重复接地，如图 9-7 所示，当电气设备漏电时，线路继电保护装置动作前，尚未断开电源的一段时间内，外露可导电部分带有较高电压，在数值上等于单向接地短路电流在零线上产生的电压降。一般情况下，零线截面为相线截面的 1/2，则零线阻抗为相线阻抗的两倍，这时漏电设备外壳对地电压为 147V。当有人触及漏电设备外露可导电部分，触电的危险性很大。即使相线和零线截面相等，零线阻抗等于相线阻抗，此时漏电设备外壳对地电压为 110V，该电压仍然很危险。

当在零线上装设了重复接地，如图 9-8 所示，这时漏电设备外露可导电部分对地电压仅为零线上电压降的一部分。规程规定重复接地电阻不大于 10Ω，工作接地电阻 R_0 不大于 4Ω，当零线阻抗为相线阻抗 2 倍时，中性线上电压降为

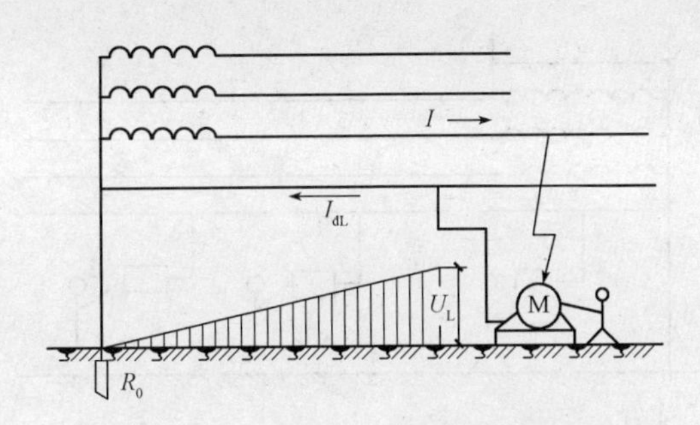

图 9-7　无重复接地的保护接零

147V，漏电设备外壳对地电压为 105V。当零线和相线阻抗相等时，零线上电压降为 110V，漏电设备外壳对地电压为 79V。虽然这个电压还高于规定的安全电压（50V），但较无重复接地时已减少了。即降低了漏电设备外壳的对地电压，减少了触电危险。

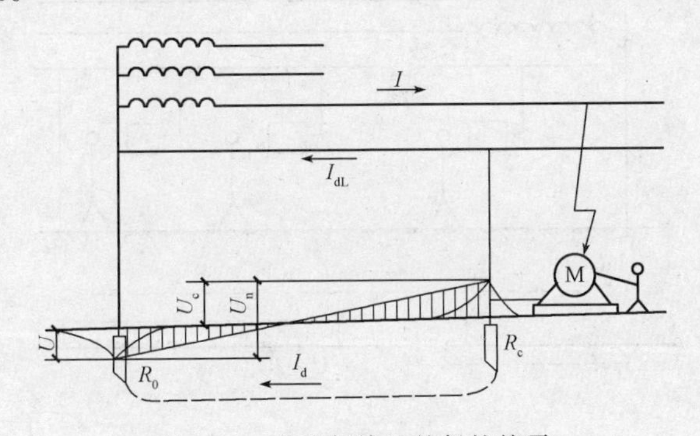

图 9-8　有重复接地的保护接零

（2）减轻 PEN 线断线后可能出现的危险。图 9-9 所示是没有重复接地的接零系统，当零线断裂且有一相碰壳时，故障电流将通过设备、人体和工作接地电阻构成回路。因为人体电阻比工作接地电阻大得多，所以在零线断线后人体几乎承受全部相电压，是一种很危险的情况。

如图 9-10 所示，当在零线上有重复接地 R_c 时则是另一种情况。这时，碰壳电流主要通过重复接地电阻 R_0 和工作接地电阻 R_c 而成回路。

在断线之后，接零设备对地电压则为

$$U_c = I_d R_c \tag{9-4}$$

在断线之前，接零设备对地电压则为

$$U_0 = I_d R_c \tag{9-5}$$

U_c 和 U_0 之和为电网相电压。因为 U_c 和 U_0 都小于相电压，所以危险程度稍有减轻。

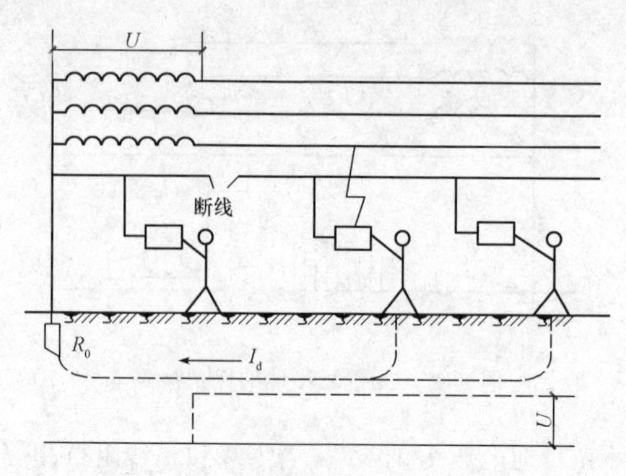

图 9-9　无重复接地时零线断线

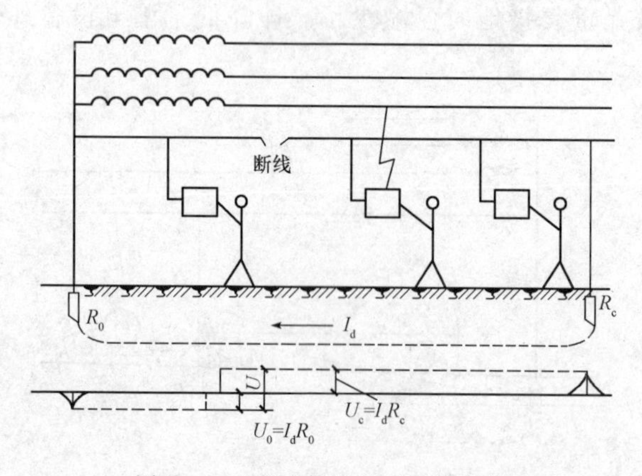

图 9-10　有重复接地时零线断线

从减轻零线断线事故的危险程度来看，在同一条零线上适当多加几处重复接地会有好处。尽管如此，零线断裂还是有危险的，应当避免这样的事故。为此，在电力线系统中，作保护接零的零线上，严禁装设熔断器及开关，零线导线的截面积也不应过小。

在接零系统中，当零线断线时，若三相负荷严重不平衡时，即使没有发生设备的碰壳短路，零线上也可能出现危险的对地电压。在这种情况下，重复接地可减轻或避免危险的发生。

(3) 缩短漏电故障持续时间。因为重复接地和工作接地构成零线的并联分支，所以当发生短路时能增大单相短路电流，而且线路越长，效果越显著，这就加速了线路保护装置的动作，缩短了漏电故障持续时间。

(4) 改善架空线路的防雷性能。架空线路零线上的重复接地对雷电流有分流作用，有利于限制雷电过电压。

2. 重复接地的要求

电缆或架空线路引入车间或大型建筑物处、配电线路的最远端及每 1km 处、高低压线路同杆架设时共同敷设的两端应作重复接地。

线路上的重复接地宜采用集中埋设的接地体。车间内宜采用环形重复接地或网络重复接地。零线与接地装置至少有两点连接，除进线处的一点外，其对角线最远点也应连接，而且车间周围边长超过 400m 者，每 200m 应有一点连接。

一个配电系统可敷设多处重复接地，并尽量均匀分布，以等化各点电位。

每一重复接地的接地电阻不得超过 10Ω；在变压器低压工作接地的接地电阻允许不超过 10Ω 的场合，每一重复接地的接地电阻允许不超过 30Ω，但不得少于 3 处。

9.3　接地装置

接地装置是接地体和接地线的总称。接地装置示意如图 9 - 11 所示。

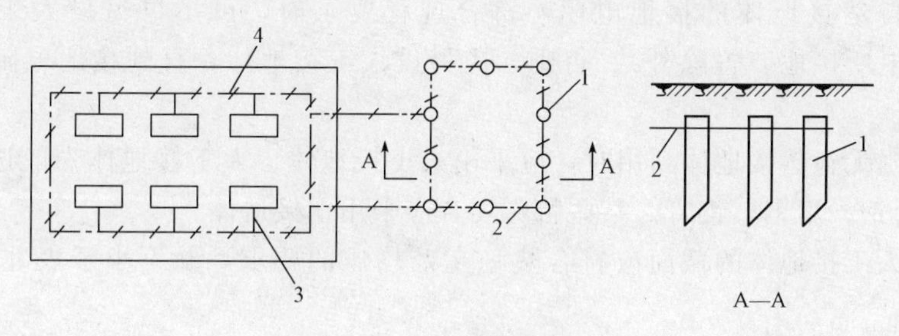

图 9 - 11　接地装置示意

1—垂直接地体；2—水平接地体；3—室内明敷接地干线；4—接地支线

9.3.1　接地装置的选择

1. 接地体的选择

接地体又叫接地极，指埋入土或混凝土基础中作散流用的导体。接地体分为两种。

(1) 自然接地体。在有条件的地方，应优先考虑利用自然接地体。采用自然接地体可节约钢材、节省费用，还可降低接地电阻。

凡与大地有可靠接触的金属导体，除有规定外，均可作为自然接地体。例如，埋设在地下的金属管道（流经可燃或爆炸性物质的管道除外）、金属井管、与大地有可靠连接的建筑物及构筑物的金属结构、水中构筑物的金属桩以及直接埋地的电缆金属外皮（铝皮除外）等。

因为直流电流有比较强烈的腐蚀作用，所以一般不允许采用自然导体作为载流的直流接地体。

(2) 人工接地体。当自然接地体不能满足要求时，再装设人工接地体。但发电厂和变电站都必须装设人工接地体。

人工接地体多采用钢管、角钢、扁钢、圆钢或废钢铁制成。接地体宜垂直埋设在多岩石地区，按敷设方式不同，人工接地体又分为水平接地体和垂直接地体。水平接地体一般由镀锌扁钢制作；垂直接地体一般由钢管、角钢、圆钢、铜板制作。

接地体选择时，需要注意以下问题。

1）交流电力设备的接地装置，在满足热稳定和机械强度要求的条件下应尽量利用自然接地体。自然接地体包括金属井管、与大地有可靠连接的建筑物的金属结构，人工构筑物及其他类似构筑物的金属管桩、柱、基础。在利用自然接地体时，应考虑到接地装置的可靠性，不能因自然接地体的变动而受影响。

2）禁止使用可燃性液体、气体、供暖系统等管道作为自然接地体。

3）自然接地体的接地电阻，符合规程要求时，可不再另设人工接地体（变、配电所接地装置除外）。否则，应另设人工接地体，直到接地电阻满足要求为止。

4）当无自然接地体利用时，应采用人工接地体。人工接地体一般选用镀锌圆钢、角钢、扁钢、钢管。某些特殊场合应采用铜接地体。

5）人工接地体的截面应符合热稳定及均压的要求，并不小于表 9-1 所列数值。

表 9-1　　钢接地体和接地线的最小规格

种类、规格及单位		地上		地下	
		室内	室外	交流电流回路	直流电流回路
圆钢直径/mm		6	8	10	12
扁钢	截面/mm^2	60	100	100	100
	厚度/mm	3	4	4	6
角钢厚度/mm		2	2.5	4	6
钢管管壁厚度/mm		2.5	2.5	3.5	4.5

6）在地下不得使用裸铝导体作为接地体。

7）接地体均应采用热镀锌件。在腐蚀性较强场所，应适当加大截面。

8）直流电力设备的接地体，不应利用自然接地体。

9）变配电所的接地装置，宜采用以水平接地体为主的人工接地网，并构成闭合环形。

2. 接地线的选择

各种引下线断接卡子或换线处至接地体的连接导体就是接地线。它是接地电流由接地螺栓流向大地的导体。接地线一般是扁钢、圆钢或裸铜线。

接地线分为接地干线和接地支线，沿建筑物表面敷设的共用接地线，称为接地干线；由电气设备或杆塔的接地螺栓至接地干线的接地线，称为接地支线。

接地线分为人工接地导体和自然接地导体。自然接地导体包括各种金属管道，金属构件，混凝土桩、柱，基础内的钢筋。

接地线选择时，需要注意以下问题。

(1) 禁止使用可燃性液体、气体及供暖系统作为自然接地导体。

(2) 不得使用金属蛇皮管、管道保护层的金属保护网外皮及电缆的金属铠装层做接地线。

(3) 人工接地导体，一般选用镀锌扁钢、圆钢，也可采用铜、铝导线，埋在地下的接地线不允许采用铝线。移动式电气设备的接地线应采用裸软铜线。

(4) 人工接地导体的截面应符合载流量、热稳定及单相接地短路时保护可靠动作的要求，当按表 9-2 选择接地线截面时，不必进行热稳定校验。

表 9-2　接地线最小截面　单位：mm^2

装置的相线截面 S	接地线及保护线最小截面
$S \leqslant 16$	S
$16 < S \leqslant 35$	16
$S > 35$	$S/2$

(5) 埋入土内的接地线最小截面，应不小于表 9-3 所列规格。

表 9-3　埋入土内的接地线最小截面　单位：mm^2

有无防护	有防机械损伤保护	无防机械损伤保护
有防腐蚀保护的	按热稳定条件确定	钢 16、铁 25
无防腐蚀保护的	铜 25	铁 50

9.3.2 接地装置的安装

1. 接地体的安装

(1) 接地体的布置应尽量减少接触电压和跨步电压。其形状根据安全、技术、地理位置等要求确定。接地体形状一般有条形、环形、放射性多种，如图

9-12所示。变（配）电站或配电变压器的接地装置应做成闭合环形。

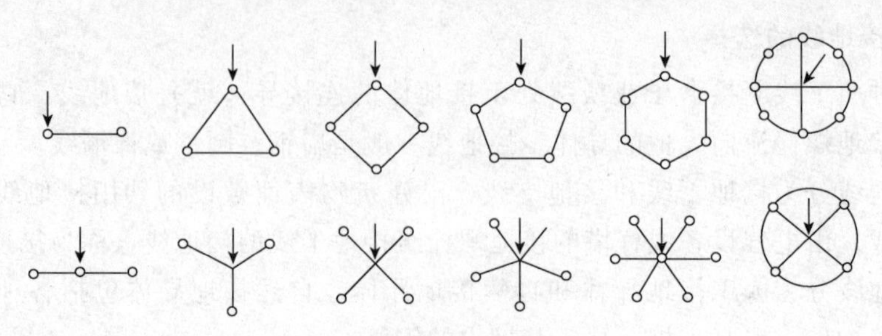

图 9-12　常用垂直接地体布置

（2）接地体不应埋在垃圾、炉渣或含有电解时能产生腐蚀性物质的土中，必要时可采取外引式接地装置或改良土的措施。

（3）水平接地体埋设深度不应小于 0.6m，距建筑物距离不应小于 3m，水平相互间距按设计规定或大于 5m，以便减少流散屏蔽。

（4）垂直接地体的长度不应小于 2.5m，相互间距不应小于 5m，以便减少流散屏蔽。

（5）接地体在经过道路及出入口时，应采用帽檐式均压带作法或上面加沥青保护层，以减少接触电压和跨步电压。

（6）水平接地体在与公路、铁路、管道交叉时，穿过墙壁、楼板和地坪处应加钢管保护。

（7）接地体安装完后，回填土不得夹有石块和建筑垃圾，外取土不得有腐蚀性，回填时应分层夯实，并培防沉层。

2. 接地线的安装

（1）人工接地线不应埋在储藏白灰、焦渣的屋内，否则应用水泥砂浆全面保护。

（2）室内明敷接地干线安装敷设位置不应妨碍设备的拆卸与检修，接地线应水平敷设或垂直敷设，也可与建筑物倾斜结构平面敷设，在直线段不应有高低起伏及弯曲。

（3）室内暗敷（敷设在混凝土墙或砖墙内）的接地干线两端应有明露部分，并设置接线端子盒。

（4）明敷设接地干线表面应涂 15～100mm 宽度相等的绿色和黄色相间的条纹。在每个导体的全部长度上，也可只在每个区间或每个可接触到的部位上做出标志。

（5）人工接地线穿越建筑物时，应加保护管，过伸缩缝时，应留有适当裕度或采用软连接。

（6）人工接地线在与公路、铁路、管道交叉处及其他易受机械损伤的部位，应加钢管保护。

（7）在接地线引入建筑物入口处和检修用临时接地点处应刷白色底漆，标以黑色记号，符号为“⏚”。

9.3.3　接地装置的运行

1. 对接地电阻的要求

接地装置的工频接地电阻值就是接地电阻。

接地装置的接地电阻关系到保护接地的有效性及电力系统的安全运行。接地装置投入使用前和使用中都需要测量接地电阻的实际值，以判断其是否符合要求。各种接地装置的接地电阻值不应大于表9-4的要求。

表9-4　各种接地装置的接地电阻值

<table>
<tr><th>电压等级</th><th colspan="2">接地装置使用条件</th><th>接地电阻值/Ω</th></tr>
<tr><td rowspan="2">1kV及以上的电力设备</td><td colspan="2">大接地短路电流系数
小接地短路电流系数
高、低压设备共用的接地装置
仅用于高压设备的接地装置</td><td>不应大于0.5
$R_D \leqslant 120/I_D$
$R_D \leqslant 120/I_D$
但一般不应大于10</td></tr>
<tr><td colspan="2">独立避雷针
变、配电所母线上的阀形避雷器</td><td>工频接地电阻10
工频接地电阻5</td></tr>
<tr><td rowspan="2">低压电气设备</td><td rowspan="2">中性点直接接地与非直接接地</td><td>并联运行电气设备的总容量为1000kV·A以上时</td><td>4</td></tr>
<tr><td>并联运行电气设备的总容量为1000kV·A时重复接地</td><td>10</td></tr>
</table>

2. 接地电阻的计算

流散电阻是接地电阻的主要成分。在工频条件下，如果接地线不长，可以认为流散电阻就是接地电阻。流散电阻主要决定于接地装置的结构和土壤电阻率。

（1）土壤电阻率。不同种类土壤和水的电阻率可参考表9-5所列数值。

表 9-5　　土壤和水的电阻率　　单位：Ω·m

种类	近似值	变动范围		
		较湿时（多雨区）	较干时（少雨区）	地下水含盐碱时
黑土、园田土地、陶土、白垩土	50	30～100	50～300	10～30
黏土	60	30～100	50～100	10～30
黄土	200	100～200	250	30
含沙黏土、沙土	300	100～10 000	>1000	30～100
多石土壤	400	—	—	—
沙子、沙砾	1000	250～1000	1000～2500	—
金属矿石	0.01～1	—	—	—
湿喷的混凝土	100～200	—	—	—
海水	1~5	—	—	—
地下水	20～70	—	—	—
河水	30～280	—	—	—

土壤电阻率受很多因素的影响，如土壤含水量、土壤温度、土壤化学成分、土壤物理性质、电场强度等。由于土壤含水量和土壤温度受季节的影响很大，因此，随着季节的变化，土壤电阻率也跟着变化。接地体埋设深度越小，季节影响越大。

为了考虑季节的影响，我们引进一个季节系数 ψ。季节系数 ψ，就是可能出现的最大土壤电阻率与测量得到的土壤电阻的比值，即

$$\psi = \frac{\rho_{MAX}}{\rho_{M}} \tag{9-6}$$

式中　ψ——土壤季节系数；

ρ_{MAX}——最大电阻率；

ρ_{M}——测量电阻率。

土壤季节系数可参见表 9-6。

表 9-6　　土壤季节系数

土壤性质	深度/m	ψ_1	ψ_2	ψ_3
黏土	0.5～0.8	3	2	1.5
黏土	0.8～3	2	1.5	1.4
陶土	0～2	2.4	1.36	1.2

续表

土壤性质	深度/m	ψ_1	ψ_2	ψ_3
沙砾盖以陶土	0～2	1.8	1.2	1.1
园地	0～2	—	1.32	1.2

注　ψ_1用于测量前数天降雨量较大的条件；
ψ_2用于中等含水量的条件；
ψ_3用于干燥或测量前数天降雨量很小的条件。

（2）流散电阻的简化计算。下面是几种接地体的简化计算式，见表9-7。

表9-7　　流散电阻的简化计算式

接地体类型		简化计算式	备注
名称	特征		
单根直立接地体	长度3m左右	$R\approx 0.3\rho$	ρ——土壤电阻率，Ω·m
单根水平接地体	长度60m左右	$R\approx 0.3\rho$	
n根水平接地体	$n\leqslant 12$；每根长60m左右	$R\approx\frac{0.062\rho}{n+1.2}$	
复合接地体（接地网）	以水平接地体为主；接地网面积$A\geqslant 100m^2$	$R\approx\frac{0.5\rho}{\sqrt{A}}\approx 0.28\frac{\rho}{r}$	A——接地网面积，m^2 r——面积等于A的等效圆半径，m
板形接地体	平放地面	$R\approx 0.44\frac{\rho}{\sqrt{A}}$	A——平板面积，m^2
	平埋地下	$R\approx 0.22\frac{\rho}{\sqrt{A}}$	
	竖埋地下	$R\approx 0.253\frac{\rho}{\sqrt{A}}$	

3. 降低接地电阻的方法

（1）在低电阻值土壤地区，当采用自然接地体的接地电阻大于规定值时，应增加人工接地体来降低接地电阻值。

当采用人工接地体的接地电阻大于规定值时，则应补打人工接地体来降低接地电阻。

（2）在高阻值（土壤电阻值为$3\times 10^4\leqslant\rho\leqslant 5\times 10^4$Ω·cm时）土壤地区，降低接地电阻的方法有以下几种。

1）换土法。在原接地极坑内填入电阻率低的土壤，如黏土、黑土等。

2）深埋法。在接地体位置深处的土壤电阻率较低时，可采用深井式或深管式接地体。

(3) 延长法。延长垂直接地体的长度或水平接地体的长度，或者改变接地体的形状。

(4) 外引法。将接地体引至附近的水井、泉眼、河沟、水库边、河床内等土壤电阻率较低的地方。

(5) 化学处理法。在接地极周围土壤中，掺入炉渣、木炭、食盐、石灰等。这些材料既具有腐蚀性又易于流失，在永久性工程中一般不宜采用。

(6) 长效降阻剂法。在接地体周围埋设长效固化型降阻剂，改变接地体周围土壤的导电性能，降低接地电阻。长效固化型降阻剂无腐蚀作用，同时加大了接地体的面积，改变了接地体均压效果。

4. 运行检查

接地装置受自然环境和外力的影响及破坏较大。在运行中一旦发生损坏或接地电阻不符合要求，就会给电气设备和人身安全带来危险，所以对运行中的接地装置要进行定期巡视检查，发现问题应及时解决。

(1) 检查周期。

1) 变电站的接地网一般每年检查一次。

2) 根据车间的接地线及零线的运行情况，每年一般应检查1～2次。

3) 各种防雷装置的接地线每年（雨季前）检查一次。

4) 对有腐蚀性土壤的接地装置，安装后应根据运行情况一般每5年左右挖开局部地面检查一次。

5) 手动工具的接地线，在每次使用前应进行检查。

(2) 检查内容。

1) 检查接地线各连接点的接触是否良好，有无损伤、折断和腐蚀现象。

2) 对含有重酸、碱、盐或金属矿岩等化学成分的土壤地带，应定期对接地装置的地下部分挖开地面进行检查，观察接地体腐蚀情况。

3) 检查分析所测量的接地电阻值的变化情况，看是否符合规程要求。

4) 设备每次维修后，应检查其接地线是否牢靠。

5. 安全要求

(1) 导电的连续性。必须保证电气设备到接地体之间或电气设备到变压器低压中性点之间导电的连续性，不得有脱节现象。采用建筑物的钢结构、行车钢轨、工业管道、电缆的金属外皮等自然导体作接地线时，在其伸缩缝或接头处应另加跨接线，以保证连续、可靠。自然接地体与人工接地体之间务必连接可靠，以保证接地装置导电的连续性。

(2) 连接的可靠性。接地装置之间的连接一般采用焊接。扁钢搭焊长度应为宽度的2倍，且至少在三个棱边进行焊接。圆钢搭焊长度以及圆钢和扁钢搭焊长度应为圆钢直径的6倍。不能采用焊接时，可采用螺栓或卡箍连接，但必须防止锈蚀、保持接触良好。在有振动的地方，应采取防松措施，加强紧固性。

（3）足够的导电能力和热稳定性。采用保护接零时，为了达到促使保护装置迅速动作的单相短路电流，零线应有足够的导电能力。在不能利用自然导体的情况下，保护零线导电能力最好不低于相线的1/2。

（4）足够的机械强度。为了保证足够的机械强度，并考虑到防腐蚀的要求，钢接零线、接地线、接地体的最小尺寸必须符合国家规范要求。接地线和接零线宜采用铜线，有困难时可采用钢或铝线，地下不得采用裸铝导体作接地体或连接线。携带式设备因经常移动，其接地线或接零线应采用0.75～1.5mm及以上的多股铜线。

（5）防止机械损伤。接地线或接零线应尽量安装在人不易接触到的地方，以免意外损坏，但必须是在明显处，以便检查。

接地线或接零线与铁路交叉时，应加钢管或角钢保护，或略加弯曲向上拱起，以便在振动时有伸缩余地，避免断裂。穿过墙壁时，应敷设在明孔、管道或其他坚固的保护管中。与建筑物伸缩交叉时，应变成弧状或另加补偿装置。

（6）防止腐蚀。为了防止腐蚀，钢制接地装置最好采用镀锌元件制成，焊接处涂沥青油防腐。明设的接地线和接零线可以涂漆防腐。在有强烈腐蚀性的土壤中，接地体应当采用镀锌或镀铜元件制成，并适当加大其截面积。

（7）必要的地下安装距离。接地体与建筑物的距离不应小于1.5m，与独立避雷针的接地体之间的距离不应小于3m。

（8）接地支线或接零支线不得串联。为了提高接地（或接零）的可靠性、连续性，电气设备的接地支线（或接零支线）应单独与接地干线（或接零干线）或接地体相连，不应串联连接。接零干线（或接地干线）应有两处与接地体直接相连，以提高其可靠性。

一般企业变电所的接地，既是变压器的工作接地，又是高压设备的保护接地和低压配电装置的重复接地，有时还是防雷装置的防雷接地，各部分应单独与接地体相连，不得串联。变配电装置最好也有两条接地线与接地体相连。

6. 运行维修

运行的接地装置，发现有下列情况之一者应及时进行维修。

（1）接地线连接处，有焊缝开焊及接触不良者。

（2）电力设备与接地线连接处的螺栓松动者。

（3）接地线有机械损伤、断股或有化学腐蚀者。

（4）接地体由于洪水冲刷或取土露出地面者。

（5）测量的接地电阻值不符合规定者。

电气安全装置

工矿企业为保证生产正常进行，防止设备事故及人身伤亡事故的发生，采取了各类防范措施，其中选用的电气装置称为电气安全装置。

10.1 漏电保护装置

漏电保护是利用漏电保护装置防止电气事故的一种安全技术措施。漏电保护装置又称为剩余电流保护装置或触电保安装置。漏电保护装置主要用于防止间接接触电击和直接接触电击。漏电保护装置也用于防止漏电火灾，以及用于监测一相接地故障。

10.1.1 漏电保护装置概述

1. 主要技术参数

（1）额定电压。规定的漏电保护器的工作电压，即被保护电网的电压，如220V、380V。

（2）额定电流。规定的正常通断电流。漏电保护器的额定电流为6A、10A、16A、20A、25A、32A、40A、50A、（60A）、63A、（80A）、100A、（125A）、160A、200A、250A（带括号值不推荐优先采用）。

（3）额定漏电动作电流。能使保护器动作的最小漏电电流，包括设备的漏电电流和人体能电电流。数值为10～200mA不等，可以根据具体情况调整，数值越小越灵敏。

电流型漏电保护装置的动作电流可分为0.006A、0.01A、0.015A、0.03A、0.05A、0.075A、0.1A、0.2A、0.3A、0.5A、1A、3A、5A、10A、20A共15个等级。其中，30mA及30mA以下的属高灵敏度，主要用于防止触电事故；30mA以上、1000mA及1000mA以下的属中灵敏度，用于防止触电事故和漏电火灾；1000mA以上的属低灵敏度，用于防止漏电火灾和监视一相接地故障。为了避免误动作，保护装置的额定不动作电流不得低于额定动作电流的1/2。

（4）动作时间。漏电保护装置的动作时间指动作时最大分断时间。漏电保护装置的动作时间应根据保护要求确定。按照动作时间，漏电保护装置有快速型、定时限型和反时限型之分。快速型和定时限型漏电保护装置的动作时间应符合表10-1的要求。延时型只能用于动作电流30mA以上的漏电保护装置，其动作时间可选为0.2s、0.8s、1s、1.5s和2s。防止触电的漏电保护装置宜采用高灵敏度、快速型装置。

表10-1 漏电保护装置的动作时间 单位：s

额定动作电流 $I_{\Delta N}$ /mA	额定电流 /A	动作时间			
		$1I_{\Delta N}$	$2I_{\Delta N}$	0.25A	$5I_{\Delta N}$
≤30	任意值	0.2	0.1	0.04	—
>30	>30且<40	0.2	0.1	—	0.04
	≥40*	0.2	—	—	0.15

2. 功能及组成

（1）功能。漏电保护装置的功能是提供间接接触电击保护，而额定漏电动作电流不大于30mA的漏电保护装置，在其他保护措施无效时，也可作为直接接触电击的补充保护。有的漏电保护装置还带有过载保护、过电压和欠电压保护、缺相保护等保护功能。

漏电保护装置主要用于1000V以下的低压系统，但为检测漏电情况，也可用于高压供电系统中。

实践证明，漏电保护装置和其他电气安全技术措施配合使用，在防止电气事故方面有显著的作用。

（2）组成。电气设备漏电时，将呈现出异常的电流和电压信号。漏电保护装置通过检测此异常电流或异常电压信号，经信号处理，促使执行机构动作，借助于开关设备迅速切断电源。根据故障电流动作的漏电保护装置是电流型漏电保护装置，根据故障电压动作的是电压型漏电保护装置。早期的漏电保护装置为电压型漏电保护装置，因其存在结构复杂、易受外界干扰动作稳定性差、制造成本高等缺点，已逐步被淘汰，现在被广泛应用的是电流型漏电保护装置。下面主要介绍电流型漏电保护装置。

漏电保护装置的组成方框图，如图10-1所示。其构成主要有3个基本环节，即检测元件、中间环节（包括放大元件和比较元件）和执行机构。其次，还具有辅助电源和试验装置。

1）检测元件。检测元件是一个零序电流互感器，如图10-2所示。图中，被保护主电路的相线和中性线穿过环形铁芯构成了互感器的一次线圈 N_1，均匀缠绕在环形铁心上的绕组构成了互感器的二次线圈 N_2。检测元件的作用是将漏电电流信号转换为电压或功率信号输出给中间环节。

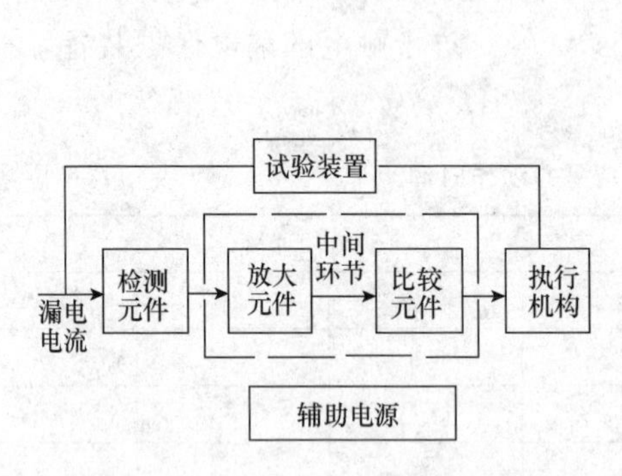

图 10-1　漏电保护装置组成方框图

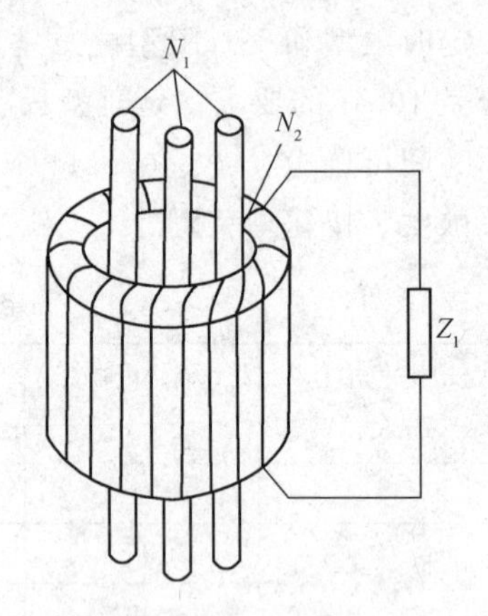

图 10-2　零序电流互感器

2）中间环节。中间环节对来自零序电流互感器的信号进行处理。中间环节通常包括放大元件、比较元件、脱扣器（或继电器）等，不同形式的漏电保护装置在中间环节的具体构成上形式各异。

3）执行机构。执行机构用于接收中间环节的指令信号，实施动作，自动切断故障处的电源。执行机构多为带有分励脱扣器的自动开关或交流接触器。

4）辅助电源。当中间环节为电子式时，辅助电源的作用是提供电子电路工作所需的低压电源。

5）试验装置。这是对运行中的漏电保护装置进行定期检查时所使用的装置。通常是用一只限流电阻和检查按钮相串联的支路来模拟漏电的路径，以检验装置是否正常动作。

3. 原理及特点

漏电保护装置种类很多。可以按照不同的方式进行分类。按照动作原理，分为电压型和电流型两类；按照有无电子元器件，分为电子式和电磁式两类；按照极数，分为二极、三极和四极漏电保护器等。

电流型漏电保护装置以漏电电流或触电电流为动作信号，电压型漏电保护装置以设备上的故障电压为动作信号。动作信号经处理后带动执行元件动作，促使线路迅速分断。

(1) 电流型漏电保护。电流型漏电保护一般指零序电流型漏电保护或剩余电流型漏电保护。这种漏电保护装置采用零序电流互感器作为取得触电或漏电电流信号的检测元件。

电磁式电流型漏电保护的原理如图 10-3 所示。

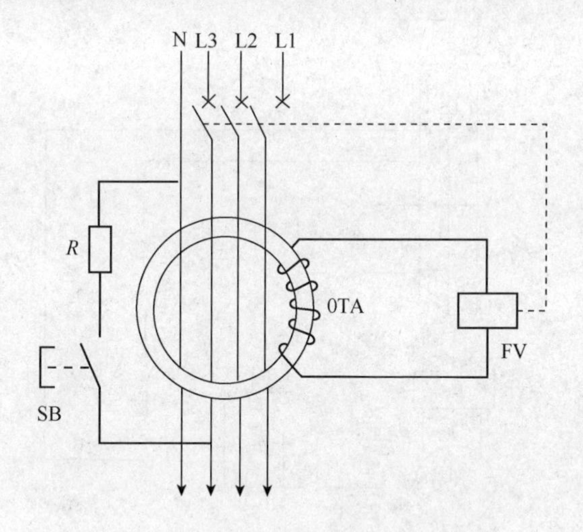

图 10-3 电磁式电流型漏电保护原理图

图 10-3 中，SB、R 是检查支路，SB 是检查按钮，*R* 是限流电阻。这种保护装置以极化电磁铁 FV 作为中间机构。这种电磁铁由于有永久磁铁而具有极性，而且在正常情况下，永久磁铁的吸力克服弹簧的拉力使衔铁保持在闭合位置。图中，3 条相线和一条工作零线穿过环形的零序电流互感器 OTA 构成互感器的原边，与极化电磁铁连接的线圈构成互感器的副边。设备正常运行时，互感器原边三相电流在其铁心中产生的磁场互相抵消，互感器副边不产生感应电动势，电磁铁不动作。设备发生漏电或后方有人触电时，出现额外的零序电流，互感器副边产生感应电动势，电磁铁线圈中有电流流过并产生交变磁通。这个磁通与永久磁铁的磁通叠加，产生去磁作用，使吸力减小，衔铁被反作用弹簧拉开，电磁铁动作，并通过开关设备断开电源。

在检测元件与执行元件之间增设电子放大环节，即构成电子式漏电保护装置。电子式漏电保护装置灵敏度很高、动作时间容易调节，但其可靠性较低、承受电磁冲击的能力较弱。

从结构上来说，电流型漏电保护的结构不如电压型漏电保护简单，但这种漏电保护既能防止直接接触电击，又能防止间接接触电击。

（2）电压型漏电保护。电压型漏电保护的接线如图 10-4 所示。

图中，电阻 *R* 和复式按钮 3SB 是检查支路。*R* 是分压电阻；复式按钮可保证检查时电动机外壳不带电。作为检测机构的电压继电器 FV 零电位参考端接由三个相同灯泡组成的辅助中性点，信号端接电动机外壳。当电动机漏电，电动机外壳对地电压达到危险数值时，继电器迅速动作，切断作为线路主开关的接触器 KM 的控制回路，从而切断电源。

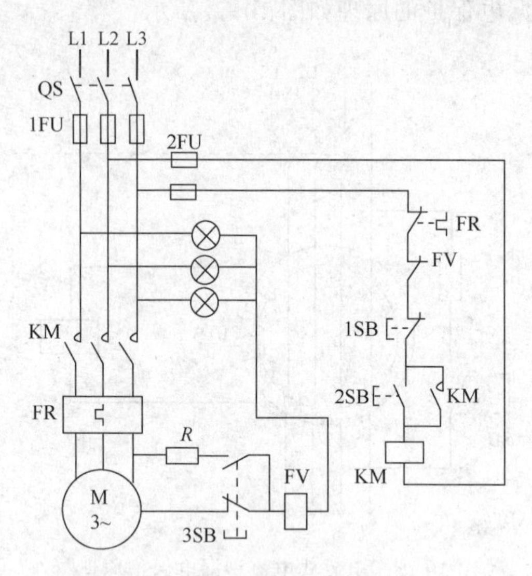

图 10-4　电压型漏电保护接线图

为了提高漏电保护装置的灵敏度和动作可靠性，可以采用直流继电器代替交流继电器。

电压型漏电保护装置的零电位参考端也可以接地，但其接地线和接地体应与设备重复接地或保护接地的接地线和接地体分开；否则，保护装置将失效。

电压型漏电保护装置结构简单。电压型漏电保护装置可用于接地系统，也可用于不接地系统，但只能用于设备的漏电保护，而对直接接触电击不起防护作用。其承受过电流或过电压冲击的能力较强，但灵敏度不高，而且工艺难度较大。

10.1.2　漏电保护装置的选择

1. 选用原则

(1) 应选用电流动作型的漏电保护器。其中 $I_{\Delta n}\leqslant 30$mA 的漏电保护器，可作为直接接触的补充保护，但不能作为唯一的保护。

(2) 选用漏电保护器时，安装地点的电源额定电压与频率应与漏电保护器的铭牌相符。保护器的额定电流和额定短路通断能力应分别满足线路工作电流和短路分断能力的要求。

(3) 漏电保护装置的极线数应根据被保护电气设备的供电方式进行选择：单相 220V 电源供电的电气设备应选用二极或单极二线式漏电保护装置；三相三线 380V 电源供电的电气设备应选用三极式漏电保护装置；三相四线 220/380V

电源供电的电气设备应选用四极或三极四线式漏电保护装置。

（4）当采取分断保护时，应满足上下级动作的选择性，即当某处发生接地故障时，只应由本级的漏电保护器动作切断故障点的电源，而上一级漏电保护器不应同时动作或提前动作于跳闸切断电源。

（5）漏电开关的额定漏电动作电流的选择从安全保护的角度出发，选得越小越好；但从供电的可靠性出发，不能过小，而应受到线路和设备的正常泄漏电流的制约。所以，$I_{\Delta n}$应大于线路和设备的正常泄漏电流。

（6）漏电保护器动作时间的选择，对于主要用于触电保护的应选择动作时间小于0.2s的快速型漏电保护器；主要用于防火保护或漏电报警的应选择动作时间为0.2～2s的延时型漏电保护器。

（7）对于连接户外架空线路的电气设备，应选用冲击电压不动作型的漏电保护装置。

（8）对于不允许停转的电动机，应选用漏电报警方式，而不是漏电切断方式的漏电保护装置。

（9）对于照明线路，宜根据泄漏电流的大小和分布，采用分级保护的方式，支线上选用高灵敏度的漏电保护装置，干线上选用中灵敏度的漏电保护装置。

（10）对于有爆炸危险的场所，应选用防爆型漏电保护器。在潮湿、水汽较大的场所，应选用防水型漏电保护器；在粉尘浓度较高场所，应选用防尘型或密闭型漏电保护器。

2. 选择

漏电保护装置的具体选择，见表10-2。

表10-2　　漏电保护装置的选择

保护对象	选用类型
单台电动机	选用兼具电动机保护特性的高灵敏度高速型漏电开关
单台用电设备	选用同时具有过载、短路及漏电三种保护特性的高灵敏度高速型漏电开关
分支电路	选用同时具有过载、短路及漏电三种保护特性的中灵敏度高速型漏电开关
家用线路	选用额定电压为220V的高灵敏度高速型漏电开关
分支电路与照明电路混合系统	选用四极高速型高（或中）灵敏度漏电开关
主干线总保护	选用大容量漏电开关或漏电继电器
变压器低压侧总保护	选用中性点接地式漏电开关
有主开关的变压器低压侧总保护	选用中性点接地式漏电继电器

10.1.3 漏电保护装置的安装运行

1. 安装

(1) 安装要求。漏电保护装置的安装应符合生产厂家产品说明书的要求，应考虑供电线路、供电方式、系统接地类型和用电设备特征等因素。漏电保护装置的额定电压、额定电流、额定分断能力、极数、环境条件以及额定漏电动作电流和分断时间，在满足被保护供电线路和设备的运行要求的同时，还必须满足安全要求。

1) 安装漏电保护装置前，应检查电气线路和电气设备的泄漏电流值和绝缘电阻值。所选用漏电保护装置的额定漏电不动作电流应不小于电气线路和设备正常泄漏电流最大值的2倍。当电器线路或设备的泄漏电流大于允许值时，必须更换绝缘良好的电气线路或设备。

2) 安装漏电保护装置不得拆除或放弃原有的安全防护措施，漏电保护装置只能作为电气安全防护系统中的附加保护措施。

3) 漏电保护装置标有电源侧和负载侧，安装时必须加以区别，按照规定接线，不得接反；如果接反，会导致电子式漏电保护装置的脱扣线圈无法随电源切断而断电，以致长时间通电而烧毁。

4) 保护线不得接入漏电保护装置。

5) 总保护和干线保护装在配电室内，支线或终端线保护装在配电箱或配电板上，并保持干燥通风，防止腐蚀性气体的损害。

6) 安装漏电保护装置时，必须严格区分中性线和保护线。使用三极四线式和四极四线式漏电保护装置时，中性线应接入漏电保护装置。经过漏电保护装置的中性线不得作为保护线、不得重复接地或连接设备外露的可导电部分。

7) 漏电保护装置安装完毕后应首先检查接线是否正确，并通过试验按钮进行试验，按下试验按钮，保护器应能动作，或用灯泡对各相进行试验。具体方法是：按保护器的动作电流值选择适当的灯泡（瓦数），将零序电流互感器下面的出线断开，用灯泡分别接触各相（灯泡的另一端接地），则保护器应动作，跳闸。

漏电保护装置的接线方法见表10-3。

表10-3 漏电保护装置的接线方法

极数 相数	二 极	三 极	四 极
单相 220V	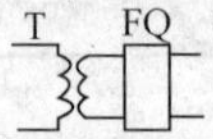 T FQ		

续表

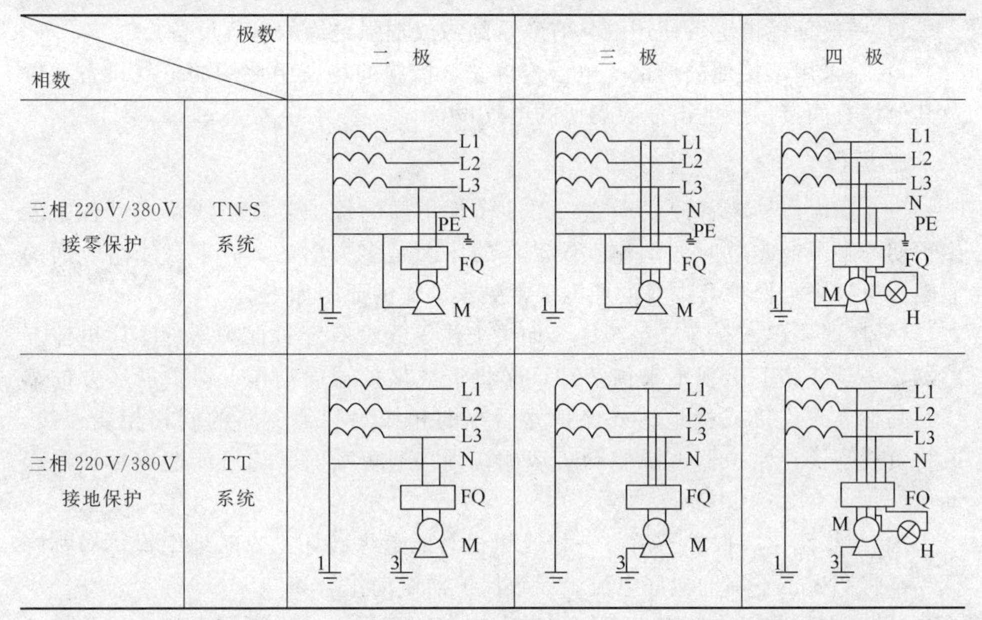

相数 \ 极数		二　极	三　极	四　极
三相 220V/380V 接零保护	TN-S 系统	L1 L2 L3 N PE FQ 1 M	L1 L2 L3 N PE FQ 1 M	L1 L2 L3 N PE FQ M 1 H
三相 220V/380V 接地保护	TT 系统	L1 L2 L3 N FQ M 1 3	L1 L2 L3 N FQ M 3	L1 L2 L3 N FQ M H 1 3

注　L_1、L_2、L_3—相线；N—工作零线；PE—保护零线；PEN—工作零线与保护零线合用线；1—工作接地；2—重复接地；3—保护接地；M—电动机；H—灯；FQ—漏电保护器；T—隔离变压器。

（2）需要安装的设备或场所。

1）临时性电气设备。

2）带金属外壳的 1 类设备和手持式电动工具。

3）安装在潮湿或强腐蚀等恶劣场所的电气设备。

4）建筑施工工地的电气施工机械设备。

5）触电危险性较大的民用建筑物内的插座。

6）游泳池、喷水池或浴室类场所的水中照明设备。

7）宾馆类客房内的插座。

8）安装在水中的供电线路和电气设备，以及医院中直接接触人体的电气医疗设备（胸腔手术室除外）等，均应安装漏电保护装置。

对于公共场所的通道照明及应急照明电源、消防用电梯及确保公共场所安全的电气设备的电源、消防设备（如火灾报警装置、消防水泵、消防通道照明等）的电源、防盗报警装置的电源，以及其他不允许突然停电的场所或电气装置的电源，若在发生漏电时上述电源被立即切断，将会造成严重事故或重大经济损失。所以，在上述情况下，应装设不切断电源的漏电报警装置。

（3）不需要安装的设备或场所。

1）使用安全电压供电的电气设备。

2）使用隔离变压器供电的电气设备。

3）一般环境情况下使用的具有双重绝缘或加强绝缘的电气设备。

4）在采用不接地的局部等电位连接安全措施的场所中使用的电气设备，以及其他没有间接接触电击危险场所的电气设备。

2. 运行

（1）漏电保护装置的误动作。误动作是指漏电保护装置在线路或设备未发生预期的触电或漏电时的动作。误动作的原因是多方面的，有来自线路方面的原因，也有来自保护器本身的原因。常见误动作的原因如下。

1）接线错误。在TN系统中，如果工作零线没有穿过保护器的零序电流互感器，一旦线路上出现不平衡负载，必将造成保护器误动作。保护器后方的零线与其他零线连接或接地，或保护器后方的相线与其他支路的同相相线连接，或将负载跨接在保护器电源侧和负载侧，则接通负荷时，均可能造成保护器误动作。

2）绝缘恶化。保护器后方一相或两相对地绝缘破坏，或对地绝缘不对称降低，都将产生不平衡的泄漏电流，导致保护器误动作。

3）冲击过电压。冲击过电压将产生较大的不平衡冲击泄漏电流，导致快速型漏电保护装置误动作。带感性负载的线路分断时、高压侧电压意外窜入低压侧时，以及在线路上出现雷击过电压时，均可能造成保护器误动作的冲击过电压。

4）不同步合闸。合闸时，首先合闸的一相可能产生足够大的泄漏电流和不平衡电流，使保护器误动作。

5）大型设备起动。大型设备起动时，起动的堵转电流很大，如保护器内零序电流互感器的平衡特性不好，则起动时可能造成保护器误动作。

6）电源谐波。变压器、稳压器、整流器、日光灯及一些电子设备都能产生高次谐波。其中，三次谐波往往是比较严重的。九次谐波也占有一定比例。三次谐波、九次谐波电压均可能产生零序泄漏电流，造成保护装置误动作。

7）附加磁场。如果保护装置屏蔽不好，或附近装有流经大电流的导体，或装有磁性元件或较大的导磁体，均可能在零序电流互感器铁心中产生附加磁通，从而导致保护装置的误动作。

8）偏离使用条件。如果使用场所的环境条件十分恶劣，有高温、高湿、严重的冲击振动、腐蚀性气体等超出保护装置设计条件的有害因素，势必造成保护装置的加速劣化，乃至误动作。

9）保护装置质量不高。电子元件损坏、极化电磁铁极面脏污而吸合不牢、焊点接触不良、机构滑扣等质量原因均可能造成保护器误动作。由于互感器铁心的平衡特性不好，由于磁屏蔽不好或没有磁屏蔽，或附近的大电流导线、磁性元件、导磁体等也都可能造成保护器误动作。

(2) 漏电保护装置的拒动作。漏电保护装置的拒动作是指线路或设备已发生预期的触电或漏电而漏电保护装置却不产生预期的动作。拒动作比误动作少见，然而拒动作造成的危险性比误动作大。造成拒动作的主要原因有以下几种。

1) 接线错误。错将保护线也接入漏电保护装置，从而导致拒动作。

2) 动作电流选择不当。额定动作电流选择过大或整定过大，从而造成保护装置的拒动作。

3) 线路绝缘阻抗降低或线路太长。由于部分电击电流不沿配电网工作接地或保护装置前方的绝缘阻抗而沿保护装置后方的绝缘阻抗流经零序电流互感器返回电源，从而导致保护装置的拒动作。

4) 保护装置质量不高。产品质量低劣，如零序电流互感器二次线圈断线、脱扣线圈粘连等各种各样的漏电保护装置内部故障、缺陷均可造成保护装置的拒动作。

(3) 漏电保护装置的运行管理。安装使用触电保护器（漏电保护装置），是提高安全用电水平的技术措施之一，但不是消灭触电伤亡事故的唯一保险手段。必须与安全用电的管理相结合，才能收到明显效果。为了确保漏电保护装置的正常运行，须加强运行管理。

1) 外部检查。保护器外壳各部及其上部件、连接端子应保持清洁，完好无损；胶木外壳不应变形、变色，不应有裂纹和烧伤痕迹；制造厂名称（或商标）、型号、额定电压、额定电流、额定动作电流等应标志清楚，并应与运行线路的条件和要求相符合。保护器外壳防护等级应与使用场所的环境条件相适应。

接线端子不应松动；连接部位不得变色。接线端子不应被明显腐蚀。

保护器工作时应没有杂声。

漏电保护开关的操作手柄应灵活、可靠。

2) 自检装置。用力压下试验按钮后，按钮应能完全复位。漏电保护装置安装完毕后，应操作试验按钮检验其动作可靠性，确认可以正常动作后才允许投入使用。使用过程中也应定期用试验按钮检验其可靠性。为了防止烧坏试验电阻，不宜过于频繁地试验。

3) 温度。保护器外壳胶木件最高温度不得超过65℃，外壳金属件最高温度不得超过55℃；接线端子温度一般不得超过65℃。

4) 绝缘电阻。绝缘电阻应在运行位置断电测定。测定应采用500V兆欧表。应测定保护器断开时同极进出线之间，保护器闭合时每极与连在一起的其他各极之间，保护器闭合时连在一起的各极与保护框架之间、与覆盖金属箔的绝缘外壳之间的绝缘电阻。各部绝缘电阻均不得低于1.5MΩ。

5) 管理。每台保护器应建立运行记录，必须由责任电工认真填写各项内容：名称、型号、生产厂家、出厂日期、安装投运日期，以及正确动作率和救人次数等。对故障检修应做详细记载。使用人应了解保护器的功能，掌握保护器的自检方法；应熟知正确的停电、送电程序。

经维修后的漏电保护装置，性能指标不得降低，并应通过试验检查和校验。

10.2 联锁装置

电气安全联锁装置是以安全为目的，互为制约动作的电气装置。按用途可分为防止触电事故的联锁装置、排除故障的联锁装置、执行工作安全程序的联锁装置和防止非电事故的联锁装置。以下对前三种装置做简要介绍。

10.2.1 防止触电事故的联锁装置

防止触电事故的联锁装置主要是指防止人体直接接触及或接近带电体的联锁装置。

这种联锁装置常用于“电气禁区”的门、窗等物的制约动作保护，如对电容器室门装设行程开关，开门即断电，以利电容器检查和清扫等；再如桥式起重机的舱门开关，当工作人员欲上桥巡视时，舱门打开之际其开关打开，切断电源，保证工作人员不致触及带电体。

这类联锁装置通常由限位开关与接触器组成，其使用范围较广，简单易行。防止人体接近带电体的联锁装置，还可选无接触式的一次元件代替上述限位开关，如光电开关、红外开关、超声波开关以及接近开关等电子器件。

10.2.2 排除电路故障的联锁装置

交流三相电动机单相运行、短路以及过载运行都将会因电动机设备故障而导致火灾等重大事故。因此，在设备或其电路上装设保护装置并与电源实施联锁，是很有必要的。

1. 熔断器保护

它对电路短路事故作保护。对线性负载电路或负荷较小的电路可作为过载保护。做短路保护时，熔断器熔体额定电流可选为工作电流的3～4倍；做过载保护时，熔断器熔体额定电流可选为工作电流的1.1～1.2倍。

2. 脱扣器与过流继电器保护

电路过载可选用长延时过流继电器，短路可选用瞬时动作或短延时动作过电流继电器与保护用自动开关脱扣器组成联锁动作，保证即时切断电路。

3. 三相交流电动机单相保护

电动机发生单相运转时，电机线圈严重过电流，短时间即可烧坏电机线圈，如不能及时断电，可发生设备事故还可引发火灾事故。因此，为完成瞬时断电的事故联锁动作，单相保护措施被普遍采用。

根据保护装置采集信号方式可分为：利用设备中性点电压方式、线路电压方式和利用电流变化方式三种。

10.2.3 执行工作安全程序的联锁装置

在企业生产过程中，因工艺要求而确定的工作安全程序以及预防事故的程序等，均可采用电气联锁装置措施完成。通用继电器保护措施多为相互在控制电路中接入对方电器动作结点达到联锁。电子电路方式多为利用三极管控制极截止控制、晶闸管触发极控制以及用光电管光源、超声波金属屏蔽控制等手段来达到其联锁目的。

1. 利用线路电流变化的闭锁控制

当弧焊机停止工作时，无电弧电流，电流互感器上无输出触发电压，则可控管 KG 关断，接触器 JC 打开，弧焊机原边将经 C_1 电容器串接入电源，使其副边留有 20V 启弧电压，从而使原边减少空载电流，达到既节电又安全的目的。图中 Z1、Z2 为整流装置，如图 10-5 所示。

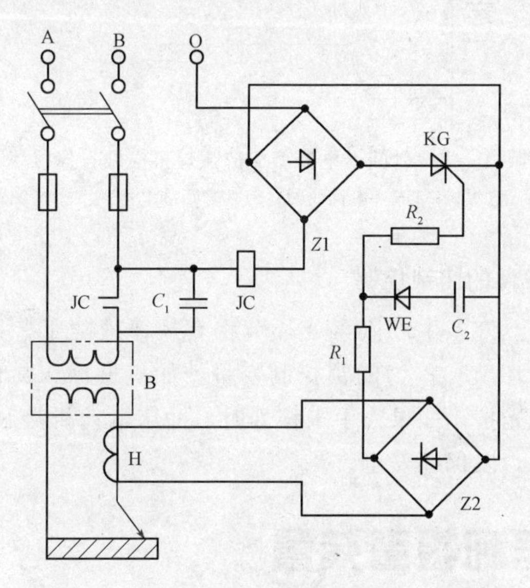

图 10-5 电流变化型交流弧焊机空载自停接线

B—电焊机；H—电流互感器；JC—接触器；KG—可控管

2. 利用接触器辅助接点闭锁控制

接触器辅助接点串入对应另一控制电路，避免两供电回路短接事故发生，或电动机先行起动程序的固定方式，以保证满足其生产工艺的要求。

3. 利用时间继电器的闭锁控制

时间继电器已被调定为限定值，当停止弧焊时，时间继电器线圈得电，定时后打开延时结点 SJ，弧焊机原边经电容 C 接入电源，使一次电压降低，在焊钳上保持 20V 的引弧电压作为起弧设备，达到弧焊机空载自停的程序闭锁，如图 10-6 所示。

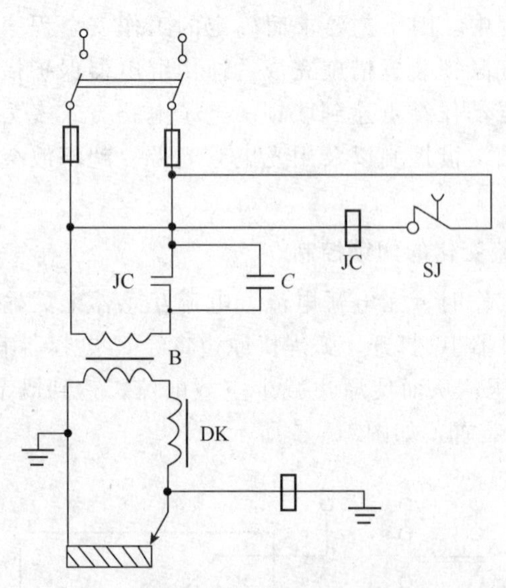

图 10-6　时间继电器型交流弧焊机空载自停接线

B—电焊机；DK—电抗线圈；SJ—时间继电器；JC—接触器

4. 利用工艺条件的闭锁控制

在生产过程中，许多生产因素或环节将有规律地随工艺而变化，应根据要求选择最佳条件（环节）作为闭锁控制变量。如机械冲床易伤害职工手部，可选取冲模部位设置光控。如果人手未移开时，冲床电动机接触器控制回路打开，达到安全防护闭锁，以保证安全。

10.3　信号和报警装置

生产过程中对生产环境的动态、静态的监视和预报等都是电气信号和报警装置，电气信号和报警装置是电气安全装置的重要组成部分。

10.3.1 功能

信号与报警装置所发出的信号，可促使人们采取措施，避免发生事故。按结构分析，信号和报警装置由信号检测、信号放大、执行机构以及电源等部分组成。通常，从现场采集的信号非常微弱，必须通过放大进行鉴别分析处理；然后，以声光信号等形式向控制中心发报。当采集的信号放大后，并鉴别为危险级时，执行机构立即报警。同时，还能通过安全装置的联锁动作来消除危险因素，自动排除故障。

10.3.2 分类

由于企业生产活动中，危险因素的种类很多，如过大压力的出现、危害气体的泄漏、载荷超重、火灾和爆炸以及触电危险等，故信号与报警装置的形式和种类也多种多样。现将最常用的信号与报警装置介绍如下。

1. 超压报警装置

超压信号报警装置的原理是：当容器压力达到危险值时，压力继电器动作，闭合结点，继电器动作，现场信号灯显示，并使控制中心报警。

2. “有电警告”报警装置

“有电警告”报警装置的原理是：当人员接近极板带电体时，两极板间将有微弱电流产生，经晶体管放大后，由反相器送入振荡器，由扬声器发出声响信号。

3. 火灾报警装置

火灾报警装置的原理是：将火灾前期烟火或温度作为信号源。因信号源及检测方式的不同，可分为光电感烟式和离子感烟式以及恒定、差动和补偿感温式检测等几种，这里不作详细介绍。

参考文献

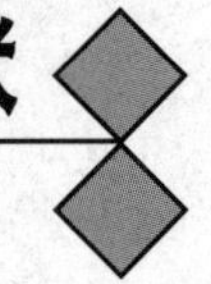

[1] 中华人民共和国国家标准 GB 50300—2001 建筑工程施工质量验收统一标准 [S]. 北京：中国建筑工业出版社，2001.

[2] 中华人民共和国国家标准 GB 50303—2002 建筑电气工程施工质量验收规范 [S]. 北京：中国计划出版社，2002.

[3] 中华人民共和国电力工业部. GB 50194—1993 建设工程施工现场供用电安全规范 [S]. 北京：中国计划出版社，1994.

[4] 中国建筑东北设计研究院. JGJ/T 16—2008 民用建筑电气设计规范 [S]. 北京：中国计划出版社，2008.

[5] 沈阳建筑工程学院. JGJ 46—2005 施工现场临时用电安全技术规范 [S]. 北京：中国建筑工业出版社，2005.

[6] 建设部人事教育司. 建筑电工 [M]. 北京：中国建筑工业出版社，2002.

[7] 李坤宅. 施工现场临时用电安全技术规范实施手册 [M]. 2 版. 北京：中国建筑工业出版社，2007.

[8] 刘兵. 建筑电气与施工用电 [M]. 北京：电子工业出版社，2006.

[9] 王志来. 建筑施工用电安全技术 [M]. 北京：中国劳动社会保障出版社，2009.

[10] 建设部干部学院. 建筑电工 [S]. 武汉：华中科技大学出版社，2009.